迈向科技自立自强

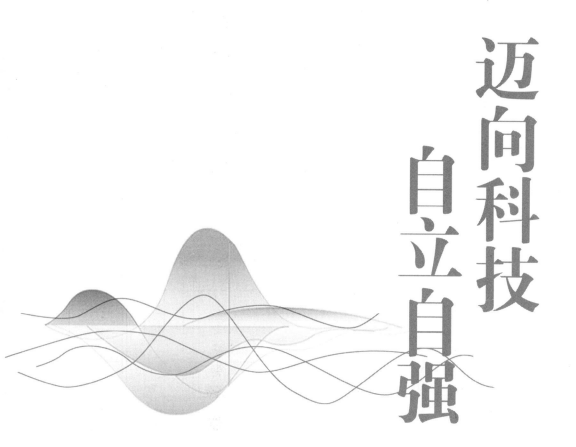

关键核心技术突破的新视野

阳　镇◎著

经济管理出版社
ECONOMY & MANAGEMENT PUBLISHING HOUSE

图书在版编目（CIP）数据

迈向科技自立自强：关键核心技术突破的新视野 / 阳镇著. -- 北京：经济管理出版社，2024. 5. -- ISBN 978-7-5096-9741-2

Ⅰ. N12

中国国家版本馆 CIP 数据核字第 2024HX2139 号

责任编辑：申桂萍

责任印制：许　艳

责任校对：蔡晓臻

出版发行：经济管理出版社

（北京市海淀区北蜂窝 8 号中雅大厦 A 座 11 层　100038）

网　　址：www. E-mp. com. cn

电　　话：（010）51915602

印　　刷：唐山玺诚印务有限公司

经　　销：新华书店

开　　本：720mm×1000mm/16

印　　张：16. 5

字　　数：333 千字

版　　次：2024 年 5 月第 1 版　　2024 年 5 月第 1 次印刷

书　　号：ISBN 978-7-5096-9741-2

定　　价：88. 00 元

前　言

党的十八大以来，我国科技创新体系建设取得了重大成就，以习近平同志为核心的党中央高度重视科技创新，明确提出创新、协调、绿色、开放、共享的新发展理念，并将创新摆在新发展理念的首要位置，明确了创新是引领发展的第一动力。在科技创新战略方面，2016年2月，中央政治局常委会会议审议通过《国家创新驱动发展战略纲要》，提出创新驱动发展战略实施"三步走"战略目标，这成为创新驱动发展战略顶层设计的标志性成果。党的十八大明确提出的创新驱动发展战略是继科教兴国、人才强国战略后的全新科技创新战略，对科技创新体制机制建设提出了全新要求与战略部署。自改革开放以来，我国科技创新能力与创新位势在全球主要经济体中不断增强，整体上科技发展水平从"学习者""追赶者""更跑者"向"领跑者"转变，科技创新能力整体上获得了历史飞跃。世界知识产权组织（WIPO）发布的《2023年全球创新指数》对15个在科学、技术和创新方面处于世界领先地位的国家进行了排名，数据显示，中国处于全球第12位，不仅在人工智能、航天科技、5G通信等领域取得了重大突破，还在高铁装备、深海探测、无人驾驶等领域取得了重大创新成果。特别是从全社会研发投入来看，国家统计局发布的《2022年全国科技经费投入统计公报》显示，我国研发经费总量迈上新台阶，2022年我国研发经费投入总量突破3万亿元，达到30782.9亿元，比上年增长10.1%，延续较快增长势头，其中企业对研发经费增长的贡献达到84.0%，比上年提升4.6个百分点，是拉动研发经费增长的主要力量，占全国研发经费的比重为77.6%，比上年提高0.7个百分点，创新主体地位进一步稳固。总体上我国已经成为全球第二大研发投入大国和第二大知识产出大国。

当前，随着百年未有之大变局加速演进，全球化进程在一定程度上被少数国家发起的"单边主义""贸易保护主义""产业脱钩""科技制裁与封锁"等制约，逆全球化趋势有所抬头。长期以来我国以外向型经济体制支撑的科技创新体制机制在一定程度上受到挑战，表现为一方面部分技术策源国或者技术领先国家采用单边"技术禁运""科技封锁""科技企业制裁"等方式对我国关键产业与战略性产业领域的先进设备、先进技术与科学仪器等实施围堵封锁，为我国开放式创新进程中的技术学习与技术赶超设置障碍，导致我国部分关键产业领域面临关键核心技术"卡脖子"问题；另一方面我国整体科技创新能力进入与部分发达国家的"跟跑"阶段，此时部分发达国家以"差距安全"为由弱化对我国科技领域的国际合作，导致我国构建的全球创新网络向纵深化发展受到极大限制，特别是以科技领军企业为主导的全球研发创新网络遭受严峻挑战，限制了我国关键核心技术攻关过程的创新网络迭代进程。从这个意义上，不管是应对全球科技竞争博弈新趋势，还是加快建设科技创新强国以及加快实现社会主义现代化进程，面向科技创新领域的高水平科技自立自强都摆在了关键位置。

2020年10月26日至29日，第十九届中央委员会第五次全体会议明确提出，"坚持创新在我国现代化建设全局中的核心地位，把科技自立自强作为国家发展的战略支撑"。2021年，习近平在两院院士大会和中国科协第十次全国代表大会指出，加快建设科技强国、实现高水平科技自立自强。党的二十大报告提出，"教育、科技、人才是全面建设社会主义现代化国家的基础性、战略性支撑"，要坚持"科技自立自强"，加快建设"科技强国"。2023年2月21日，习近平总书记在中共中央政治局第三次集体学习时强调，加强基础研究，是实现世界科技强国的必由之路。不难看出，高水平科技自立自强已经成为当前我国加快建设世界科技强国的全新战略抉择，深入研究科技自立自强的理论逻辑、战略基点与政策体系以及能力基础具有重要的理论意义与现实价值。本书正是在上述背景下尝试性构建科技自立自强的理论基础与探索实现科技自立自强的内在机理，沿着"科技自立自强的理论逻辑—科技自立自强的支撑战略与政策—科技自立自强的系统实现"的基本研究思路，围绕中国迈向科技自立自强的关键核心技术攻关突破的理论基础与实现模式开展系统研究，在此基础上重点将提升企业技术创新能力作为支撑关键核心技术攻关突破的能力基础，为中国系统迈向科技自立自强提供战略框架与政策体系支撑。

具体来看，本书总共分为三篇，即"理论基础篇—战略与政策篇—实证检验篇"，其中，"理论基础篇"主要系统剖析科技自立自强的理论基础，提出解析科技自立自强的理论逻辑、关键要素以及主要议题，重点就科技自立自强进程中的关键核心技术"卡脖子"问题进行理论解析，提出"卡脖子"技术和关键核心技术两类关键支撑性技术的识别判定方法与理论框架。"战略与政策篇"就支撑科技自立自强实现的战略导向与政策体系开展系统研究，涵盖新发展格局下的科技创新战略重塑、共同富裕视野下的科技创新战略重塑以及面向科技自立自强的产业政策重塑。"实证检验篇"重点就提升企业技术创新能力、支撑科技自立自强开展经验研究，从企业双元创新能力、技术创新能力、数字创新能力为构成的三重能力入手，实证检验制度环境、产业政策、数字化等因素分别对科技自立自强的具体创新能力的影响机理，进而为系统解释科技自立自强的创新能力基础提供理论框架。

本书的研究内容为笔者近五年来研究成果的系统性呈现，在写作过程中得到清华大学经济管理学院陈劲教授、中国社会科学杂志社贺俊研究员、中国社会科学院工业经济研究所杨世伟编审、刘勇研究员、肖红军研究员，以及清华大学技术创新研究中心朱子钦老师、北京大学国家发展研究院梅亮副研究员的诸多支持和帮助，并得到经济管理出版社的大力支持，在此表示诚挚的谢意！由于研究功底和研究时间周期等各方面制约，本书的错漏之处、不足之处敬请包涵指正，未来有待进一步深化科技自立自强理论体系与实证案例研究。

阳　镇

2024 年于东厂胡同 1 号科研楼

目 录

理论基础篇·理解科技自立自强和关键核心技术

第一章 科技自立自强：理论逻辑、关键议题与实现路径 ……………… 3

一、科技自立自强的内在逻辑 …………………………………… 4

二、科技自立自强的理论内涵、关键特征与核心支撑 ………… 8

三、迈向科技自立自强的关键议题 ……………………………… 15

四、系统实现科技自立自强的主要路径 ………………………… 20

第二章 "卡脖子"技术的理论基础与判定方法 ………………… 25

一、问题的提出 …………………………………………………… 25

二、"卡脖子"技术的概念内涵与识别模型 …………………… 28

三、"十四五"时期面向"卡脖子"技术战略新视野："底线开放
思维+全面自主创新"的双元动态平衡 ……………………… 31

四、"十四五"时期面向"卡脖子"技术的突破路径 ………… 33

第三章 破除"卡脖子"技术的多重争议性与再审视 ………… 40

一、问题的提出 …………………………………………………… 40

二、"卡脖子"技术的多重误解与内涵的再澄清 ……………… 42

三、"卡脖子"技术形成的多重归因再审视 …………………… 47

四、"卡脖子"技术突破的核心路径：基于分类分层的视角 … 53

第四章 关键核心技术的多层次理解与突破理论 ……………… 57

一、引言 …………………………………………………………… 57

二、关键核心技术：内涵理解与核心特征 ·················· 58

三、关键核心技术的创新主体：多主体视角下的多重局限 ·········· 61

四、关键核心技术突破的模式选择：多理论视角下的融合 ·········· 65

五、迈向下一个关口：关键核心技术突破需要解决的关键议题 ······· 68

第五章 融通创新理论视野下的关键核心技术"卡脖子"问题突破 ······· 70

一、融通创新：概念内涵与主要特征 ··················· 71

二、融通创新视角下"卡脖子"技术突破的整合框架与突破路径 ········ 76

战略与政策篇·理解科技自立自强的支撑战略与政策体系

第六章 新发展格局下的科技创新战略重塑 ··············· 87

一、新发展格局下科技创新战略的内在逻辑 ··············· 88

二、新发展格局下我国科技创新体系面临的突出问题 ·········· 92

三、新发展格局下迈向科技自立自强的创新引领战略导向与
实现路径 ····························· 94

第七章 共同富裕视野下的科技创新战略重塑 ············· 100

一、共同富裕的历史演进与内涵界定 ················· 101

二、共同富裕视野下的中国科技创新逻辑转向 ············· 104

三、共同富裕视野下的中国科技创新范式选择：迈向后熊彼特
时代的新范式 ·························· 110

四、共同富裕视野下的中国科技创新范式创新的关键政策支撑体系 ····· 114

第八章 共同富裕战略下企业创新范式的转型与重构 ·········· 117

一、共同富裕战略与企业创新：一个传导框架 ············· 118

二、共同富裕战略下企业创新的新范式抉择：从熊彼特主义
迈向后熊彼特时代 ························ 124

三、共同富裕战略下企业创新范式转型的关键支撑构面 ········· 129

四、共同富裕战略下深入推进企业创新范式转型的路径 ········· 133

第九章 面向科技自立自强的产业政策重塑 ·············· 137

一、产业政策与科技政策研究的逻辑主线 ··············· 138

二、"双循环"新发展格局下我国产业技术政策面临的突出问题 ……… 141

三、"双循环"新发展格局下我国产业技术政策的系统性转型 ………… 145

实证检验篇·理解迈向科技自立自强的能力基础

第十章　提升企业双元创新能力：社会信任的视角 …………… 151

　　一、理论分析与研究假设 ………………………… 153

　　二、研究设计 …………………………… 157

　　三、实证结果与经济解释 ………………………… 160

　　四、研究结论与政策建议 ………………………… 175

第十一章　提升企业技术创新能力：产业政策的经验证据 ………… 177

　　一、引言与文献综述 …………………………… 177

　　二、理论分析与研究假设 ………………………… 179

　　三、实证设计 …………………………… 184

　　四、实证检验与结果分析 ………………………… 187

　　五、产业政策协同性对企业创新绩效的内在机制检验 ……… 196

　　六、研究结论与政策启示 ………………………… 200

第十二章　提升企业数字创新能力：价值链数字化的视角 ……… 203

　　一、研究假设 …………………………… 205

　　二、研究设计 …………………………… 211

　　三、经验研究 …………………………… 216

　　四、异质性研究 …………………………… 224

　　五、结论与政策启示 …………………………… 226

参考文献 ……………………………… 230

理论基础篇

理解科技自立自强和关键核心技术

第一章　科技自立自强：理论逻辑、关键议题与实现路径[*]

　　2020 年 10 月党的十九届五中全会提出，坚持创新在我国现代化建设全局中的核心地位，把科技自立自强作为国家发展的战略支撑。2021 年 5 月，习近平在中国科学院第二十次院士大会上强调"实现高水平科技自立自强"。2022 年 10 月党的二十大明确提出，加快实施创新驱动发展战略，加快实现高水平科技自立自强。可以看出，科技自立自强成为我国科技创新战略中的全新战略导向，在全面建设社会主义现代化国家开局起步的关键时期，科技自立自强的战略地位不言而喻，成为我国系统迈向世界科技强国的必由之路（张新宁和裴哲，2022）。近年来，世界主要发达国家尤其是美国等科技强国的贸易保护主义抬头，逆全球化趋势越发明显，国际科技竞争环境的不确定性与风险性骤升，在开放型经济环境下我国科技创新战略尤其是技术引进与技术学习等"技术拿来主义"路线受阻，进而影响到我国部分产业与企业的技术研发与学习成本，给产业链与创新链的正常运转带来了不确定性冲击与风险。尤其是近年来随着美国对我国发起的单边"科技制裁""技术断供""技术禁运"等技术封锁、贸易封锁策略不断强化，我国部分产业与领军企业等面临较为严重的关键核心技术"卡脖子"问题（陈劲、阳镇和尹西明，2021；陈劲、阳镇和朱子钦，2020），对开放型经济体制下我国深度参与国际化竞争构成巨大挑战，严重威胁到我国产业链与创新链的安全性与稳定性，技术要素转移受阻并成为制约我国关键产业与企业攀登全球价值链高端的巨大障碍。

　　实质上，科技自立自强是应对百年未有之大变局下的科技创新领域的新战略举措，也是面向新一轮科技革命与产业革命下抢占技术革命窗口的统筹战略安排，更是提升我国科技创新能力以及建设世界科技强国的重大战略决策。近年来，学术界关注到了科技自立自强的战略意义（彭绪庶，2022；方维慰，2022），并且围绕科技自立自强的研究多集中于具体微观支撑机制研究（高鸿钧，2022；

---

* 本章发表于《改革》2023 年第 3 期，有删减。

·3·

潘昕昕、焦艳玲和伊彤，2022；贾宝余、陈套和刘立，2022），对科技自立自强的内在逻辑依然缺乏深度解构，未能清晰说明科技自立自强到底是什么以及具备何种关键特征等问题，科技自立自强的关键支撑体系也缺乏系统性的理论框架。基于此，一方面，本章立足"历史—现实—价值—战略"的逻辑框架系统解构科技自立自强等多重理论逻辑，并进一步抽取出科技自立自强的关键核心特征，识别科技自立自强的主要内容维度与目标状态，为准确衡量科技自立自强提供理论参考；另一方面，本章进一步对科技自立自强的支撑体系进行全面深度解构，提出面向科技自立自强下的创新体系的核心构成以及相应特征，区分自立与自强下的关键支撑要素以及提出关键性议题，为系统深化科技自立自强下的核心难点问题提供理论遵循，最终从"战略引领—主体选择—技术赋能—制度保障"的逻辑框架为系统实现科技自立自强提供路径参考与政策建议。

一、科技自立自强的内在逻辑

科技自立自强并非一蹴而就，而需坚持面向世界科技前沿、面向经济主战场、面向国家重大需求、面向人民生命健康，深入实施科教兴国战略、人才强国战略、创新驱动发展战略，完善国家创新体系；其作为新时代中国特色社会主义建设科技创新强国的全新战略导向，具有深刻的理论与现实逻辑。理解科技自立自强的理论逻辑，需从科技革命演化史审视科技自立自强的历史逻辑、构建新发展格局下的现实逻辑、攀升全球价值链高端的价值逻辑以及高质量发展的战略支撑逻辑理解科技自立自强的内在逻辑，进而更好地理解科技自立自强的战略性、价值性、必要性以及历史性，更好地在新时代把握科技自立自强的历史方位与现实要求。

（一）立足技术革命演化史审视科技自立自强的历史逻辑

从技术革命或者科技革命史的角度来看，自人类农业社会以来，社会历次的重大转型与生产力的重大飞跃本质上都是建立在科技革命的技术变革基础之上的，技术成为经济社会转型的原动力，并且从重大科技革命或者工业革命的视角来看，自17世纪以来，世界逐步由以农业技术为主导的农业社会转向以工业技术部门为主导的工业社会，在此背景下产生了三次工业革命。具体来看，第一次工业革命发生于1780~1895年，英国率先开启第一次工业技术革命，推动纺织机、蒸汽机在生产制造领域的大规模应用，运输、纺织、机械、钢铁等产业迅速兴起，英国成为世界霸主，美国、法国、德国、俄国等国也迅速发展。第二次工业革命发生于 1895～1940 年，德国、法国、美国成为第二次工业革命的主导国家，以电动机、内燃机技术为核心的电力能源技术在产业发展过程中得到广泛的运用，推动了人类社会生产力的进一步解放，内燃机和新交通工具的机械化创新推动德国成为第二次工业革命中的工业强国，电气、汽车、化工、机械等产业快速发展，奠定了德国、美国、英国的世界经济政治强国地位。第三次工业革命则是随着信息技术、自动化技术的迅猛发展，在 1940～1973 年，电子计算机、生物、航天和新材料等产业逐步兴起，美国成为世界经济体的创新"领头羊"，并进一步成为世界超强经济大国。步入 20 世纪后期，信息网络技术获得了迅猛发展，人类社会再一次由传统的农业社会、工业社会向智能社会大步迈进。技术革命尽管是技术进步或者技术变迁形成的能源革命、经济形态或者社会形态的全方位重塑，但同时也是一国科技崛起或者科技创新竞争能力的突飞猛进，总体上经过前三轮技术工业的演化发展，英国、美国、德国、日本等奠定了世界科技创新强国的地位，在主导技术领域实现了科技自立自强。

当前，随着以数字信息技术为核心的数字智能革命席卷全球，移动互联网、物联网、人工智能、大数据、3D 打印、区块链、虚拟现实等技术正加速渗透经济社会各个领域，国际技术与产业竞争日益加剧，世界各国也加速了对新一轮工业革命下新兴技术的战略性布局，争取在新一轮工业革命的数字化、信息化、网络化、智能化的技术浪潮中占据先机。相应地，面向新一轮技术革命的科技竞争也日趋激烈，大国之间的科技竞争博弈也日益深化，而抢占新一轮技术革命的窗口期以及奠定未来科技创新强国地位的关键选择便是将科技自立自强摆在突出位置。因此，从科技革命演化史的历史逻辑视角看，迈向科技创新强国的关键是形成新一轮主导技术革命，通过掌握主导关键核心技术以实现科技自立自强。

（二）从新发展格局审视科技自立自强的现实逻辑

迈入中国特色社会主义新时代，国际关系面临新的形势，国际竞争形成全新的竞争格局，大国之间的博弈程度不断深化，并且逆全球化以及民粹主义风险不断攀升，整个世界经济与政治的不确定性加剧。面对百年未有之大变局，党中央审时度势，在中央政治局常务委员会上首次提出：要深化供给侧结构性改革，充分发挥我国超大规模市场优势和内需潜力，构建国内国际双循环相互促进的新发展格局。2020 年 8 月 24 日习近平在经济社会领域专家座谈会上指出，"推动形成以国内大循环为主体、国内国际双循环相互促进的新发展格局是根据我国发展阶段、环境、条件变化提出来的，是重塑我国国际合作和竞争新优势的战略抉择"。从这个意义上，构建新发展格局要求我国科技创新战略支撑以国内大循环为主体的产业链、供应链与价值链畅通循环，改变改革开放四十余年来我国产业链、供应链与价值链过度外嵌的现实局面。尤其是在开放型经济体制下，我国各类微观企业与产业发展进程中逐步构建出面向外向型经济发展的开放式创新模式，进而导致我国过度重视市场效应与市场规模，忽视内生能力建设，在关键产业中出现关键核心技术缺失或者技术创新能力薄弱的现象。近年来，在中美关系不确定性加剧以及逆全球化风险不断加深的背景下，产业领域的关键核心技术"卡脖子"问题凸显，我国产业链、供应链与价值链的安全畅通问题已经面临极大挑战，相应地，产业链、供应链与价值链安全畅通的关键支撑便是技术畅通下的技术自给率，基于产业安全逻辑重新审视产业链、供应链与创新链的科技竞争成为科技自立自强的现实逻辑。

具体来看，在构建新发展格局的过程中，科技创新是产业链、供应链与创新链安全性的重要支撑，实现科技自立自强是构建新发展格局的最本质特征，具有深刻的现实逻辑。相应地，面向新发展格局下的科技创新战略亟须摆脱过度外嵌的科技创新模式，立足全面自主创新战略重塑我国产业链、供应链以及价值链的安全性与畅通性，这一关键支撑则是实现科技自立自强，即在关键产业、关键技术领域以及关键原材料、设备等各方面摆脱过度对外依赖，实现面向国内大循环主导的本土产业链、供应链与价值链体系的循环畅通，而实现循环畅通的技术基础则是提高关键核心技术、关键设备等的自给率。尤其是面向关键产业的原始创新能力成为实现国民经济畅通循环的能力基础。相应地，以原始创新与全面自主创新实现科技自立自强成为构建新发展格局的迫切现实需求，也成为新发展格局下解决产业链安全性与畅通性的必然要求。

（三）从全球价值链攀升视角审视科技自立自强的价值逻辑

自经济全球化以来，随着产业链的跨国转移以及国际分工的日益深化，各国产业与微观企业都不同程度地卷入基于产业链或者全球生产网络的全球价值链体系之中，企业内与企业间的价值链逐步形成全球价值链，并且各类企业与产业基于比较优势与参与分工环节的差异性，在全球价值链中处于不同的位置，进而形成面向全球价值链的研发设计、生产制造、销售服务与品牌等各环节中的参与深度与广度。一般而言，处于研发环节与市场品牌环节的价值链地位相对更高，原因在于其产业附加值与利润率相对更高，进而整个全球价值链的各个环节组合呈现出"U"形的"微笑曲线"。我国自改革开放以来，随着"引进来"战略与"走出去"战略的持续深化，大量跨国企业以及我国本土企业逐步参与到本土市场竞争以及国际市场竞争之中，进而不同程度地参与到全球价值链的各个价值环节之中，并形成差异化的产业发展模式。长期以来，我国企业在"走出去"的过程中过度注重市场效应而忽视技术效应，过度追求规模效应导致我国产业大而不强，长期游离于全球价值链的产品制造环节或者销售环节，对于处于全球价值链高端的研发设计与市场品牌塑造等环节参与度较低，缺乏世界一流企业引领全球价值链高端，而长期游离于"微笑曲线"的价值低位导致我国微观企业与产业在发展过程中陷入"低端锁定"，即上游研发设计与品牌塑造等以技术标准与品牌标准引领价值创造，限制了中游产品在生产制造环节的利润空间以及产业转型升级的进程。

近年来，随着"链主"国家对"攀升国"关键产业与关键核心技术的系列压制与封锁，尤其是以美国为主导的全球化体系中，美国加速了其本土产业链回流进程，通过政策促进传统产业的回流或供给多元化，相继通过了《美国人工智能倡议》《关键和新兴技术国家战略》《无尽前沿法案》《2022年芯片与科学法案》等一系列战略与法规以加速产业链布局本土化与回流进程，对我国部分产业尤其是高新技术产业参与发达国家主导的全球价值链与全球产业分工体系造成直接负面冲击，甚至导致我国产业发展面临全球价值链的锁定效应风险。走出全球价值链中低端的必由之路则是通过创新尤其是技术创新推动产业链与创新链的深度融合，提高产业发展的技术复杂度以及创新水平，实现产业发展从中低端制造走向高端研发设计，以技术标准引领产业发展方向。从这个意义上，全球价值链攀升过程中必须依赖也必然依赖科技创新尤其是原始技术创新，即需要通过科技自立自强重塑产业分工的价值逻辑，以科技自立自强系统实现产业自主创新并引领产业附加值提升，进而深度融入全球价值链，助推我国产业与微观企业攀登全球价值链中高端。

（四）从高质量发展视角审视科技自立自强的战略逻辑

党的十八大以来，高质量发展成为贯穿经济社会转型发展的主导战略，是引领宏观经济结构转型调整、产业转型升级与微观企业创新发展的重要战略指引，高质量发展贯穿于新发展阶段下的国民经济发展的主线之中，其回答的时代之问是发展方略、发展方式与发展评估等战略性问题，对我国各类微观市场主体、创新主体与社会主体如何实现发展、实现怎么样的发展提出新的目标遵从，也为深化中央企业更好地提质增效与"瘦身健体"提供了新的路径安排。从高质量发展的概念内涵来看，高质量发展首先与经济质量紧密联系，其核心依然是经济发展的"质态"，即成为衡量经济发展成效的核心表征。从经济结构视角来看，高质量发展主要是供给侧方面的高质量，在需求侧方面反映人民向往的高度满足，高质量发展的基本导向表现在提高供给的有效性、实现公平性发展和生态文明与人的现代化。

从高质量发展的实现方式与主要层次来看，高质量发展的实现包括经济高质量、产业高质量与企业高质量，宏观经济层面的高质量发展依赖于政府与市场关系的调整定位与优化以及重塑宏观经济增长模型的新要素与新动能（王一鸣，2020）。中观产业层面的高质量发展主要是聚焦产业结构与产业升级的动机机制，主要是从经济增长动力机制视角出发，当生产性服务业的技术水平显著提升时，能够积极促进资本要素和劳动要素较强的集聚能力，进而提高社会全要素生产率，助力经济的高质量发展，生产性服务业的技术创新水平能够成为决定经济高质量发展的全新动能（张月友、董启昌和倪敏，2018）。微观层面的高质量发展主要是企业高质量发展，企业高质量发展是以新的发展理念为指引，推动企业战略管理、运营管理、技术创新管理、人力资源管理以及利益相关方管理的高质量发展，表现为产品与服务的高质量供给、企业价值创造的综合高阶价值以及企业与利益相关方的共生可持续发展（黄速建、肖红军和王欣，2018）。因此，无论是重塑宏观经济增长的要素框架，还是重塑中层产业层面的发展新动能，抑或是微观企业层面的产品服务高质量，都离不开以创新要素为核心的高水平自立自强，即依赖于以创新为基础的核心生产要素驱动形成新的生产函数，形成"创造性破坏"进而重塑生产率，这一过程依赖于通过科技创新尤其是技术创新驱动增长函数的迭代升级。

二、科技自立自强的理论内涵、关键特征与核心支撑

深度理解科技自立自强的理论内涵不能单一立足科技创新或者技术创新能力视角，需要立足竞争环境、技术安全、技术创新能力等视角综合理解科技自立自强的关键理论内涵，明确科技自立自强的关键属性与核心特征，主要反映在科技创新战略、生产要素、创新能力与创新产出等层面，而支撑科技自立自强的全新科技创新战略依然依赖于基于国家能力的国家创新体系、基于完备本土产业链的产业创新体系以及基于核心企业主导的企业创新生态系统。

（一）科技自立自强的理论内涵

科技自立自强，归根结底是对一国科技竞争的综合实力的综合评判，其反映的是一国在参与国际科技竞争中所处的相对位置以及能力状态。从这个意义上，理解科技自立自强，需要从自立与自强的双重视角解析国家科技竞争的综合水平。

从自立视角来看，自立意味着能够独立存在于一定的经济场域或者社会场域之中，具备独立生存或者自力更生的基本能力（陈曦和韩祺，2021），其反映在

科技创新层面则是具备独立开展相关技术创新的基本能力，能够基于特定的生产要素转化为相关的产品与技术以实现自我供给。因此，自立视角下的科技自立自强意味着一国的技术供给能够实现自给自足，即使在开放式的经济体制下，技术也能够通过跨国转移实现技术供给，但是科技自立自强意味着任意一项技术、产品与设备尤其是关键核心技术能够通过本土产业链、创新链中的某一知识主体（企业、高校与科技机构等）独立开发攻关或者多个企业开展联合攻关等形式完成。这一过程中，关键是以企业为主体的技术创新能力，即任意一项技术能够被本土企业所掌握，而非掌握在其他国家的知识主体中，并且具备打破技术垄断或者技术封锁的基本能力。需要说明的是，自立视角下的科技自立自强的内涵更多地体现在技术自给率层面，其并不强调技术开发的综合成本或者技术竞争的相对位置，是回答技术有无的生存性问题，尤其是关键性的设备、技术与产品等自给率，其核心是技术的跨国脱钩而非跨国技术学习或者技术引进吸收等，进而构建以本土产业链与创新链为支撑的"技术—产品"创新生态系统。

从自强的视角来看，自强不同于自立，其更多地反映该国的竞争力而非生存能力，超越了基本生存范畴（曾宪奎，2021）。相应地，科技自强意味着一国的科技竞争能力处于国际前列，能够与技术领先国家开展相应的技术市场与产品市场竞争，其竞争的基本载体是通过企业尤其是跨国公司等开展国际市场竞争，以技术能力与技术标准抢占国际竞争话语权等。因此，自强视角下的科技自立自强的关键内涵在于一国的科技创新水平处于较优状态，其关键指标包括该国的企业技术创新能力、产业创新能力以及区域创新能力等多维竞争力。从效率与质量视角来看，自强视角下的科技自立自强意味着科技创新的成果转化效率高，并且科技创新过程中的技术输出与产品输出处于高质量状态，大量原始技术创新不断涌现，强调一国在全球科技创新综合地位中的科技引领性。

基于上述内涵剖析，科技自立自强至少包括五方面理论内涵。一是从技术供给视角，科技自立自强意味着在开放式经济体制下构建开放式创新体系，并且在开放式创新体系下依然能够实现技术自给，而非依赖于技术引进等方式实现技术供给，技术充分自给是科技自立自强的首要维度。二是从竞争风险视角，科技自立自强意味着能够应对科技封锁、科技垄断或者科技制裁等不利局面，能够依赖本土产业链与创新链快速开展相关技术与产品的集中攻关以实现技术本土化与产品本地化，避免技术"断供"等不利局面，科技竞争抗风险能力是科技自立自强的关键维度。三是从技术创新能力视角，科技自立自强意味着一国企业或者产业具备面向关键核心技术攻关突破的创新能力，整体上该国企业或者产业的技术创新能力相对较高，能够在短期内快速联合相关知识主体开展技术攻关突破，实现技术与产品的本土供给，避免关键核心技术的"卡脖子"问题出现，高水平的创新能力是科技自立自强的核心维度。四是从技术安全性视角，科技自立自强意味着部分涉及国计民生的关键性产业、国家战略性产业以及关系到国际科技竞争话语权领域内的关键技术能够实现自我开发与供给自足，具备独立完整的知识产权体系，并且能够避免自身的关键核心技术被泄露或者转移等，在相关产业与领域设立技术红线，即明确技术转移目录的边界范围。五是从价值创造视角，科技自立自强意味着该国产业或者企业处于全球价值链中高端，整体上该国技术创新水平处于较高位置，并且依托于技术创新赢得国际技术标准话语权以及占领全球价值链高端位置，具备影响其他国家产品或者企业开展技术创新攻关方向的基本能力，表现为技术创新的高附加值，高水平价值创造成为科技自立自强的重要维度。

（二）科技自立自强的关键特征

科技自立自强的关键特征主要反映在科技创新战略与创新能力等层面。从国家科技创新战略层面来看，科技自立自强意味着将创新驱动摆在整个科技创新战略的核心位置，即整个创新驱动发展战略贯穿于国民经济发展与社会转型发展的核心环节，明确创新驱动宏观经济高质量发展、产业转型升级以及微观企业创新发展等方面的核心作用，立足创新驱动实现动力转换，即传统增长动能从低成本模式或者市场主导模式转向创新驱动模式，立足创新尤其是企业家精神实现"创造性破坏"，实现更高水平的均衡发展。因此，科技战略视野下的科技自立自强是将创新驱动发展摆在国民经济与社会发展的核心战略位置，将创新贯穿到整个宏观经济与社会发展的视野之中，科技自立自强的核心特征之一是创新驱动。相应地，在创新驱动视野下，支撑整个生产率提升的关键生产要素发生系统性变化，新古典经济学将生产要素主要划分为劳动、土地与资本等，技术长期游离于主导生产要素之外，而科技自立自强意味着技术要素成为驱动一国经济增长或者企业增长的关键生产要素，依赖技术要素实现整个生产函数的要素配比关系的系统性变化以及突破生产函数的边际约束空间，获取利润最大化或者社会福利最大化。尤其是在数字经济时代，传统劳动、土地与资本等生产要素逐步过渡到以数据为核心的生产要素，数据成为工业生产与服务业中的核心生产要素，依赖数据要素驱动实现企业与产业创新发展，形成企业数字化转型以及产业数字化等多重数字化转型模式。因此，从生产要素视角来看，科技自立自强的关键特征之一是技术要素成为生产要素的关键要素，并且数字经济时代下数据要素成为全新的生产要素，依赖数据要素的赋能效应与生产效应来提高各类生产要素的重组配置效应与生产函数优化效应。

从创新能力视角来看，科技自立自强意味着具备高水平的创新能力，这种创新能力能够助推国家科技创新综合水平处于领先位置，并且能够打破相关科技封锁与科技制裁，具备快速研发攻关的创新动态能力。从创新能力的表现层次来看，主要表现在产业、企业与技术等多个层面，并且创新能力不单一指向技术创新，更包括产品、工艺、商业模式与管理等多重创新，即我国科技创新主体在原始创新、基础研究、前沿科技与未来技术探索、关键核心技术攻关突破、技术标准以及科技人才教育等多方面表现出高水平的创新能力，创新能力总体上呈现出多维高阶状态。从这个意义上，高阶创新能力是科技自立自强的核心特征之一。从创新产出的视角来看，科技自立自强意味着科技创新成果与产出的国际影响力高，并且具备关键产业的技术控制能力，包括标准控制与价值链控制，即能够凭借科技创新的高水平优势在国际科技竞争尤其是在关键性产业、国家战略性产业竞争中获取制度性话语权、规则与标准制定主导权、产业链与价值链控制权，具备推进国际大科学合作和科技援助的科研合作能力，并且从产业与技术的未来影响趋势来看，科技自立自强意味着对未来产业与未来技术的预测与把控力更强，能够主动把握全球科技发展趋势与方向，具备适应未来科技竞争与构建科技竞争格局的"把控"能力。

（三）科技自立自强的核心支撑体系

1. 基于国家能力的国家创新系统

从科技自立自强的宏观支撑体系来看，由于以市场主体为主导的创新具有市场自发性，市场失灵成为科技创新过程中不可避免的现实问题，而解决创新的市场失灵必然依赖于具有公共性的创新主体开展创新纠偏，因此围绕政府与市场（企业）形成的创新系统成为科技自立自强的首要支撑体系。创新是一项兼具社会性和复杂性的系统工程，需要用系统论、演化论和复杂科学的视角来研究和审视创新活动（Freeman，2002）。

相应地，立足创新过程视角，科技自立自强战略目标下的创新逻辑起点必然从创新主体的个体层面上升到国家体系层面，立足整个国家创新体系支撑科技自立自强。追溯国家创新体系的基本概念内涵，"国家创新体系"的概念于20世纪80年代中期首次被西方学术界讨论，最初的表述是"国家生产体系的创新能力"，其基本内涵是通过建设国家基础设施和机构来发展生产力，而不是分配给定的稀缺资源。此后，围绕国家创新体系的研究逐步深化，其概念也逐步扩展，包括企业、技术、制度、文化等多个子系统（Nelson and Nelson，2002）。总体而言，国家创新体系强调的是立足国家能力或者政府能力实现创新体系的构建，即强调制度、政策等对创新主体的培育、牵引与孵化等方面的多重作用。从这个意义上，国家创新体系支撑科技自立自强的原因在于三个方面：一是国家创新体系的核心是国家创新能力，这种能力是科技自立自强的关键能力支撑，其形成与能力积累不单一依靠某一市场力量或者知识主体，更强调国家系统的整合式力量构建技术创新能力，尤其是面向复杂性、集成性以及公共性较强的技术创新场域如关键性产业的共性设备、共性技术供给，需要立足国家能力开展创新能力积累。二是科技自立自强依赖于多重知识主体、制度与文化等相互作用与共生演化，而国家创新体系对科技创新主体的集聚、牵引、孵化与催化具有不可替代的作用，按照国家创新体系一般分为以"高校—政府—企业"为主体的三螺旋迭代共演，而共演的背后则是知识、技术与制度的共生演化，支撑创新主体开展面向关键核心技术突破攻关、复杂性技术以及集成性技术创新。三是科技自立自强需要解决技术创新过程中的市场失灵、政府失灵、协调失灵等多重失灵问题。国家创新体系由于综合了多类主体、元素与组织，能够面向市场领域与公共社会领域开展创新，进而提供产品与服务，包括私人技术与共性技术、公共产品与非公共产品等，科技自立自强必然需要在涉及的市场领域与公共社会领域满足关键核心技术与产品充分自给的现实要求。

2. 基于完备本土产业链的产业创新体系

从科技自立自强的中观支撑体系来看，科技自立自强必然是在全球分工体系尤其是全球价值链体系下产业链深度嵌入全球价值链或者全球生产网络中。相应地，面向产业领域的产业创新体系成为支撑科技自立自强的关键，即产业层面的创新发展支撑科技自立自强。从产业创新体系的概念内涵来看，产业创新体系的研究结合制度演化论和学习理论，并在立足国家创新体系的基础上，提出产业创新体系是为开发、制造产业产品和产生、利用产业技术的公司活动的系统集合（Edquist，1997），即形成面向产品开发设计、生产制造与服务的体系。从产业创新体系的内部构成来看，其本质上是以产业链的"链主"企业或者核心企业为主导，其他企业、科研机构、社会组织等共同参与的产业创新生态系统，链内企业围绕同一产品研发生产，占据产业链的某一环节并相互分工合作，并且这一过程中支撑产业链运行的创新链与产业链内的企业相互协同互补，围绕产业内的核心产品与服务形成分工协作关系。从产业创新体系的横向来看，产业创新体系不单一指向高新技术产业或者中低技术产业，其包括多个产业之间的横向融合，即不同产业之间能够形成创新融合效应，即产业跨界融合，原因在于不同产业之间的技术具备互补性或者产品功能具备互补特征，如在数字经济环境下，数字产业能够与传统产业深度融合，形成产业数字化，传统家具、安防、制造与服务业逐步演化为智能家居、智慧安防、智能制造以及数字服务等产业创新的全新业态。从产业创新体系的内外环境视角来看，不同于单一企业主导的创新，产业创新体系本质上围绕生产网络或者产业创新网络构建开放式创新系统，即面向同一产业创新体系内部的企业之间能够在一定程度上开展广泛的创新合作，具备技术创新的开放式协同效应，并且面向产业共性技术具备产业内的共享效应。

科技自立自强并不单一地指向单一产业的创新体系，一方面，科技自立自强中的自立属性要求构建基于本土市场的完备的现代产业体系，即完备的本土产业链。需要说明的是，面向本土的完备的现代产业体系并不意味着不重视海外市场，而是以满足本土市场为基础，产业发展的关键环节与配套体系牢牢掌握在本土市场中，避免产业链某一环节受制于人，威胁产业链的整体安全性。相应地，产业创新体系包括高新技术产业创新体系以及中低技术与传统产业创新体系，形成"低—中—高"三重技术创新的产业创新系统，并且不同技术复杂度的产业之间能够形成协同与互补效应，即高技术产业能够对中低技术产业形成赋能迭代效应，并助推中低技术产业的转型升级，立足技术复杂度的差异性构建第一产业、第二产业与第三产业的完备的产业创新体系。另一方面，科技自立自强中的自强属性要求产业创新的速度与质量达到高水平状态，即在创新产出层面不仅仅体现为高水平的专利，更要求产业内的核心企业与其他大中小企业开展相应的融通创新，以产出高水平的发明专利等原始创新成果来驱动产业的高质量发展。尤其是从创新过程来看，科技自强要求产业内的链主企业与产业链核心环节中的核心企业主动开展探索性创新与颠覆式创新，主动应对未来的变化，立足产业创新研发联盟、产学研合作组织、产业共性技术研发组织等开展技术研发，形成面向未来二十年、三十年、五十年的产业布局与产业创新投资，进而构建"传统产业—现代产业—未来产业"三位一体的产业创新体系以支撑科技自立自强。

3. 基于核心企业主导的企业创新生态系统

从科技自立自强的微观支撑体系来看，科技自立自强最终的落脚点是关键核心技术不受制于人，即具备技术的充分自给率，以及关键设备与关键原材料的国产化率达到一定水平。企业不仅是市场主体，也是技术创新的主体，甚至成为市场空间大、商业前景广阔等领域的技术创新主导者，从这个意义上，支撑科技自立自强的微观体系必然是以企业为主体的企业创新生态系统。从企业创新体系的内部构成来看，企业创新生态系统的理论渊源可追溯到商业生态系统，商业生态系统的奠基者 Moore（1993）认为企业系统由核心生态位、扩展生态系统以及系统环境组成，其中核心企业居于核心生态位之中，即以核心企业为主导，形成围绕核心企业的多层次的网络化创新生态圈，这类生态圈以创新需求为牵引，立足核心企业在生态圈中的中心网络地位，领导生态圈内的各类组织开展相应的技术创新以满足用户需求，最终实现价值创造。从技术协同的视角来看，企业创新生态系统打破了传统企业间技术合作或者技术协作，其能够最大限度地突破时空限制，以技术标准为纽带，以创新目标与利益为战略目标，最终形成企业与各类组织（高校、科研机构、其他企业、社会中介组织、金融组织等）的协同式创新体系（曹裕遐和高文婧，2015；战睿、王海军和孟翔飞，2020）。从创新网络的角度来看，企业创新生态系统是一个由以核心企业为中心辐射到的所有供应商、制造商、科研机构、中介组织、金融机构、竞争者和用户等创新主体围绕某种创新目标或者创新需求开展创新合作，进而形成的松散互联且相互依赖的网络系统。因此，企业创新生态系统具备企业间技术协同与技术互补、共同创新战略目标以及价值共创等多重特征。

相应地，在科技自立自强的宏观战略目标下，面向微观企业层面的创新体系需满足三大要求以支撑科技自立自强。一是科技自立自强中的自立要求各类企业能够坚定树立自主创新战略，即在微观企业层面形成自主研发并与本土企业开展创新合作，其开放式创新更加注重面向自身创新能力培育的底线开放，具备自主创新能力。不同企业根据其资源基础与能力优势的差异性，开展面向关键核心技术、一般性技术、原始创新与颠覆式创新等领域的研究开发，构建完备的企业技术创新体系。二是科技自立自强中的自强要求涌现更多的创新型企业与世界一流企业，切实发挥这类企业在企业创新生态系统中的创新聚核与强核作用，这类企业不仅具备自主创新能力，而且能够在其所属的产业链环节开展相应的基础研究与应用开发研究，以创新要素作为驱动企业参与市场竞争与实现企业价值创造的关键性要求，这类企业能够在国际经济与政治环境不确定性背景下独立开展技术攻关突破，其不仅是商业生态圈中的核心企业或者网络中心成员，更是产业链与创新链的"链主"，能够带领企业创新生态系统内的各类企业开展联合攻关突破，避免产业链中的关键核心技术被"卡脖子"（中国社会科学院工业经济研究所课题组和曲永义，2022）。三是在整个生态系统层面，大中小企业形成融通创新、国有企业与民营企业形成"国民共进"的创新生态系统。这意味着大企业的创新需要吸纳更多中小企业的参与，避免大企业创新对中小企业创新资源的过度挤占，挤压中小企业创新空间，鼓励中小企业参与大企业颠覆式创新、未来技术研发等创新活动，形成要素融通与创新协同的新生态（陈劲和阳镇，2021a）。面向国有企业与民营企业的创新生态系统需要加强融合机制建设，其基本路径是强化混合所有制改革中的"混机制"而非单一"混产权"，强化竞争中性在创新政策供给中的核心地位，推动国有企业与民营企业形成面向产业链关键核心技术的创新共同体。

三、迈向科技自立自强的关键议题

党的十八大以来，在深入实施创新驱动发展战略下我国科技创新体系逐步完善，科技创新能力也日益强化，整体上科技创新已经迈入创新型国家行列，部分领域呈现出从追赶走向并跑与领跑。但不容忽视的现实是，我国科技创新体系依然面临系列关键问题，迈向科技自立自强需要聚焦科技创新体系中的关键议题与重点环节尤其是当前科技创新体系中的薄弱环节重点发力，主要反映在科技创新资源配置环节中的政府与市场关系问题、科技创新体系中的创新主体与创新模式问题、支撑科技自立自强的产业链与创新链衔接融通问题以及面向基础研究与应用开发研究的投入格局问题，立足四大关键性议题重点突破，进而支撑高水平科技自立自强。

（一）政府与市场：立足有为政府构建新型举国体制

科技自立自强的首要关键议题是政府与市场的问题，其原因在于：从能力的视角来看，科技自立自强的能力支撑在于创新能力尤其是技术创新能力，技术创新能力的培育、形成与积累离不开国家能力与企业能力构成的多重创新生态圈，并且国家能力与企业能力在构建自立自强的创新生态中呈现出一定程度的复合交织态势。实现国家创新能力与企业创新能力的相互耦合，面临的首要问题是正确处理政府与市场之间的关系。面向科技自立自强的政府与市场关系更加需要发挥有为政府的力量，构建面向科技创新的新型举国体制，新型举国体制要求党和政府在科技战略决策中发挥重要作用，尤其是在涉及国家战略性、安全性以及涉及国计民生的科技创新领域发挥战略决策的主导作用，并且在科技政策执行过程中各类创新主体与知识主体要体现国家意志，在各关键战略性科技创新领域作为一种新型资源配置的"优化机制"，实现中央与地方、企业与社会之间的整合性力量，快速调动开展科技创新与协同攻关的各类物质资源与非物质资源，以协同攻关的落地组织方式最终实现科技创新过程中的资源整合以及合理优化配置（陈劲、阳镇和朱子钦，2021）。

需要指出的是，尽管科技自立自强更需要发挥有为政府的力量，但并不意味着在所有科技创新领域中都以政府能力为主导，而是在涉及产业链安全性、国家战略性以及产业共性技术供给过程中发挥政府在基础研究与应用开发研究中的资源配置重要作用，通过政府主导的产业政策、科技政策与财政税收政策等确保产业链与创新链的安全性，以及在市场配置资源失灵的领域如公共产品与服务等开展科技资源配置。科技自立自强中的自立要求政府更好地在构建完整的现代产业创新体系以及培育创新型领军企业与世界一流企业中发挥重要作用;而科技自立自强中的自强要求企业更好地在构建完备的"一般技术—关键核心技术—未来技术"等技术创新体系中发挥主导作用,以企业为创新主体构建自主创新能力与协同攻关能力双元结合的企业创新生态系统以及产业创新生态系统。总体而言,科技自立自强的首要议题是政府与市场的功能界定问题,厘清政府与市场在面向科技自立自强领域中的资源配置范围与边界,以政府能力与市场能力的双元能力耦合机制推动"国家—产业—企业"的创新体系共生演化,真正意义上提高创新体系的抗风险能力与自主创新能力。

(二) 创新主体与创新模式: 形成以企业为技术创新主体的自主式创新模式

从微观视角来看,科技自立自强的实现归根结底是创新主体的创新能力形成、积累与强化问题,而创新能力的形成、积累与强化与创新主体的创新模式息息相关。相应地,科技自立自强背景下的创新主体界定与创新模式选择成为科技自立自强背景下的核心议题。从创新主体选择来看,一般而言,立足知识基础观,创新的本质是知识的吸收、学习、整合 (Nonaka, 1994)。具备创新相关资源 (物质资源、财务金融资源以及社会资源等) 开展相应知识创新活动的知识主体皆能够成为创新主体,广义上的知识主体包括政府、企业、高校、科研机构与社会组织等多种组织类型。技术创新不同于一般的知识活动,其涉及知识的商业化应用,即通过知识生产形成现代科学技术,最终转化为生产力,这不仅仅需要一定的知识基础,更需要商业化的能力,即在知识形成技术最终转化为产品服务的过程中需要跨越"技术—市场"的死亡之谷,应具备知识的筛选与市场需求识别的双重能力 (陈劲和阳镇,2021a)。因此,企业作为技术创新主体具备天然的优势以及正当性。在科技自立自强背景下,其核心是面向系列技术的突破与攻关,尤其是对制约当前产业发展以及嵌入全球价值链中高端需要的复杂性技术、颠覆性技术以及未来技术等开展相应的研发投入,确保企业掌握所涉及产业的关键核心技术不受制于人,并且技术创新能力处于全球产业链的核心位置,逐步掌握产业链的技术标准与技术话语权,最终实现技术创新能力支撑的科技自立自强。从这个意义上,需要将企业作为技术创新主体摆在更为突出的位置,真正意义上赋予企业从事技术创新的合法性以及能动性,前者关系到不同类型、不同产权以及不同资源禀赋企业开展技术创新的正当性问题,后者关系到更好地保障企业从事技术创新的可持续性问题,即面向企业技术创新的创新治理与创新政策设计成为科技自立自强背景下的突出议题。

与此同时，在企业作为技术创新主体开展系列技术攻关突破的过程中，其面临技术创新的多重模式选择问题。按照技术创新的过程视角，一般包括渐进式创新与突破式创新；按照知识领域的视角，分为利用式创新与探索式创新；按照技术的连续性视角，分为颠覆式创新与连续性创新；按照技术创新的参与模式与开放度视角，分为封闭式创新与开放式创新；按照技术创新的参与主体视角，分为企业研发创新、政产学研协同创新与用户驱动的创新等。在科技自立自强的战略目标下，企业选择技术创新模式具备市场理性与价值理性双重理性，即企业作为市场主体在成本最小化与利润最大化逻辑下选择的技术创新模式需要遵循价值理性的约束，包括对社会的价值、对国家的战略价值以及对产业的安全价值等多重价值，即不单一指向企业市场逻辑下的技术创新模式，需要契合国家战略需求、产业安全竞争以及社会福利最大化等多重约束条件（陈劲、阳镇和张月遥，2022）。例如，在开放型经济条件下，企业在市场逻辑下必然走向开放式创新，即通过寻求外部知识、外部技术等知识与技术转移快速获取相关知识与技术，表现为以研发外包、专利租借等方式开展技术学习与技术创新合作，这在一定程度上忽视了对内生创新能力的培养，对于企业自主掌握关键核心技术极为不利，并在一定程度上对产业链安全性造成冲击。因此，科技自立自强背景下的企业主导的创新需要寻求更为合意的创新模式，以自主创新能力为基础导向，在内生自主创新能力培养与开放协同能力之间寻求动态平衡。

（三）产业链与创新链：形成产业链与创新链的融通机制

　　从中观层面来看，科技自立自强的关键基础是产业链的高质量发展。目前制约我国科技自立自强的重要障碍之一是高水平科技成果匮乏，科技转化率低，产业大而不强且尚未构建面向全球价值链高端的现代产业体系。构建现代化产业体系的本质上是立足创新驱动的产业创新体系，形成产业链与创新链的双轮融合机制。沿袭"科学—技术—生产"的技术经济范式，任何一次重大的技术革命或者科学突破均能形成引领生产力重大变迁的产业基础。因此，科技自立自强目标下产业高质量发展其实质上是"科学—技术—生产"范式下的技术创新与产业发展的全新融合，即创新链推动产业链，最终产业链与创新链共促，从这个意义上，我国产业迈向全球价值链高端必须形成产业链与创新链之间的融通共促机制，产业链与创新链之间如何融通并形成共促机制成为科技自立自强背景下的关键议题。

　　我国在改革开放后逐步构建了完备的产业体系，但是支撑产业发展的创新链主要来自发达国家的技术扩散与转移以及技术溢出等，整体上我国关键产业、战略性新兴产业发展依赖于发达国家主导的创新链，我国产业长期处于全球价值链的中低端环节，这为我国产业链与创新链的长期脱节以及产业内生创新能力的培育埋下了安全隐患（阳镇、陈劲和李纪珍，2022）。实质上，从产业链与创新链的共促模式来看，一种模式是基于创新链驱动的产业链升级模式，这种模式依赖于基础研究的有效性，即通过基础研究形成重大科技创新成果，并逐步依托市场企业构建全新的产业链。但这种模式需要具有较为完备的科技成果转化能力，即基础研究的成果能够转化为现实的生产力，实现技术驱动的产业化。另一种模式则是产业链拉动创新链模式，即在产业自身发展过程中由于技术升级需求或者产业转型升级需求，在需求约束下或者环境倒逼下，逐步引入相关的核心技术，包括通过技术学习、技术模仿以及自主创新等方式强化产业链内的技术储备，支撑产业链的转型升级需求。科技自立自强目标下的产业链与创新链融合更强调依赖自主创新链支撑产业链，形成创新链与产业链的融通机制，包括要素（产业要素与创新要素）之间的融通、主体之间（产业组织主体与创新知识主体）的融通以及政策（产业政策与创新政策）之间的融通。

（四）基础研究与应用开发研究：形成基础研究与应用开发研究相互支撑的投入格局

从微观视角来看，支撑科技自立自强的关键微观主体在于企业，并且企业技术创新能力是科技自立自强的关键。一方面，当前制约我国企业技术创新能力提升的主要因素在于企业层面的研究投入尤其是基础研究投入严重不足，制约了企业形成面向重大科技前沿领域的原始创新能力的提升（李晓轩等，2022）。基础研究不仅是影响创新链的前端研发设计环节，更是影响高端产业与未来产业如高端装备、战略性新兴产业能否孕育壮大的关键因素。从我国基础研究投入状况来看，根据国家统计局 2021 年发布的《2020 年全国科技经费投入统计公报》显示，2020 年全国共投入 R&D 经费 24393.1 亿元，其中，基础研究经费为 1467 亿元，应用研究经费 2757.2 亿元，试验发展经费 20168.9 亿元，基础研究、应用研究和试验发展经费所占比重分别为 6%、11.3% 和 82.7%。可以看出，我国在科技创新投入层面的基础研究投入比例依然偏低，整体上呈现出轻基础研究的倾向，而对比美国等世界科技创新强国的基础研究投入长期在 15%～25% 而言，我国基础研究投入强度仍然存在较大的差距。基础研究中的主要承担部门如科研机构、高等院校等呈现出基础研究激励不足且缺乏真正意义上从事基础研究的微观企业主体，在基础研究层面制约了企业形成基于科学（基础研究）的原始创新。从基础研究的主要承载主体来看，目前主要承担基础研究的知识主体其在评价过程中存在明显的研究成果功利化倾向，制约了科研人员从事原始创新的动力，不利于重大原创性成果的孕育与转化，最终难以支撑我国企业开展基于科学的创新

（吴季，2018）。另一方面，企业开展关键核心技术突破的重要基础在于基础研究与应用开发研究的相互衔接，即企业作为市场主体以及技术创新主体，其从事技术创新往往聚焦具备产业化潜力以及商业价值的技术。当前部分从事基础研究的高等院校往往在科学研究活动中过度注重论文发表，呈现出"职称导向""论文导向""帽子导向"等系列不良风气，科研激励制度的扭曲进一步引发科技资源配置的扭曲，进而产生科技资源的错配与误配。相应地，以企业为创新主体的生产部门难以与从事科学研究的主要主体开展深度合作与要素融通，制约了基础研究与应用开发研究的有效衔接，难以为企业开展关键核心技术攻关突破提供相应的知识基础与人才支持。因此，从科技资源配置视角，破解我国关键产业尤其是战略性新兴产业中的创新能力不足的关键在于基础研究与应用开发研究的投入与衔接问题。

具体来看，科技自立自强目标驱动下的科技资源配置需从企业规模导向转向企业能力导向，即将科技资源尤其是基础研究与应用开发研究投入到具备一定创新能力的企业尤其是创新型企业中，并着力于培育中小企业创新能力尤其是颠覆式创新能力。相应地，科技资源配置中的基础研究与应用开发研究涉及三大问题：一是投入规模与强度问题。投入规模与强度关系到创新主体的能力形成与积累，更关系到整个创新产出的优劣。投入规模与强度需要立足我国经济发展状况以及对标世界主要科技创新强国的竞争情境，在保持规模绝对增速的前提下，设定投入强度的门槛值，着力于研究适宜于我国科技创新产出效率的投入门槛值，尤其是基础研究在整个 GDP 以及 R&D 经费中的门槛值，为我国各类创新主体开展技术创新提供资源基础。二是投入结构问题，包括整体经费活动类型的投入结构以及投入对象结构问题。投入结构涉及基础研究与应用开发研究的相对结构问题，在保持总量与增量增长的同时需要着力优化我国科技资源配置的内部结构。其中，面向经费活动类型的投入结构主要是基础研究与应用开发研究之间的结构问题，适宜于科技自立自强目标下的最优结构问题亟待深化研究。针对企业、高校、科研机构等从事科技活动的创新主体与知识主体，适宜于不同类型创新主体与知识主体的基础研究与应用开发研究投入的最优结构问题亟待分类研究。三是激励制度问题。激励制度涉及创新组织、创新主体以及从事科学研究活动的科研工作者的激励制度设计问题，激励设计的主要目标不仅要最大限度激发企业从事技术创新尤其是原创性技术、产业关键核心技术以及共性技术的意愿与动力，还需要强化知识主体尤其是高校、科研机构从事基础研究的动力，更好地平衡基础研究与科技成果转化之间的内在关系。

四、系统实现科技自立自强的主要路径

系统实现科技自立自强，依赖单一创新主体、单一创新模式以及单一创新政策将难以实现，其作为一个系统性工程主要涉及在全新的国际关系与世界经济政治格局下的科技创新战略再定位，以及面向国内创新主体的科技创新能力提升问题。尤其是在新一轮数字技术革命下，需要加快把握数字经济环境下的赋能机遇，以数字技术为基础重塑整个数字创新体系，为各类创新主体开展创新交互提供全新场域，并在政策层面着力于优化面向创新主体的产业政策与创新政策体系，更好地以强化企业自主创新能力为目标实现科技自立自强。

（一）战略引领：从创新驱动迈向创新引领

当前处于百年未有之大变局中，世界各国面向科技创新领域的博弈程度与竞争激烈程度都得到前所未有的强化，传统"追赶型""学习型""并跑型"的科技创新战略日益难以应对复杂的国际经济与政治不确定性以及全球产业链布局的新趋势，实现高水平科技自立自强的战略紧迫性与实现进程的重要性日益强化。回溯我国科技创新战略，自改革开放以来，随着我国逐步构建社会主义市场经济体制，科技发展的战略重点也从传统的国防军工转移到支撑现代化经济体系建设上来，服务于以经济建设为中心的基本路线，并提出了"科学技术是第一生产力"的重要论断指导科技发展战略的纵深推进。20世纪90年代后，随着全球化趋势的不断深化，我国相继提出了"科教兴国"与"人才强国"，科技创新战略的基本定位从支撑我国社会主义市场经济建设转向强化我国综合国力，并在21世纪后提出建设创新型国家等科技创新战略目标进一步指导我国科技创新体制机制设计。党的十八大以来，党中央与各级政府将创新摆在国家发展全局中的核心位置，创新驱动发展战略成为我国科技创新战略的主导战略，并立足创新驱动发展战略实现高质量发展，包括宏观经济高质量发展、产业高质量发展与微观企业高质量发展，立足创新驱动实现要素变革、动力转换以及发展模式转型。步入新发展阶段以来，为深入贯彻新发展理念以及深化构建新发展格局，党中央进一步提出建设世界科技创新强国与实现科技自立自强的重大战略目标，这意味着科技创新战略从传统的追赶型战略走向自主引领型战略，即创新驱动转向创新引领（张学文和陈劲，2021）。

创新引领战略重心在于构建引领型科技创新体制机制，尤其是立足于构建新发展格局，逐步构建面向本土创新链核心创新能力形成与积累的引领性创新体制

机制，改变长期以来外循环主导下我国各类产业与微观企业过度注重开放式创新而忽视内生创新能力建设，摒弃单一"引进—消化—吸收—学习"的技术创新模式，而是以全面自主创新强化微观企业与产业内生创新能力引领企业要素变革与产业升级转型。进一步地，将创新引领战略放置于国家科技竞争战略层面，这意味着我国需构建自主性的科技创新体制机制，具备主动应对"科技脱钩"与"产业脱钩"等潜在不利风险的科技创新能力，尤其是避免西方发达国家尤其是世界科技创新强国以意识形态、价值观、安全观等理由遏制我国关键产业、关键创新型科技企业、关键核心技术与设备等正常发展。从引领式创新的微观承载创新主体视角来看，实现科技自立自强意味着需要以世界一流企业与创新型领军企业为引领载体，强化这类企业的全面自主创新能力，引领关键核心技术的跨国、跨产业链与创新链的多维竞争，在战略推进层面强化世界一流企业与创新型领军企业在产业领域中的主导地位，推动这类企业真正意义上成为高质量发展战略主体，最终引领产业关键核心技术攻关突破，保障我国产业链与创新链的安全性与高水平竞争。

（二）创新主体优化：构建大中小企业多维融通与企业共生共益型创新生态系统

支撑科技自立自强的关键微观主体在于企业，当前制约科技自立自强的突出问题也包括企业技术创新动力与能力双重不足，制约了创新型企业以及世界一流企业的形成与发展，使企业难以在全球价值链中获得高附加值的竞争地位。因此，从微观创新主体的视角来看，需要以企业为创新主体形成企业创新生态圈，激发各类企业制定自主创新战略以及激活企业开展创新的动力机制。其中，从规模视角来看，规模是产业组织中创新的重要前置性因素，企业规模一定程度上代表了企业从事创新的资源基础以及覆盖的市场需求，不同规模企业开展技术创新的动机以及从事创新的模式与轨迹不尽一致。一般而言，相比于中小规模企业，规模越大的企业即大企业从事技术创新的资源基础与能力优势更强，尤其是对于具有长远导向以及投资周期相对长的重大工程科技创新，大企业在创新过程中的抗风险能力越强，能够更好地开展创新活动。正因为大企业在技术创新过程中的独特优势，科技自立自强实现进程中的关键是掌握关键核心技术，在短期避免产业关键核心技术被"卡脖子"，在中长期则是形成面向未来产业的技术创新能力与原始创新成果以催生新的产业业态，最终占据全球产业竞争中的关键地位并成为产业链的"链主"（阳镇等，2022）。因此，需要立足科技自立自强的"短期—中期—长期"战略规划与路径安排，分类推动不同规模企业从事不同类型技术创新的意愿与动力，在关键核心技术突破（突破式创新）、颠覆式创新、未来技术等方面发挥不同规模企业的能力优势，鼓励大中小企业在面向产业共性技术、产业关键核心技术等方面开展融通合作，最终形成面向"通用技术—关键核心技术—未来技术"的多层次大中小企业融通创新生态系统。

科技自立自强中的必要基础是科技自立，而科技自强则是重中之重，实现科技自强关系到世界科技创新强国目标能否如期实现，更关系到我国社会主义现代化国家新征程，从这个意义上，在微观创新主体层面需要更加重视发挥科技型企业、创新型企业、世界一流企业等企业主导的国家战略科技力量的重要作用，依托这类企业为创新生态系统中的核心生态位构建企业创新生态系统。特别是在公有制经济为主体、多种所有制经济共同发展的基本经济制度背景下，国有企业理应聚焦研发投入强度大、投资回报周期长以及公共社会与国家战略属性强的产业关键核心技术开展联合攻关，同时吸纳具备创新企业家精神的战略型民营企业家，推动产业链内形成"国有企业+民营企业"的共生型创新共同体。这一过程需要持续深化国有企业改革，依托混合所有制改革尤其是以治理机制混合而非单一产权混合为突破口，并在价值分配层面立足共益导向驱动混合所有制改革的各类所有制企业参与动力，真正意义上在共同持股的业务领域与技术领域共享知识产权以及价值收益，共同聚焦产业链面临的关键核心技术攻关难点，系统解决当前我国战略性产业面临的紧迫而重大的关键核心技术"卡脖子"问题。

（三）数字赋能：强化数字智能技术的生产效应与深度赋能效应

随着以大数据、人工智能、区块链、虚拟现实等数字技术为驱动的新一轮技术革命的纵深发展，在经济形态层面产生了全新的数字经济驱动经济高质量发展，中国信息通信研究院发布的《中国数字经济发展白皮书》（2021）的测算结果显示，以产业数字化与数字化产业为基础，2020年中国数字经济增加值为39.2万亿元，占GDP的比重为38.6%，数字经济逐步占据整个GDP的半壁江山。数字经济驱动科技自立自强在于其具备独特的生产效应与赋能效应。其中，生产效应主要表现在生产要素方面，传统生产要素以劳动、土地、资本等生产要素为核心，而数字经济则是以数据为核心生产要素，通过数据嵌入到企业的产品与服务生产制造过程中，形成数据资产、数据资本以及数据资源等多种生产性资源。以数据为核心的生产要素具备一定的特殊性，主要表现为两个方面：一方面，数据要素具备增值特征。数据要素不同于传统生产要素，具备自增值属性，即随着数据量以及数据类型的积累，其内在的价值逐步提高，原因在于其具备的信息承载量更为全面，能够更为真实地反映外部环境以及组织内部环境的变化特征，最终形成具有决策意义的"大数据"以支持企业开展模拟决策与分析，为企业提供全新的知识基础与决策支持（徐翔、厉克奥博和田晓轩，2021）。另一方面，数据要素能够与其他生产要素形成结合效应，区别于传统的生产要素之间存在的典型的分离特征，即土地无法融入劳动力生产要素、资本无法融入到劳动力生产要素之中，数据要素能够融入到各个生产要素的组合配置过程之中（于立和王建林，2020），包括数字金融资本、数字劳动力资本等新兴形态，并且能够形成生产函数要素比例关系的自我调整，最终实现生产要素的优化组合与配置效应（肖红军、阳镇和刘美玉，2021）。因此，从生产效应的视角来看，以数据为核心的生产要素能够形成基于数据驱动的数字创新，包括数字技术与产品创新以及数字商业模式创新等，以全新的创新范式引领新一轮技术革命下的科技自立自强。

数字经济的赋能效应在于对企业创新过程中的交易成本进行赋能，具体体现为两个方面：一是企业创新的重要基础在于知识，即企业需要开展知识搜寻与捕获，通过知识整合、学习等方式实现知识创新，最终驱动企业形成新的技术、新的产品与服务，而数字经济能够为企业开展知识搜索提供新的空间与新的渠道，主要表现为数字技术打造企业面向组织内和组织间的开放式知识搜索平台，企业能够通过数字技术走向涵盖整个产业链、创新链以及数字平台的多重知识场域，形成跨时空、跨场域以及跨单元的知识搜索、知识学习、知识整合与创新动态数字网络，进而重塑企业的知识学习渠道、知识获取方式以及知识整合平台，并降低知识搜索的成本。尤其是大数据、机器学习等新数字技术能够直接为企业构建内生创新能力提供新的赋能工具支持。二是企业开展创新合作是关键核心技术联合攻关的重要方式，而企业间创新合作不可避免的是合作双方的机会主义以及不确定性引致的创新合作风险乃至创新失败，数字技术能够最大限度地提高创新合作过程中的信息透明度，降低合作双方的不确定性以及机会主义倾向，进而为企业开展关键核心技术攻关突破过程中的产学研合作、企业技术联盟合作以及创新平台合作等降低交易成本，以成本与信息赋能机制提高企业创新合作的成功概率。

（四）政策保障：构建与完善面向科技自立自强的创新政策体系

科技创新政策是支撑科技创新主体开展创新活动的关键因素。改革开放以来，我国逐步构建了面向产业创新与企业创新的多层次科技创新政策体系，包括面向供给侧与需求侧的创新政策体系。从功能视角来看，科技创新政策的功能定位在于优化创新主体的创新能力以及提高科技创新的承载环境，前者关系到科技创新主体的创新积极性与创新激励问题，后者关系到整个创新活动开展过程中的生态友好度问题（阳镇、陈劲和凌鸿程，2021）。科技创新政策必然包括面向微观创新主体以及面向创新环境优化的系列政策体系，包括产业政策、研发政策、财政与税收政策、货币政策等多构面的政策体系，涉及创新主体的培育与孵化、创新主体能力强化、创新环境优化等多重领域。在科技自立的战略目标下，科技自立作为科技自立自强的先导与基础，其核心是解决技术有无的问题，即充分弥补部分产业领域的技术短缺与技术完全缺失，或者企业不愿意开展的技术创新领域中的市场失灵问题，最终是解决技术自给率的问题，尤其是涉及国家科技安全与经济安全的战略性产业的技术缺失问题，确保市场主体或者知识主体能够在这些缺失领域填补技术空白，避免因技术缺失而形成技术"卡脖子"。因此，构建创新政策体系的重点在于立足有为政府的力量直接搭建相应的技术创新平台或者立足国有企业开展相关技术研发与技术突破，弥补相应的技术市场失灵或者技术短缺等局面。

在科技自强战略目标下，高水平科技创新能力以及全面形成具有全球竞争力的开放创新生态成为科技创新体系建设的关键取向，即面向产业与企业的技术创新能力与技术创新成果需满足高水平竞争力（国际竞争与国内竞争）的现实要求。相应地，科技自强战略目标下的科技创新政策体系必须着眼于从技术追赶、技术并跑走向技术引领的全新目标，构建面向本土产业与企业的多层次创新政策体系。其中，面向产业的创新政策体系主要立足产业政策，尤其是结合优化选择性与功能性产业政策的差异性功能，在产业领域面临的短期"卡脖子"技术方面，创新政策的重点在于利用选择性产业政策强化特定企业的创新能力，为产业内的创新型企业开展关键核心技术突破提供充足的财政、税收与融资支持，支持这类企业持续强化研发投入尤其是强化基础研究与应用开发研究的衔接力度，并明确这类企业的技术攻关的主要方向。在面向产业领域的中长期竞争方面则主要通过功能性产业政策优化产业发展的创新环境，并且需要充分引入竞争性政策，确保微观创新主体从事创新活动的充分竞争，着力优化从事创新活动的人才环境、融资环境以及社会文化环境等，合理引导不同类型企业立足其能力基础主动契合国家战略性产业目标开展未来产业关键核心技术研发、颠覆性技术创新以及原始创新等，并支撑新的技术变革乃至技术革命，最终以未来产业与未来技术涌现构筑全球价值链竞争的核心地位。

第二章 "卡脖子"技术的理论基础与判定方法

一、问题的提出

党的十八大以来，党和政府高度重视国家创新体系建设与微观企业创新引领问题。中华人民共和国成立 70 余年以来，在创新战略导向层面实现了几大层面的重大转变。第一大转变是从政府完全主导式创新转向以市场为主体、政府协同参与式创新，即在计划经济时期，为改变资本主义强国的经济封锁与政治孤立对我国建设工业技术创新体系的不利局面，基于"举国体制"快速组建科学研究的国家队支撑我国产业技术创新体系、国防科技安全体系和区域创新体系建设，形成政府主导型的国家创新体系，有效地在"两弹一星""青蒿素""合成胰岛素"等方面取得重大突破性科技创新成果，基本从技术的绝对式薄弱转向了以重大工程为导向，在部分领域具备自主创新能力的创新体系。改革开放以来，随着经济体制改革逐步深化，我国科技发展战略的服务对象从面向国家亟须的国防工业与重工业领域向服务现代化经济建设转变。相应地，在科技领域也逐步确立了以企业为创新主体的市场地位与制度合法性，计划经济时期以国家为主导的科技创新体系逐步向以市场为主导的科技创新体系转型。尤其是随着改革开放的深入推进，一大批民营企业如雨后春笋般涌现，成为推动产业创新体系与区域创新体系建设的重要微观市场力量。进入 21 世纪，以企业为市场主体的企业生态创新系统建设成为推动国家创新体系的重要载体，《国家中长期科学和技术发展规划纲要（2006—2020 年）》提出推动企业成为技术创新的主体，建设创新型国家。基于此，建设创新型国家成为面向社会主义现代化经济建设的重要创新战略导向。党的十八大以来，随着中国特色社会主义进入新时代，面对新的国际国内形

---

* 本章部分内容发表于《改革》2020 年第 12 期，有删改。

势以及新的矛盾与问题，科技创新被摆在国家发展全局的核心位置，党的十九届五中全会提出要坚持创新在我国现代化建设全局中的核心地位，"十四五"时期将成为我国推动创新发展的重大战略机遇期，也成为迈向世界科技强国前列的关键开局期。同时，科技创新领域的生产关系不适应快速发展的生产力，也成为亟待解决的根本性问题。基于此，在新时代全新的发展战略导向与新发展格局引领下，科技创新战略的重要性与紧迫性得到前所未有的上升，成为我国迈向中高收入国家、实现产业结构转型升级以及经济高质量发展的驱动器与加速器，创新驱动与创新引领成为党的十八大以来我国创新战略的突出转向。

从我国科技创新体系建设的发展进程来看，在宏观创新投入层面，我国自党的十八大以来的创新投入由 2016 年的 15500 亿元上升到 2019 年的 21737 亿元，其中基础研究经费为 1209 亿元，年均增长保持在 10% 以上。在 2019 年国家创新指数中，我国位列新兴经济体中的第一位，位居世界第 19 位。同时，在专利申请中，我国自 2013 年以来专利申请量连续保持世界第一，世界知识产权组织（产权组织）数据显示，2019 年中国在该组织 PCT 框架下提交的专利申请超过美国，成为提交国际专利申请量最多的国家。① 在科技论文方面，2009 年至 2019年 10 月，中国国际论文发表总量和被引次数均排名世界第二位，已经实现了从创新弱国到创新大国的转变，并正在向科技创新强国前列迈进。在区域创新体系建设方面，党的十八大以来，党中央提出了京津冀协同发展、长江经济带发展、共建"一带一路"、长三角一体化发展以及黄河流域高质量发展等新的区域创新驱动发展战略，在全新的区域创新战略引领下，"十三五"时期我国区域创新体系建设取得了突破性进展，包括京津冀、长三角、珠三角等重点城市群的区域协同创新体系进一步优化，区域之间创新的协同效应以及对经济发展的带动效应进一步增强。但不容忽视的现实是，尽管我国的基础创新投入与创新产出不断向前发展，取得了一系列的重大科技创新成就，但是科技创新过程中关键核心技术的自主创新能力依然成为制约我国迈向科技创新强国的巨大障碍，主要体现为 2018年的中兴与华为事件。由于核心芯片的研发创新能力不足，对于高端芯片与操作系统缺乏必要的产业创新生态，华为与中兴在嵌入全球价值链扩展商业版图的过程中创新链与价值链不匹配，关键核心技术严重受制于人，这些技术已经成为我国企业参与国际市场竞争中的"卡脖子"技术甚至威胁国家经济安全的"命门"。尤其是近年来愈演愈烈的中美贸易摩擦的背后，实质是中美大国之间的科技战，在中美关系博弈不断白热化的背景下，传统的依赖于技术引进、技术联合

---

① 2019 年全球通过 PCT 途径提交的国际专利申请量达 26.58 万件，年增长率为 5.2%。其中，2019年中国在该组织 PCT 框架下提交了 58990 件专利申请，超过美国提交的 57840 件专利申请。

开发与技术吸收的技术创新模式难以为继，部分关键产业如信息通信、新材料、工业核心零部件等产业领域的自主创新能力严重受制于他国并日益成为中国迈向世界科技强国、跨越中等收入国家的关键阻碍因素（张杰，2020）。从整体上看，我国原创性、基础研究投入力度仍然不足，基础研究与应用研究的整体协同度不足，关键产业、大型企业的核心技术创新能力亟待进一步提升，部分关键产业的技术对外依存度过高，在当前逆全球化背景下技术创新的"卡脖子"问题成为科技治理体系制度设计必须直面的问题（梁正和李代天，2018）。

近年来，围绕如何突破关键核心技术的"卡脖子"问题，避免国家的重要战略性新兴产业与微观企业在参与国际市场竞争中利益严重受损、规避"一剑封喉"的系统性风险成为政府关注的重要现实问题。例如，在2018年两院院士大会上，习近平强调在关键领域和"卡脖子"的地方要下大功夫。在2019年国家杰出青年科学基金工作座谈会上，李克强认为"卡脖子"问题根子在基础研究薄弱，提出了基础研究决定一个国家科技创新的深度和广度。在2020年全国科技工作会议的最新科技工作部署中，将"统筹推进研发任务部署，强化关键核心技术攻关和基础研究"摆在突出首要位置。由此可见，如何突破关键核心技术严重受制于人、规避"卡脖子"问题成为我国政府与科技创新研究者共同关注的重大现实问题。基于此，针对当前美国技术封锁与遏制下的大国之间博弈白热化的国际关系新形势与国内科技创新体系建设与发展的主要矛盾，针对关键核心技术"卡脖子"问题的识别过程、主要障碍与突破路径的研究成为学界与政府亟须关注与重视的重大研究课题。但是，从现有的研究来看，目前学界对"卡脖子"技术的内涵界定、识别机理缺乏系统性研究，甚至出现关键核心技术与"卡脖子"技术含义的严重混淆，由此对于"卡脖子"问题的归因判定失误，进而对解决"卡脖子"技术问题的主体缺乏基本共识。此外，政府与市场的力量在破解"卡脖子"技术中的功能定位、主要模式、内在作用机制也缺乏系统性研究。基于上述研究缺口，本章区分了"卡脖子"技术与关键核心技术的系统性差异，构建"卡脖子"技术识别甄选的"金字塔"模型；进一步重点研究了解决"卡脖子"技术的全新战略导向，以实现核心自主可控与对外开放的动态平衡；从制度优化、产业生态与创新主体三重视角提出了"卡脖子"技术突破路径。本章的研究贡献在于为明晰与识别"卡脖子"技术特殊性提供评估理论框架，在战略层面为当前以及"十四五"时期突破"卡脖子"技术提供理论思考与政策建议。

二、"卡脖子"技术的概念内涵与识别模型

目前，学界对"卡脖子"技术的界定尚未统一，既有的研究主要从两种视角定义技术的"卡脖子"问题或者"卡脖子"技术。一种是从关键核心技术的视角出发，关键核心技术被定义为经过长期高投入的研究开发过程且具备关键性与独特性的技术体系，而"卡脖子"技术必须具备关键核心技术的共性特征，并且对于整个产业发展的技术瓶颈突破具有关键意义。"卡脖子"技术不仅仅是单一某项技术，而是一系列关键核心技术的"技术体系"或者"技术簇"，其中基础工艺、核心元器件、系统构架与机器设备都归属于这一体系范畴（李红建，2020）。"卡脖子"技术之所以能够被竞争对手（如竞争企业、竞争产业与国家）抓住其发展要害，是因为关键核心技术本身存在较高的对外依存度，基础工艺、关键材料与设备以及技术路线高度依赖其他企业的供给，依赖其他产业环节的支持或依赖国际关系中其他国家的出口。从这个意义上看，企业或者产业在发展过程中，由于技术依存度或者对外依存度过高，关键核心技术依然受制于人，便形成了制约一国产业或者企业创新发展的"卡脖子"技术。以高端芯片为例，芯片的研发创新过程是基础研究能力与应用开发能力的高度互嵌，需要产学研融通结合，高端芯片的开发与创新过程既需要基础研究，包括数学、物理、化学等多种基础学科的综合知识基础，更需要 IC 设计、晶圆制造、封装和测试过程中的多种工序协同，尤其是光刻机的精度是制约高端芯片制造能力的关键，需要基于基础理论的研发创新与基于工艺创新的应用开发创新的双元创新能力，方能实现高端芯片的研发生产与创新迭代。因此，"卡脖子"技术依然属于核心技术受制于人的范畴，其包括短期受制于人与长期受制于人两种主要类型。另一种则是从国际关系视野下的国家经济战略与科技战略界定"卡脖子"技术，认为"卡脖子"技术不仅仅是关键核心技术，更是决定一国科技发展战略与创新能力的关键技术，其关键的特征在于具备战略性，对保障国家经济安全与科技垄断地位具有突出的作用，兼具技术属性与国家安全属性，成为一国在参与国际经济竞争过程中兼具经济性、安全性（政治性）与技术性的"耳目"（夏清华和乐毅，2020）。如自 2018 年中美贸易摩擦爆发以来，美国对中国进口产品进行限制，加大对技术领域的进口封锁，并指责中国在中美贸易过程中对美国进行知识产权盗窃以及强制技术转让，使得美国在全球的科技垄断地位受到挑战。因此，美国商务部对中国华为与中兴企业的核心元器件——芯片予以断供，从而使得中国芯片技术的"卡脖子"问题凸显。

本章认为，不管是从关键核心技术视角还是从国际关系视野下的国家经济与科技战略视角定义"卡脖子"技术，都存在一定的局限性。一方面，基于关键核心技术视角定义"卡脖子"技术只能符合关键核心技术的充分而非必要条件，"卡脖子"技术符合关键核心技术的一般特征，但是"卡脖子"技术的研究开发与应用周期更长，至少在短期内难以集体攻关突破或寻找替代方案，并且"卡脖子"技术的垄断性更强。因此，"卡脖子"技术很容易被技术供给方或者关键零部件提供方压制，较关键核心技术而言更具技术威胁性质。另一方面，"卡脖子"技术又具备国家战略性特征，能被称为"卡脖子"技术的关键核心技术必定与国家参与国际经济与科技竞争的相关产业链与供应链紧密相关，影响到一国嵌入全球价值链、产业链、创新链与供应链的国家战略性价值，这一战略性价值不仅仅包括经济价值，更包括一国参与国际竞争的政治意识形态、科技话语权以及国际经济地位等综合战略价值。因此，本章综合上述两种视角，主要从技术差距与技术安全的视角定义"卡脖子"技术。一是从技术安全的角度，"卡脖子"技术被其他竞争对手占据关键性技术要素，能够威胁产业技术安全，并且"卡脖子"技术对于保障国家的技术安全以及实现产业技术的整体安全性具有关键作用，中兴与华为事件充分说明了中美之间存在一些因"卡脖子"技术带来的国家战略安全威胁问题。二是从技术差距的角度，早期技术差距理论将技术作为第三种生产要素，认为技术差距是国际贸易的直接原因，部分发达国家甚至将技术差距作为衡量国际竞争相对地位与战略安全的重要指标。因此，"卡脖子"技术必定是在国家间科技实力（基础研究与应用开发实力）、产业间发展程度（产业发展处于早期还是成熟期）与企业间创新能力强弱等多重维度下存在系列差距，尤其是从技术的视角来看，关键核心技术难以模仿，是需要长时间的高强度投入方能突破的技术领域。"卡脖子"技术是指，关键核心技术长期与其他国家存在较大技术差距，并且技术差距难以在短期内被缩小，在国际贸易中一旦被贸易封锁，该类核心技术便成为阻碍一国产业发展与企业创新生态系统构建的"卡脖子"技术。

基于此，本章进一步从技术差距、技术本身的核心关键程度、产业安全性以及在国家间创新链与价值链战略性等多重维度界定"卡脖子"技术的核心特征，即是否与主要发达国家竞争体存在较大的技术差距、是否是产业发展中的关键核心技术、是否满足产业安全性（是否存在寡头垄断）、是否在全球创新链与价值链中占据关键核心位置以及是否是国家创新发展战略中的关键性技术要素等多维判断准则，根据是否依次满足以上判断准则，本章建立以下的识别筛选框架，如图2-1所示。

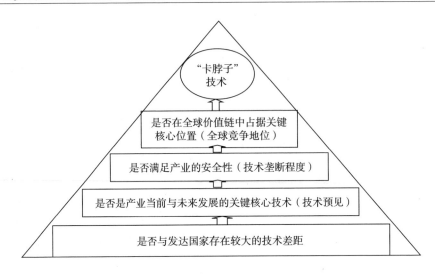

图 2-1 "卡脖子"技术的"金字塔"识别模型

基于"卡脖子"技术的"金字塔"识别模型，依次满足上述标准的则符合"卡脖子"技术的范围，并进一步基于"金字塔"模型的四重判断标准，构建"卡脖子"技术的评估指标体系，如表 2-1 所示。

表 2-1 "卡脖子"技术评估指标体系

一级指标	二级指标	三级指标
技术差距	基础研究差距	学术研究论文的质量与基础学科的学术影响力
	应用研究差距	专利的数量与质量
	实验开发差距	重点实验室的应用开发能力
	产业商业化差距	成果转化比例
关键核心技术	专利被引次数	专利后续引用频次与年均引用频次
	技术覆盖范围	技术覆盖的产业领域
	同族专利数量	同族专利代表同一件专利在不同国家以及主要竞争国家间获得保护的数量
	相对专利地位	专利的相对增长率
	技术复杂度	研发周期与成本

续表

一级指标	二级指标	三级指标
产业安全性	技术自主可控程度	核心零部件的对外依存程度
		基础材料的对外依存度
		网络技术的对外依存度
		技术标准的参与程度
		技术的跨国转移难度
国家战略竞争性	全球价值链地位	技术嵌入价值链的程度

三、"十四五"时期面向"卡脖子"技术战略新视野："底线开放思维+全面自主创新"的双元动态平衡

自党的十八大以来，习近平对底线思维进行了系统阐述，底线思维逐步上升为推进国家治理体系和治理能力现代化的重要思维认知。[①] 其中，底线思维涵盖的领域既包括国家核心利益与国家安全底线，又包括政治建设、经济建设、法治建设、社会与环境治理、党的建设等诸多领域。党的十九大报告在保障和改善民生问题上使用了"坚守底线"，在加强社会保障体系建设上强调要"兜底线"。实质上，底线思维意味着"防微虑远，趋利避害，一定要牢牢把握发展的主动权"的科学认知，也是一种"从最坏处着眼，做最充分的准备，朝好的方向努力，争取最好的结果"[②] 的基础认知和工作方法（习近平，2017）。新时代，运用底线思维以及提高底线思维应用能力是全面推动治国理政的全方位和全过程创新的治理智慧，需要将其贯穿到政治、经济、科技、文化、社会生态、外交、党的建设等各个治理领域（张荣军和岳红玲，2020）。

由于"卡脖子"技术不同于一般的关键核心技术，其具有国家安全与公共外部性，"卡脖子"技术追赶与竞争过程不仅仅涉及市场主体的单一经济竞争，更涉及整个产业链的安全性以及国家科技安全与民生社会稳定，相比于一般的关键核心技术，其社会属性与国家公共安全属性更强（杨思莹，2020）。国家工业

[①] 在2018年中央经济工作会议、中央外事工作会议、中共中央政治局民主生活会以及庆祝改革开放40周年大会重要讲话中4次强调坚持底线思维，在2020年中共中央政治局常委会、中央全面深化改革委员会第十三次会议上多次强调坚持底线思维。

[②] 中共中央宣传部. 习近平新时代中国特色社会主义思想学习纲要［M］. 北京：学习出版社，人民出版社，2019.

和信息化部的数据显示，我国在高档数控系统、芯片、高档液压件和密封件等技术领域长期依赖进口，对外依存度高达80%以上，并且长期以来对外依存度居高不下，一些涉及国家经济安全与价值链关键地位的核心技术甚至被发达国家列入限制对中国出口的清单，这些关键核心技术成为了制约我国产业转型升级迈向高质量发展的"卡脖子"技术。因此，在具备国家安全与公共社会属性的前提下，底线思维成为破解"卡脖子"技术的重要思维理念，体现为"卡脖子"技术攻关与治理领域中的政治底线、法律底线和安全底线。具体来看，其中政治底线体现为事关国家发展道路、立场和方向的重大原则性问题。对于"卡脖子"技术攻关与治理体系而言，依然需要坚持中国特色社会主义的方向底线，坚持以人民为中心的底线要求，以为了人民、服务人民、向人民负责的政治态度推进"卡脖子"技术的科技攻关与科技治理体系建设与制度优化，解决因"卡脖子"技术制约所带来的系列社会民生问题。法律底线意味着面向"卡脖子"技术的科技创新攻关与治理体系建设依然需要坚守依法治国的重要方略，关键要健全制度环境尤其是法律法规体系，加强"卡脖子"技术联合科技攻关战略谋划和创新人才激励的前瞻性制度布局，优化产业共性技术与新型研发机构的知识产权保护制度体系，基于底线安全思维完善关键核心技术的常态化评估预警机制和监控网络，进而有效评估与识别涉及重大国家经济安全、科技安全与政治安全的"卡脖子"技术。在逆全球化时代，需进一步强化"安全畅通"的全新战略理念，建立健全涉及重大危机如技术封锁与经济打压等发生后的科研攻关等方面的指挥与保障体系，提高产业链、供应链在全球竞争中的化解系统性风险的能力，实现产业链、供应链与价值链乃至产品链的安全性与畅通性。在全球新一轮工业革命深入演化背景下，需高度重视数字信息与智能技术对科技攻关指挥与保障体系的数字化赋能效应，不断提升应对嵌入全球价值链以及外向型开放式创新过程中的科技安全风险预测、识别、响应与处理能力，确保我国各类市场主体参与国际市场竞争的科技安全。

更为关键的是，正因为"卡脖子"技术在一国产业发展和全球价值链中的突出地位，面向"卡脖子"技术领域的技术创新战略必须基于全新的内生自主能力建设的战略视野，推动微观企业的自主创新能力建设。一般性核心技术可以通过技术引进、技术学习、消化吸收等多种战略手段实现技术的"非对称赶超"，早在1980年兰德公司的一份报告中提出："只有技术独立，才有经济独立，才有政治独立。"长期以来，在全面深化改革与对外开放的过程中，我国企业在出口导向的开放型经济制度安排下，一味地通过以市场换技术而非技术驱动市场版图的扩张模式导致本土企业的关键核心技术自主创新能力严重缺失。主要体现为：在全面对外开放的过程中，外循环主导下基于外资引进的开放战略导致相当一部分的外资企业利用中国的庞大市场实现了技术的反哺效应，占据了国内众多高端价值链、创新链的核心环节，挤压了本土企业的技术创新能力培育与提升所需要的市场空间，长期依靠外向型开放式创新体系下的跨国"开放式"技术创新联盟、研发国际化等技术创新战略造成内循环体系下的内生式自主创新能力缺失，制约了我国在关键技术、关键设备、关键零部件以及核心材料与工艺等方面的自主创新能力。因此，破解"卡脖子"技术的关键创新战略抉择是将全面自主创新战略摆在各类创新战略视野全局中的核心位置，而全面自主创新战略的实施依然需要从政府与市场主体两个层面予以双轮驱动（庄芹芹和于潇宇，2019），尤其是"卡脖子"问题的攻克离不开完备的基础研究能力。在政府层面，全面自主创新战略引领主要体现为政府对基础研究的重视与投入，2018年中国的基础研究投入经费首次突破千亿元，但是其总额仍然只占R&D费用的5.5%，远远低于欧美发达国家尤其是美国基础研究经费占R&D经费的比重（15%以上）。因此，一方面，在基础研究领域，政府需持续强化"国家队"的主力军作用，保障"卡脖子"技术的基础研究知识和关键共性技术供给，通过制定一系列面向本土创新机构、创新群体的"强基计划"，强化基础研究知识的国家队建设，以面向各类产业的"卡脖子"技术联合攻关的国家创新中心、科学中心、国家重点实验室与国家新型研发机构为产业共性知识供给主体，支持"卡脖子"技术的基础研究与共性应用技术供给，并构建有效激励和促进各类所有制企业实施全面自主创新的外部制度环境。另一方面，微观市场主体需要摆脱过去长期技术能力外生培养与建构式的创新模式，坚持在参与市场竞争尤其是国际市场竞争中平衡关键核心技术自主可控（自主性）与全球价值链嵌入参与程度（开放性）的动态平衡，以全新的平衡式自主创新机制而非单一基于开放环境下的非对称创新赶超机制培育内生式创新能力。

四、"十四五"时期面向"卡脖子"技术的突破路径

基于创新驱动与创新引领战略实现我国系统性迈向世界科技强国前列将成为未来较长一段时期的重要战略转向，而"十四五"时期是我国从科技创新大国迈向世界科技创新强国前列的关键机遇期与战略抉择期。在百年未有之大变局以及"双循环"新发展格局的双重背景下，"十四五"时期破解"卡脖子"技术需要以"宏观战略—中观产业—微观企业"的系统性框架，基于全新的战略视野引领，以构建新的产业创新生态与企业技术创新路线图，加速实现颠覆性技术创新与渐进式技术创新的双元平衡，并着力于从科技体制机制、科技产业发展生态

以及微观创新主体三大层面予以系统性破解"卡脖子"技术，避免关键核心技术被"一剑封喉"，制约我国战略性新兴产业发展乃至影响到我国国际化进程中的经济安全。

（一）制度优化：以新型举国体制推动整合式创新范式建构

从制度经济学的视角来看，制度环境是引导经济社会主体的经济性与社会性行为的重要因素。改革开放四十多年来，我国作为转型中的后发国家，在探索社会主义市场经济以及推动我国创新驱动发展的战略过程中，不管是公共主体还是市场主体都面临着制度与市场环境的不确定性，因此，我们需要发挥集中力量办大事的社会主义制度优势，降低频繁的制度变革与经济转轨过程中的不确定性（Droege and Johnson，2007）。在渐进式的改革过程中，在我国科技发展从科技弱国走向科技大国最终走向科技强国的发展道路上，显著的制度优势无疑是统一领导的社会主义制度优势（陈劲，2020）。党的十九届四中全会通过的《中共中央关于坚持和完善中国特色社会主义制度推进国家治理体系和治理能力现代化若干重大问题的决定》提出，要"加快建设创新型国家，强化国家战略科技力量，健全国家实验室体系，构建社会主义市场经济条件下关键核心技术攻关新型举国体制"。实质上，举国体制最早是在中华人民共和国成立后我国体育竞技领域的术语，这一术语在 20 世纪 50 年代提出，但是其正式概念在 20 世纪 80 年代后被逐步明确，其含义是在国家层面与社会层面上形成目标一致、结构合理、管理有序、效率优先、利益兼顾的竞技体育组织的新型管理体制（鲍明晓和李元伟，2014）。也有学者从国家利益的视角，认为举国体制是充分以国家最高利益或者主导性利益为目标，基于全国资源的集中配置实现统一管理的新型国家体制（曾宪奎，2020）。实质上，举国体制的核心是充分发挥社会主义集中力量办大事的制度优势，基于国家能力与国家目标充分调动、配置、优化与治理各领域的经济性与社会性资源，最终实现既定的国家战略目标的管理结构与治理体制。我国初期的一系列重大科技成就，如"两弹一星"的巨大成功与基于社会主义集中力量办大事的举国体制存在直接联系。此外，我国体育竞技从 1984 年参加奥运会并获得第一枚金牌到如今金牌数位列全球第一的历史性跨越，以及近十年来探月工程与高铁产业的持续性技术创新均展现了举国体制的突出核心技术攻关优势。从国际科技发展历史进程来看，举国体制的管理框架同样广泛存在于发达国家的重大科技项目攻关过程中,如20世纪美国实施的"阿波罗(登月)计划"①,该计划持续了11年,总投资达到255亿美元,先后将12个人送上月球并成功返回。其主要的参与机构包括2万多家企业,以及以基础研究为主的200多家大学和80多家科研机构,参与人数高达30万人(张义芳,2012)。

当前,面对国内国际形势的深刻变化,传统举国体制在新的时代背景、新的政府与市场的关系、新的科技竞争格局下需逐步实现向新型举国体制的变迁。首先,新的时代背景体现为当前我国正面临百年未有之大变局,中国特色社会主义迈入新时代。在新时代下新的发展矛盾、新的方式以及新的创新驱动发展战略要求传统举国体制下的科技攻关机制向新型举国体制下的新的战略目标、新的治理结构与管理机制转型;尤其是面对关键核心技术自主可控与自主创新能力的突破问题,需要构建新型举国体制,将我国有限的经济社会资源向关系国家安全与国计民生的重要产业的关键核心技术突破与"卡脖子"技术突破等领域进行充分优化配置,不断创新体制机制及重大科技专项项目的治理,以重大战略性创新工程为抓手,以新型研发机构(国家实验室、国家科技创新中心)为组织载体,引入市场竞争机制,以新型举国体制调动各级政府、全社会、全行业与微观市场组织集中攻关,突破关键核心技术受制于人以及"卡脖子"问题,以新的体制机制激活新型举国体制下的各类创新主体,实现重大原创性科技成果从0到1的不断涌现,为当前供应链、产业链与创新链的安全性、引领性、协同性、颠覆性与原创性提供制度支撑与机制支持。

其次,自党的十八大以来,新的政府与市场关系主要体现为市场在资源配置中逐步从基础性作用转变为决定性作用,以及更好地发挥政府作用。"有为政府与有效市场"成为新型举国体制运转过程中的突出要求,即需要兼顾市场的决定性作用与更好发挥政府作用。这意味着在基于新型举国体制开展重大科技项目、进行关键核心技术和"卡脖子"技术联合攻关的过程中,既要发挥市场在资源配置中的决定性作用,即切实尊重与激发市场各类创新主体(各类企业)的技术创新活力与潜能,优化制度环境与营商环境,尤其是加强颠覆性技术创新的知识产权保护制度建设,又要通过功能性产业政策逐步实现创新环境的系统性优化,使政策资源与市场主体创新能力系统整合。同时,由于"卡脖子"技术的技术复杂度高、市场研发周期长、不确定性程度大,这就需要政府利用"有形的手"引导各类经济性与社会性资源在跨部门、跨团队、跨领域、跨学科中流转,

---

① "阿波罗计划"基于举国体制形成了四级管理机制,第一级即顶层决策层,具体负责机构是NASA局长办公室和载人航天计划办公室;第二级是阿波罗计划办公室;第三级是三大载人航天中心;第四级是承包企业(承包商)。

基于政策（财政政策、产业政策等）引导各类创新主体、各类知识团队与各类创新研究中心开展特定国家战略目标下的"卡脖子"技术的联合协同攻关，实现创新资源、创新链条与产业链条的系统有效整合。

最后，由于当前科技竞争格局从传统的工业经济时代迈向数智时代，数字化与智能化成为数智化时代的突出技术变革。而且，在新一轮的科技革命背景下，由于数字智能技术具有高度的渗透性，科学研究与应用开发的边界日趋融合，新兴领域的颠覆性技术创新与基础研究领域的理论创新之间的融合程度将进一步强化，基础研究、应用开发与技术商业化的时空距离进一步缩短，科技成果转化的商业化链条也更加动态便捷。因此，在新一轮技术革命深入演化背景下，需要高度重视数智化技术对关键核心技术研究开发与"卡脖子"技术突破的数字化赋能效应，并以数字化、智能化与网络化的新型数字治理体系为举国体制下的科技项目治理提供赋能基础。

（二）产业生态：以深化"双循环"新发展格局下的两个融合重构"开放式创新"

在高度全球化竞争的知识经济时代，传统企业的封闭式创新难以适应外部高度动态与复杂的竞争环境要求，开放式创新是企业以提升技术创新能力为目标，通过对组织内外部的知识要素与创新资源进行有目的的治理，从而实现企业研发到商业化的一系列过程，最终实现企业创新模式的创新（Chesbrough，2003；Chesbrough & Crowther，2006）。开放式创新理论吸收、整合与发展了用户创新、合作创新、吸收能力、创新网络等理论与方法，是开放经济与动态竞争环境下的一种全新的创新范式。但是从开放式创新的主要类型来看，存在两种主导模式。第一种是内向型的开放式创新模式，内向型开放式创新是企业以明确的创新目标，通过持续识别、系统筛选与构建自身的外部创新网络以及创新生态系统，实现基于特定目标的知识识别、知识引进以及知识利用的一系列活动。内向型开放式创新通过用户参与创新、与供应商合作创新、购买外部知识产权、获取外部技术许可证、构建产学研合作网络、众包、战略联盟等多样化企业间创新方式予以实现（Van de Vdande et al.，2009）。既有研究表明，内向型开放式创新能够促进本土企业构建自主式的创新网络，基于创新资源的互补效应开展组织间学习，最终实现企业内生自主创新能力的提升。第二种是外向型的开放式创新模式，外向型开放式创新过于注重企业内R&D项目的外部化，以及将内部冗余的创新成果快速商业化，快速实现经济收益，如通过授权许可、开源合作、技术外部转让等方式将公司未能完成或中途终止的R&D项目进行外部化，实现外部组织将这些研发项目进行商业化（张振刚、李云健和陈志明，2014）。从这个意义上看，外向型创新本质上是提升企业的经济价值创造能力，而对提升企业在自主创新过程中的学习能力与吸收再创新能力的效果则相对有限。因此，内向型开放式创新范式下企业创新过程更加侧重内部既定创新目标下的外部创新合作，而不会陷入外向型创新模式下创新资源与创新主动权受制于人等创新陷阱。

当前，国际国内竞争格局的系统性变化加快，形成了以国内大循环为主体、国内国际双循环相互促进的新发展格局，这一格局顺应了国内基础条件和国际竞争环境深刻变化的全新时代背景[①]。改革开放以来，随着中国加入WTO，我国技术链、产业链与创新链嵌入全球价值链、创新链的进程不断加快，以市场换技术的对外开放红利为我国长达几十年的经济中高速发展提供了巨大的制度红利，几十年的时间走过了发达国家几百年的工业化进程，我国步入了工业化的后期阶段（黄群慧，2014）。但是，长期外向型经济体制下，我国关键核心技术在出口导向方面产生的一系列诸如关键零部件依赖进口、核心技术缺失以及产业链与供应链安全性低、产业现代化水平低等问题日益凸显，在国际需求萎缩与贸易摩擦背景下逐步由外循环主导转向以国内大循环为主体，实现国内国际双循环相互促进的新发展格局。因此，在"双循环"新发展格局下，突破关键核心技术严重受制于人的"卡脖子"问题，需要改变长期以来的外源式资源获取型与外向型开放式创新，基于内循环主导下的内生型开放式创新模式，提高产业层面的自主创新能力，改变过去由于过度注重出口效应与低成本主导下的技术引进模式，导致我国创新链与价值链长期处于全球价值链低端环节的不利局面（黄群慧，2014；沈坤荣和赵倩，2020）。尤其是在当前的新国际关系形势下，产业链动态扩展过程需要以满足国内需要作为发展的出发点和落脚点，产业发展过程中逐步形成以内循环为主导以及以外循环为支撑引领的内生型开放式创新模式，构建内生型开放式产业创新生态系统。突破"卡脖子"技术问题需要构建以内循环为主体的国内创新链、产业链与价值链，并且推进三链融合，加快突破关键核心技术以及制约产业转型升级的"卡脖子"技术，最终形成真正意义上的内生性自主创新能力。具体而言，在以内循环为主导的产业创新生态系统中，通过大力发展新型研发机构，有效组织国家工程基础研究院、国家科技创新中心、国家实验室、国家工业技术研究院等新型研发机构完善科技创新体系与协同创新能力建设，集中联合解决以工业技术能力的提升和产业技术安全的实现为战略目标的"卡脖子"技术问题。

[①] 参见 http://paper.ce.cn/jjrb/html/2020_07/15/content_423564.htm。

（三）创新主体：深化建设面向"卡脖子"技术的"央企+民企"分类主导的创新共同体

不管是在计划经济时期还是社会主义市场经济时期，中央企业是我国社会主义体制下政府有效参与经济建设与治理经济的重要组织载体与经济手段，也是新时代推动国家治理体系与治理能力现代化的重要微观主体（黄速建和余菁，2006；阳镇、尹西明和陈劲，2020）。与其他发达国家相比，中国特色社会主义市场经济制度的一个突出特点是中央企业在整个微观市场组织中占有较大比重和居于特殊地位，在许多战略性行业以及关系国计民生的重要产业中，国有企业扮演着龙头企业的重要角色。中央企业作为有效参与科技治理的微观主体，主要体现在中央企业不仅仅是具有经济属性的市场组织，更是兼具社会公共属性、承担社会责任的"社会公器"。在经济属性下，尤其是商业类中央企业，在市场逻辑的驱动下需要承担社会主义市场经济建设中的经济赶超使命，以微观企业层面的高质量发展实现创新引领，带动相关产业乃至整个宏观创新体系的高质量发展。同时，中央企业的社会公共属性主要体现为在特殊的国际形势、特定的历史阶段与特定的公共战略导向下，需要承担契合国家战略性、安全性、民生性的重要产业发展的重大公共创新使命与社会责任（陈劲和李佳雪，2020；肖红军和阳镇，2019）。

目前，对中央企业的技术创新效率仍然存在争议，主要体现为央企创新"无效论"与"有效论"两种论断（金碚，2010；剧锦文，2018）。前者的观点认为中央企业存在创新的原动力缺失，由于中央企业是由国家投资设立，企业技术创新具备的企业家精神严重不足，并且中央企业往往是关系国计民生的重要自然垄断性行业，在缺乏充分竞争的条件下，外部竞争性动力天然缺失。此外，由于公司治理层面的委托代理链条过长，尤其是央企高管的业绩考核创新激励机制缺乏足够的市场基因，导致其缺乏创新的战略眼光与可持续创新动力。后者的观点则体现为中央企业比一般性的民营企业更具创新的资源基础，具有集中力量办大事的优势，能够承担长周期的探索性创新，尤其是对于具有较大国家安全战略意义的关键性竞争产业（如国防产业、关系国家安全的战略性产业），需要中央企业担当公共创新的内生使命，如在中国高铁、大飞机、航天航空、核工业等具有重要国家战略意义的产业技术中，中央企业具有一般民营企业不具备的聚集创新资源优势，而且也具备人才优势和组织优势，能够发挥独特的组织资本优势，集中力量实现重大创新突破。此外，对于产业发展的基础性共性技术而言，产业共性技术具有典型的公共产品与公共技术特征，理应成为国家公共使命主导下国有企业公共创新的基础性方向，并且基础性共用性技术创新的状况决定了国家整体的产业技术水平和技术创新的未来前景（盛毅，2020），培育世界一流企业需要进一步以一流中央企业的共性技术创新能力作为产业共性技术创新与颠覆性技术涌现的底层支撑。实质上，当前制约我国信息产业发展的芯片技术，需要以中央企业作为共性技术研发与应用创新的主力军，发挥其独特的资源集聚优势进行集体攻关突破。同时，在当前处于百年未有之大变局的时代背景下，对"卡脖子"技术突破与科技治理体系建设而言，依然需要中央企业基于特殊的使命定位承担关键性、战略性、基础性的共性技术研究，并承担起优化科技创新生态系统等科技治理意义上的社会责任。

与此同时，面向"卡脖子"技术突破的微观市场创新主体依然离不开民营企业的作用，民营企业独特的创业企业家精神在颠覆性技术创新时具备独特的组织优势与动态能力优势，国务院 2016 年印发的《"十三五"国家科技创新规划》中，已经对颠覆性技术进行了长远布局，提出发展引领产业变革的颠覆性技术五大重点方向，包括以移动互联、量子信息、人工智能为核心构成的新一代数字信息技术，以增材制造、物联网装备、智能机器人为核心构成的智能装备技术，以基因编辑、干细胞、合成生物、再生医学为核心构成的新一代生命科学技术，以氢能、燃料电池为核心构成的新一代能源技术以及以纳米、碳基新材料、石墨烯为核心构成的新材料技术，强调在五大引领未来产业发展的重点方向上加速颠覆性技术创新，并高度重视民营企业中的"独角兽"的重要作用，发挥民营企业在面向未来产业颠覆性核心技术创新过程中的主导作用，以基于市场导向型的创新创业企业家精神来驱动未来产业的技术迭代升级。更为关键的是，在围绕"卡脖子"技术联合攻关体系中，以混合所有制改革为契机深入支持民企广泛参与央企、重点高校与科研院所等牵头的关键核心技术联合攻关项目（陈劲、阳银娟和刘畅，2020）。在部分具备商业化前景的关键领域组建"国有企业+大中小民营企业"的创新联合体，形成"卡脖子"技术的强协同与弱耦合的创新生态圈，最终实现国有企业和民营企业之间的产业链、创新链、价值链的分工协作体系，建构面向多类创新主体、创新要素与创新机制协同耦合的创新共同体。

第三章 破除"卡脖子"技术的多重争议性与再审视[*]

一、问题的提出

党的二十大报告明确提出，加快实施创新驱动发展战略，加快实现高水平科技自立自强。从技术视角来看，迈向科技自立自强的关键在于技术创新，尤其是面向关键性产业包括战略性新兴产业、高新技术产业以及未来产业等领域的关键核心技术创新，立足创新要素与技术要素支撑产业自主创新能力建构与强化，实现产业竞争优势构建并最终攀升全球价值链中高端。从当前支撑我国产业关键核心技术突破的发展条件与环境来看，研发投入作为科技创新尤其是产业关键核心技术突破的重要基础，我国 R&D 投入规模持续增长，投入强度稳步提升，2021 年我国 R&D 投入强度高达 2.44%，总体上已经接近部分发达国家的投入水平。更为关键的是，面向基础研究领域的研发投入被认为是支撑产业领域关键核心技术突破的关键，我国近年来面向基础研究领域的创新投入强度也在稳步提升，整个基础研究投入占 R&D 总投入的 6% 左右^①。从重大技术创新成果来看，我国在重大科技工程与基础研究领域不断获得新的技术突破，部分领域实现从 0 到 1 的跃变，包括超导量子、"嫦娥五号"月壤检测、合成生物、EAST 核聚变等重大基础研究不断取得新突破，以及第四代核电、"蛟龙"号、"深海一号"等重大工程领域创新进步明显。但是，我国依然在部分关键产业领域面临关键设备、零部件以及关键核心技术短缺与自主创新能力薄弱等问题，产业发展过程中面临较为严重的"大而不强"的"虚胖"问题，关键产业的关键核心技术依然相对匮乏（阳镇，2023），特别是关键性的创新主体的全面自主创新能力相对不足，真正意义上的创新型领军企业严重匮乏，制约了产业链内创新链的形成与优

<hr>

* 本章部分内容发表于《开放时代》2023 年第 4 期，有修改。
① 国家统计局，科学技术部，财政部 . 2021 年全国科技经费投入统计公报［Z］. 2022.

化,这对于产业关键核心技术突破的进程也极为不利。

近年来,随着世界主要发达国家尤其是美国等科技强国的贸易保护主义抬头,逆全球化趋势愈演愈烈,在开放型经济环境下传统技术引进、技术购买学习等"技术拿来主义"的技术创新路线受阻(陈劲、阳镇和尹西明,2021),特别是关键核心技术成为逆全球化背景下发达国家贸易保护主义的关键,以美国为首的发达国家对我国实施不正当技术封锁、技术禁运以及以实体清单等方式实施科技制裁,对部分产业的产业链与创新链的正常运转产生极大的安全性风险与不确定性冲击,导致我国部分产业与领军企业等面临较为严重的关键核心技术"卡脖子"问题,如何突破产业领域的关键核心技术"卡脖子"问题已经成为制约我国关键产业与企业迈向全球价值链中高端的重大现实问题。近年来学界也充分关注关键核心技术的突破机制与突破路径研究,尤其是对关键核心技术的"卡脖子"问题(以下简称"卡脖子"技术)开展系统研究,研究的视角包括"卡脖子"技术的定义与内涵(陈劲、阳镇和朱子钦,2020;任继球,2021;夏清华和乐毅,2020)、"卡脖子"技术的识别方法、甄选机制(郑国雄等,2021;张治河和苗欣苑,2020)与评估理论模型(汤志伟等,2021)、"卡脖子"技术形成的内在机理(陈劲和阳镇,2021)、"卡脖子"技术突破的核心路径与支撑要素等。从既有的研究来看,依然存在较大的研究缺口,主要表现在三个方面:一是"卡脖子"技术的形成机理尚缺乏深度解构,即"卡脖子"技术与其他技术类型在技术形成与突破过程中的关键主体、关键属性以及关键要素尚缺乏系统研究,一定程度上模糊了"卡脖子"技术的一般性与特殊性,加剧了学界对于"卡脖子"技术的认知混乱并衍生多重误区。二是"卡脖子"技术的突破路径停留于一般化的创新模式选择与创新主体能力积累等方面,沿袭一般性技术创新的突破路径难以系统有效地突破现有阻碍。三是"卡脖子"技术存在的主要细分产业领域、"卡脖子"技术的紧迫程度以及对产业链的影响效应尚缺乏全面的调查与实证研究,亟待经验研究的深化。

基于此,本章主要沿着上述研究缺口,一方面重点聚焦"卡脖子"技术的概念内涵与认知理解剖析"卡脖子"技术与其他技术类型的差异性,破解"卡脖子"技术认知的多重误区并重新澄清"卡脖子"技术的关键属性;另一方面聚焦"卡脖子"技术的形成机理,分类审视不同理论视角下的"卡脖子"技术形成的关键原因,为进一步分析"卡脖子"技术为何形成提供理论框架,立足分层分类视角提出对"卡脖子"技术突破的核心逻辑,为推进"卡脖子"技术突破提供政策启示。

二、"卡脖子"技术的多重误解与内涵的再澄清

（一）"卡脖子"技术概念认知的多重误区

1. 企业关键核心技术等同论

近年来，学界对"卡脖子"技术在产业链与全球价值链中的重要性进行了深刻解剖，一定程度上看到了"卡脖子"技术在整个企业价值链与创新链中的重要地位，但部分研究将"卡脖子"技术等同于关键核心技术，形成"卡脖子"技术与关键核心技术等同论。实质上，从技术的应用范畴来看，关键核心技术一般是该项技术或者技术应用的范围广，在微观企业层面对企业构筑竞争优势具有重要的地位，表现为企业的"杀手锏"技术、前沿技术以及战略性新兴技术。相应地，一旦企业掌握关键核心技术，意味着企业在特定创新链条中占据主导位置，能够形成对同行业竞争企业的牵制，背后的原因在于该项技术短期内难以通过快速技术消化吸收以及技术购买、产学研合作、技术创新联盟等形式实现技术攻关突破，具备一定的研发周期性以及高投入成本。因此，关键核心技术更多的是一种企业层面的技术竞争概念，并且企业是基于技术参与市场竞争。从关键核心技术的内容构成来看，目前学界对关键核心技术的内容构成主要是从技术链的视角，认为关键核心技术包括核心器件、产品构架、重要机器设备、基础工艺以及关键生产制造技术，从这个意义上，关键核心技术不仅仅是技术，工艺、设备以及基础部件与构架等都属于关键核心技术的内容范畴。

与此同时，关键核心技术具备三大特征：一是关键核心技术具有市场竞争的高壁垒属性。关键核心技术本质上是参与企业市场竞争以及技术竞争的关键技术，难以被竞争对手快速模仿以及迅速赶超，即具备较高的投入成本与学习成本，具有天然的竞争壁垒属性，企业能够基于关键核心技术的知识产权获取独特的竞争优势维持其在市场中的垄断地位或者较高的竞争位置。二是从技术形成与成熟的周期视角来看，关键核心技术具备演化属性，即任何一项技术并非在具备清晰的技术路线图或者被掌握后便属于关键核心技术范畴，其更多的是在技术应用与产业开发尤其是在创新链的传导节点中逐步产生关键核心作用，并且关键核心技术在技术应用过程中随着该项技术应用的范围以及深度扩大，其参与市场竞争的领域越大及占有的市场价值越高，关键核心技术的"关键"程度越强化。三是关键核心技术具有一定的高投入成本。由于关键核心技术不同于普通技术，其研发路线相对复杂，知识积累与掌握难度相对更高，这意味着关键核心技术背

后的知识复杂度以及技术开发过程中的知识嵌入程度更高，至少单个企业短期内无法获取或者完全掌握。因此，突破关键核心技术需要企业投入较高的研发成本，并扩展创新主体合作网络。从这个意义上，学界将"卡脖子"技术等同于关键核心技术，意味着任何一项制约企业市场竞争能力以及任何一项具有知识复杂程度高、知识嵌入性强以及单个企业投入成本高的技术便是"卡脖子"技术，这不仅仅造成了"卡脖子"技术类型统计出现严重的错误分类，更将"卡脖子"技术聚焦主体层面严重收窄。原因在于关键核心技术主要面向的是企业竞争范畴，属于企业参与市场竞争过程中的关键核心技术，并且每一个企业的关键核心技术的差异性较大，这造成了"卡脖子"技术的聚焦主体是企业层面，导致"卡脖子"技术的统计分类以及"卡脖子"技术被严重泛化，使公众认为制约企业将创新转化为产品或者技术开发难度大的技术就是"卡脖子"技术。

2. 产业共性技术论

既有研究认为"卡脖子"技术具备一定的公共社会属性，在整个产业链中处于关键基础性地位，并认为"卡脖子"技术属于整个产业链层面，即所有企业从事技术开发与产品研发都共同面临的问题，这种观点一定程度上超越了单一企业的"关键核心技术论"，至少在层次上超越了单个企业的局限性，摆正了"卡脖子"技术聚焦的层次范围。但是，聚焦共性技术视角下的"卡脖子"技术识别甄选范围被严重收窄，将"卡脖子"技术等同于产业共性技术或者产业共性关键核心技术存在严重的认知误区。实质上，从产业共性技术的角度来看，目前学界对产业共性技术的解读主要是从共性技术的基本属性视角出发，认为产业共性技术具备准公共物品属性以及技术的外部性（李纪珍和邓衢文，2011）。从这个意义上，共性技术区别于企业层面的关键核心技术或者一般应用技术与专有技术，其能够对整个产业链内的其他企业从事技术开发以及产品开发产生正向的经济价值或者社会价值，即一旦共性技术对企业开放，则企业能够利用该项共性技术降低企业的研发成本以及缩短开发周期，获取相应的正外部性价值。因此，从创新链的视角来看，共性技术往往偏向于基础研究或者基础研究向应用开发转化的初始阶段，这一阶段往往企业个体掌握该技术的难度大且预期收益不确定性程度高。从技术价值来看，产业共性技术不仅仅给单个企业带来相应的市场价值或者竞争价值，其还能够促进整个产业层面的技术创新以及产业创新。从产业共性技术的内容构成来看，产业共性技术可以按照技术的关键程度分为产业关键共性技术与产业一般共性技术；按照技术与市场距离的视角来看，可以将产业共性技术分为基础类共性技术与应用型共性技术（许端阳和徐峰，2010）。

与此同时，产业共性技术至少具备三重关键特征。一是共性技术的外部性以及准公共物品属性，即共性技术能够被行业内或者产业链内的所有企业通过相应的公共技术获取平台获取吸收，不存在企业个体的独占效应或者严格的知识产权保护限制。二是从研发主体与技术开发阶段来看，共性技术的研发主体主要是偏向于政府部门的共性技术研发机构或者研发平台，甚至在基础研究领域的关键共性技术供给者往往是高校或者研究机构，此类机构的研发经费出资人为政府，其创造的研发成果可被某类产业内企业获取。三是产业共性技术应用范围广，具备共享属性与扩散性。不同于企业层面的关键核心技术一般被企业私人占用，即通过专利以及其他知识产权保护举措实现收益价值的独占性，产业共性技术深度嵌入产业链的各个技术开发环节或者转化过程之中，应用范围高，并且应用价值被整个产业链中的企业享有，形成知识与技术的扩散共享效应。相应地，将"卡脖子"技术简单等同于产业共性技术或者产业关键核心共性技术，这类观点虽然看到了"卡脖子"技术本质上是产业层面的技术难题或者需要攻克的关键核心技术，但是也造成了技术识别范围与甄选领域被严重缩小，原因在于"卡脖子"技术不仅仅是产业共性技术层面的关键核心技术，更涵盖非共性层面的其他技术，这些技术可以由产业内的龙头企业（链主企业）或者创新型企业进行突破攻关，实现攻关主体构建整个产业链与价值链的高端竞争位势，最终真正意义上成为产业链与创新链的核心技术供给者。从这个意义上，简单地将"卡脖子"技术视为产业共性技术或者产业关键核心共性技术，会造成"卡脖子"技术突破的创新主体被狭隘化，其并非具有纯粹的准公共物品属性，进而导致研发主体在进行"卡脖子"技术攻关突破的创新主体选择时出现严重的战略误判。

3. 基础研究论

从技术突破的过程来看，技术的开发与技术的突破本质上是知识的发现以及科学的探索过程。从现代科学技术的学科分布来看，尽管尚未形成完全一致的分类结构，但是自然科学、人文科学、社会科学等是构成现代科学技术体系的主要学科支撑体系。从科学活动与技术活动的不同特点来看，钱学森将现代科学分为基础科学、技术科学与工程科学，其中基础科学主要聚焦于学科发展中的基础性理论问题，包括基础性理论与相应的基础性实验技术方法，基础科学主要的学科理论呈现在数学、物理学、天文学、生物学等学科之中；技术科学主要是基础科学的应用以及技术理论等，如制造领域中的工艺流程、工业模具设计、产业零部件制造、计算机领域中的信息通信技术、生物领域中的制药技术以及海洋开发领域中的深海勘测技术等都属于技术科学的应用领域；工程科学则是聚焦于工程领域，包括基础理论与技术理论在工程领域中的应用，是技术的产品化或者科学技术转化为生产力的主要学科。从现代科学技术的分类视角来看，既有的社会舆论以及部分学者将"卡脖子"技术界定为基础学科中的基础研究问题未能有效解决，其本质上并不是一个技术问题，而是基础理论问题。相应地，基础理论问题本质上是基础研究的范畴，便天然地将"卡脖子"技术归类为单一的基础科学或者基础科学的应用问题。

实质上，从技术形成过程的视角来看，"卡脖子"技术本质上依然是技术创新范畴或者知识创新与知识应用范畴，背后则是依托于一定的前沿知识基础与知识结构，即基础学科中的理论支撑或者知识创新。但是，技术的开发与实现则是基础学科中的关键理论与知识的应用问题，涉及基础学科与应用学科的协同转化问题，其并不是具有明显理论边界的基础理论或者基础研究问题。进一步地，从技术产业化或者商业化的视角来看，大量的技术创新本质上是技术在应用过程中由于具备较高的价值增值空间或者潜力而对基础学科中的相应理论问题的发现与攻关突破，基础研究与应用开发的紧密结合是技术生成过程以及技术价值实现的重要支撑条件。从这个意义上，学术界将"卡脖子"技术单一地归结于基础学科论中的基础研究问题，实质上是割裂了基础研究与应用开发研究的共生互动与动态协同关系。从科学与技术的关系来看，科学理论的发现是支撑技术变革的条件，如历次工业革命的技术突破的背后本质上是科学理论的突破，而技术的商业化与发展本质上对科学发展提出新的问题与要求，科学问题需要回归技术实践中的具体场景与具体应用领域方能实现新的突破。因此，将"卡脖子"技术定义为"基础研究论"下的基础理论范畴会造成技术开发与技术应用束之高阁，造成"卡脖子"技术的突破攻关成为单一科学理论问题而非技术应用实践问题，最终误导了相关的政策主体对科技创新资源配置的方向，造成国家科技创新资源与企业技术创新资源的错配与误配。

4. 复杂产品系统论

从技术开发的产品视角来看，"卡脖子"技术最终反映在企业的产品之中。相应地，学界以及企业界将"卡脖子"技术单一地归结于产品系统，并且认识到"卡脖子"技术开发的复杂性，认为其不是一般的产品系统，而是研发成本更高、技术含量更高、研发周期更长以及知识嵌入程度更深的复杂产品系统（Complex Product System，CoPS），且认为现有的"卡脖子"技术都分布在行业前沿的工业制造领域中。实质上，从复杂产品系统的界定来看，既有的研究主要是从研发成本视角以及产品开发与创新的过程视角界定，研发成本视角认为复杂产品系统的研发成本较高，需要企业投入较多的创新资源，实现复杂产品构架的设计与生产制造。从产品开发与创新过程视角来看，复杂产品系统之所以称为系统，是因为其不仅仅是单一的技术、单一的设备或者单一的产品，而是嵌入了技术、知识以及工艺与组件的产品构架，如航空航天系统、远洋轮渡系统、计算机操作系统以及工业控制系统与工业机器人等属于复杂产品系统的范畴。更为关键的是，复杂产品系统的定制化以及个性化程度较高，一般在产品开发与创新过程中倾向于小批量制造生产范式，因此对于复杂产品系统的迭代过程也往往需要更长的开发周期。相应地，复杂产品系统满足两大基本特征：第一大特征是产品的技术集成属性强，并且技术开发与研发周期相对较长。复杂产品系统的创新突破也会面临更大的市场风险。第二大特征是系统之间的深入嵌套，具备系统的复杂性特征。复杂产品系统本质上是基于产品与技术的系统，是多个不同领域的子系统之间的嵌套融合，而且大多数组件都需要定制，因此对于企业的集成创新能力有更高的要求。

不可否认，"卡脖子"技术在复杂产品系统中有所体现，但是单一地认为"卡脖子"技术从属于复杂产品系统，则造成了技术、知识与产品的相互混淆。实质上，"卡脖子"技术本质上是一个具有知识基础的技术实现问题，而非单一的产品开发问题，而且"卡脖子"技术主要的技术创新指向并不是基于大量子模块、子系统的集成创新，而是相应系统、技术与组件的基础理论与技术路线的融合。将"卡脖子"技术单一地归结于复杂产品系统，会造成"卡脖子"技术突破的最终落脚点是企业集成创新能力不足，而非基础研究与应用开发研究的自主创新能力不足，"复杂产品系统论"混淆了技术与产品、技术与系统等概念的差别，最终会造成"卡脖子"技术形成的归因判定失误，进而延缓"卡脖子"技术攻关突破进程。

（二）"卡脖子"技术概念内涵的再澄清

从既有研究来看，将"卡脖子"技术错误地等同于关键核心技术、产业共性技术、复杂产品系统以及基础研究等，都不同程度地给"卡脖子"技术的公共认知以及突破方向造成了干扰，甚至一定程度上混淆了科学与技术、技术与产品、产业关键核心技术与企业关键核心技术的差别，最终不利于科学界定以及科学判定"卡脖子"技术的主要分布领域以及筛选条件，甚至导致政府与市场主体对"卡脖子"技术攻关突破的战略误判以及资源配置失效。因此，系统地澄清"卡脖子"技术存在的必要条件以及关键特征显得尤为重要，有助于清晰识别及科学准确分类"卡脖子"技术，这样方能更好地做出面向"卡脖子"技术的攻关突破方案。

本章认为，清晰认知与界定"卡脖子"技术需要从必要条件入手，一项技术能否成为"卡脖子"技术必须满足四大必要条件。一是从技术的关键核心程度来看，"卡脖子"技术符合关键核心技术的一般特征，即包括基础技术、通用技术以及前沿技术乃至未来技术在内的多种技术，这些技术是面向整个产业发展与攀登产业链与价值链高端位置的支撑性技术，并且这些技术往往研发周期长以及投入成本较高，在短期内相对难以迅速掌握与快速突破。二是从技术的类型来看,"卡脖子"技术不仅仅是单一的技术元素或者技术组件,其更强调"技术簇"的概念,即包括关键元件、基础工艺、零部件、产品构架设计以及生产制造技术在内的多种技术集合与"技术群",本质上属于技术体系范畴,而非单一技术要素范畴。三是"卡脖子"技术必须满足该技术参与国际市场竞争的必要条件,受到国际分工体系的影响。这意味着如果某一国家、某一产业、某一企业不参与国际分工体系下的产品市场与技术市场竞争,则整个技术创新体系处于相对自给自足的封闭体系之内。"卡脖子"技术的存在是国际分工体系的扭曲,存在的必要性之一是存在技术供给依赖现象,即依托于分工原则存在技术供给方与技术购买方,"卡脖子"技术是既有的国际分工体系扭曲或者分工遇阻,造成技术供给链断裂形成断供,最终该项关键核心技术成为"卡脖子"技术。四是"卡脖子"技术在整个产业链乃至跨产业之间的价值链形成中处于关键地位,技术存在的场域面向产业链而非企业个体。该产业链的价值创造依赖于该项关键核心技术,是产业链与价值链竞争地位攀升的关键性技术支撑。因此,从技术的基本属性视角来看,"卡脖子"技术不是企业市场属性下参与市场竞争的核心技术,而是兼具私人属性与公共社会属性,这决定了"卡脖子"技术的攻关突破需要依赖整个产业链的各类创新主体的创新合力,或者依托产业链内的"链主"企业通过融通创新以及自主创新实现"卡脖子"技术的识别与突破攻关,而非单一的某一中小企业解决"卡脖子"技术突破问题。

三、"卡脖子"技术形成的多重归因再审视

从既有对"卡脖子"技术形成的主要原因分析以及社会舆论倾向来看,既有的研究对"卡脖子"技术的形成存在多重视角的归因,主要包括科技创新资源配置理论下的科技创新资源错配与误配、创新主体论下的"卡脖子"技术形成的创新主体模糊、国际政治与国际关系论下的政治、经济打压与技术封锁以及创新能力论下的企业全面自主创新能力严重不足四重归因,总体上呈现出四种论调,包括宏观科技资源配置论、微观创新主体论、外部国际竞争环境论以及微观企业创新能力论,上述不同归因视角聚焦的"卡脖子"技术的形成条件以及解决方向也呈现出较大程度的差异性。

(一)宏观科技资源配置论:科技创新资源配置论下的科技创新资源错配与误配

正因为"卡脖子"技术不是单一面向企业市场竞争的关键核心技术问题,

其属于产业层面的关键核心技术，并且具备国家战略属性与公共安全属性，因此从科技创新资源配置的视角来看，"卡脖子"技术的形成本质上不是单一面向市场领域的科技创新资源配置问题，还存在于公共领域中的科技创新资源配置问题。从我国科技创新资源配置领域来看，按照主要的学科分布，其主要是面向基础学科的创新资源配置、面向应用开发以及工程技术创新的科技创新资源投入，前者主要是政府公共财政定向地投入高等院校、研究机构、政府主导的研究院以及部分从事基础研究的创新型领军企业之中；后者则是主要投向工业企业以及高新技术企业之中。与直接的财政支持不同，后者的科技创新资源配置主要反映在科技战略与科技政策文本之中，以产业政策、财政政策、技术政策、外贸出口政策、税收政策以及土地政策等多类政策组合予以实现，其本质上属于科技创新资源的选择性或者功能性激励与扶持。但是，长期以来我国科技创新资源投入存在因结构失衡导致的资源错配或者误配现象，并且从政府与市场边界的角度来看，长期以来我国政府与市场的关系与功能定位处于动态认知的演进过程之中，自党的十八大以来，尽管市场在整个资源配置过程中发挥决定性作用，但是政府依然在具有公共属性与市场失灵的创新领域中发挥着重要作用。政府主导的创新资源配置过程中依然存在政企不分以及所有制歧视等问题，部分行业中依然存在部分企业通过政治关联与政企寻租等获取不正当的创新资源（张杰，2019）。比如，强选择性产业政策实施过程中，部分企业存在营造创新假象的现象，造成政府对创新主体扶持对象的选择有偏，创新补贴中的"骗补"现象较为突出。更为严重的是，在部分领域由于政府过度干预或不合理干预，如在强竞争性领域，政府依然采取强选择性产业政策或者科技政策对特定创新主体开展集中式定向补助、高新技术企业认证以及税收优惠等，极大地造成了竞争领域的技术创新市场失灵，最终导致科技创新资源进入误配与错配的循环怪圈之中。

与此同时，从我国宏观科技创新资源配置格局来看，2012~2021年，我国全社会研发经费投入从1.03万亿元大幅增至2.79万亿元，其中企业研发经费投入占比超过76%，并且从研发投入强度来看，近年来我国全社会研发投入强度持续增加，从2012年的1.93%上升到2020年的2.41%①。尽管研发经费总量与强度持续增长，但是与美国等发达国家相比依然存在较大差距。特别是基础研究，我国基础研究经费虽然持续增长，但从投入强度来看，依然远远低于发达国家与部分创新型国家。根据《中国科技统计年鉴》数据统计结果，2016~2021年，美国、英国、日本、瑞士等创新型国家的基础研究投入比例均高于10%，但我国依

---

① 国家统计局，科学技术部，财政部.2021年全国科技经费投入统计公报［Z］.2022.

然在 6% 左右，远远低于美国 20% 以上的研发投入强度。① 既有研究认为，基础研究是提高一国和产业生产率的关键，在一国技术创新能力跃迁过程中扮演着关键且不可替代的角色。遗憾的是，目前我国在科技资源配置层面对基础研究的重视程度不足，导致面向关键核心技术开发应用的研究缺乏有效的基础研究理论支撑，难以突破知识复杂性高的"卡脖子"技术。因此，在宏观科技创新资源配置视角下，"卡脖子"技术形成的主要原因在于我国长期忽视基础研究的重要性，基础研究与应用开发研究的投入格局严重失衡，一定程度上造成了我国自主创新能力的缺失。特别是，我国企业面向具有原始性创新以及高知识嵌入复杂属性的技术创新能力严重不足，企业基础研究主体地位缺乏进一步导致支撑关键核心技术的智力资本与创新研发资本严重不足，最终导致产业层面的"卡脖子"技术问题难以破解。

（二）微观创新主体论：创新主体论下的"卡脖子"技术突破的创新主体模糊

从创新主体的视角来看，基于国家创新系统理论，广义上的创新主体涵盖技术创新开发主体、知识供给主体以及技术应用与商业化主体等多元主体，体现为高校与科研机构、政府、企业"三元主体论"。遗憾的是，目前对"卡脖子"技术突破采用何种主体以及何种攻关模式依然面临较大程度上的争议，呈现出"卡脖子"技术攻关创新主体模糊化特征。一种观点认为，"卡脖子"技术主要涉及国家战略性领域与关系国计民生的重要产业领域，在有为政府体系下政府是"卡脖子"技术的关键攻关主体，具体则采用新型举国体制快速集聚相关创新资源，实现政府作为创新主体的创新资源供给、创新组织动员以及创新政策支持等功能（陈劲、阳镇和朱子钦，2021）。另一种观点认为，"卡脖子"技术主要是知识复杂性程度高的技术，具备较高的基础研究特征，需要以高校与科研机构作为"卡脖子"技术的关键攻关主体实现知识生产与知识研发，进而形成知识突破下的"卡脖子"技术攻关模式。特别是研究型大学作为国家战略科技力量中的重要创新主体，其承担战略性与公共属性的"卡脖子"技术攻关具有合法性与正当性（刘庆龄和曾立，2023）。最后一种观点认为，企业是技术开发与技术应用的创新主体，我国企业创新主体是建立在企业作为市场主体的基础上的，呈现出时序性的历史建构过程。自改革开放以来，随着市场在资源配置过程中的作用日益强化，尤其是党的十八大以来，市场在资源配置过程中的决定性作用得以凸显，相

---

① 国家统计局社会科技和文化产业统计司，科技部创新发展司．中国科技统计年鉴［M］．北京：中国统计出版社，2022：232-235.

应地，市场的微观主体企业也成为了真正意义上的创新主体，企业通过知识捕获、组织学习以及研发生产实现创新链的构建，最终构建面向企业的自主创新体系。在企业参与市场竞争的过程中，对于关键核心技术的掌握程度以及知识产权成为企业参与市场竞争的关键与核心，尤其是对创新型企业以及高新技术企业而言，拥有核心技术以及核心技术的攻关突破能力成为企业层面构建竞争优势的标志。但与企业层面的关键核心技术不同，"卡脖子"技术具有产业公共属性，其指向整个产业链与创新链中的公共技术难题，并且对整个产业链与创新链的运转起到关键的作用（陈凤、戴博研和余江，2023）。

因此，从企业作为技术创新主体的基本逻辑出发，企业在市场逻辑支配下其创新主要指向具有市场收益空间的技术创新，其主要目标在于创造企业个体的经济价值，并且技术创新决策的逻辑在于成本—收益逻辑。这意味着当技术创新的周期、不确定性风险以及研发成本远远高于预估计的市场收益时，企业从事技术创新的动力便被大幅度削弱。从这个意义上，面对具有产业公共属性乃至国家战略属性与安全属性的公共领域中的关键核心技术创新，"卡脖子"技术至少处于公共属性与市场属性的交叉地带，在这一情景下依赖市场逻辑本位的企业创新主体攻关突破"卡脖子"技术具有较大程度上的动力不足问题，甚至存在责任推脱现象，即认为"卡脖子"技术并不是企业能够解决的技术难题，其属于产业乃至国家运用资源解决的公共资源配置范围，如政府利用举国体制攻克战略性领域的关键核心技术。这种模糊性的"卡脖子"技术攻关主体认知混淆了政府与市场的边界，也导致了"卡脖子"技术攻关主体的责任推卸以及市场失灵，最终导致产业层面的关键核心技术难以真正通过整个产业链内的链主企业予以攻关突破，造成了关键核心技术的"卡脖子"问题难以破解。

（三）外部国际竞争环境论：国际政治与国际关系论下的政治与经济打压与技术封锁

自工业革命以来，全球化的进程便不断加快，寻求全球最优生产要素价格以及寻求资源配置的全球化成为企业国际化的突出表现。但是步入21世纪，"逆全球化"的暗流开始涌动，"逆全球化"的重要原因在于基于全球化进程的国际分工体系下发达国家与发展中国家的经济崛起引起部分国家对世界经济政治格局变化的担忧，并且部分发达国家由于经济增长处于停滞状态甚至是负增长态势，发达国家内的中等收入阶层对全球化进程中的贫富差距扩大不满程度日益加深，最终激化了全球化进程中的国家竞争矛盾，助长了"逆全球化"的国际贸易政策。以中国为例，自改革开放以来，我国企业逐步开启了"走出去"的步伐，尤其是通过确立"引进来"与"走出去"战略，凭借中国广阔巨大的市场需求和劳动力成本优势，使西方发达国家中大量的外资企业、合资企业进入我国产业园区、高新技术开发区等，成为推动我国产业转型升级的重要市场主体，系统地实现了产业链与价值链的深化。相应地，在利润最大化的市场逻辑驱动下，发达国家的部分产业面临"空心化"风险，即由于产业转移造成了本土市场中大量的失业现象，对发达国家的国内矛盾起到了一定的激化效应。

更为关键的是，发展中国家利用发达国家的技术、资本以及管理等其他优质生产要素，实现了部分产业的技术赶超以及后发优势的构建，最终对发达国家的旧有经济格局以及国际分工利益造成了巨大挑战。在内外矛盾的激化效应下，部分发达国家开始利用反倾销、国家安全保护等名目对具有较强国际竞争力的产业以及关键核心技术实行保护，"保护主义"逐步抬头。近年来，部分关键产业中的关键核心技术、关键高新技术企业被美国列入实体清单或者制裁清单，如美国对中国的高铁设备、高端装备等高新技术产业进行征税，企图遏制中国战略性新兴产业崛起。从这个意义上，"卡脖子"技术的形成本质上属于国际政治与国际关系下的经济与政治打压。因此，国际关系与国际政治视角下的"卡脖子"技术的形成归结于发达国家和发展中国家的政治经济关系，尤其是在美国基于"差距安全"的科技竞争逻辑驱动下，关键核心技术的"卡脖子"问题是国家竞争利益冲突与关系失调引致的结果。总体而言，国家政治与国际关系视角下的"卡脖子"技术本质上属于国家安全领域下的技术竞争问题。相应地，"卡脖子"技术的破解也依赖于国际关系视野下国际分工深化以及国家之间竞争逻辑从"零和博弈"转向"正和博弈"，"卡脖子"技术的形成是在大国博弈扭曲化、技术转移或者不正当技术封锁条件下的必然结果。

（四）微观企业创新能力论：创新能力论下的企业全面自主创新能力严重不足

从企业创新能力的视角来看，自新古典经济学的经济增长框架提出以来，驱动经济增长的生产要素包括劳动、土地、资本以及管理、技术等其他生产要素，影响经济增长的主要因素在于上述生产要素的投入比例与规模，以及生产要素之间的组合关系和全要素生产率，并且在一定情境下单纯依赖持续投入生产要素往往面临边际报酬递减规律，即只有生产要素间的组合效应以及交互效应带来全要素生产率的改善与提升是实现经济增长可持续的主要原因。相应地，生产要素投入以及组合效率的改进最终落脚到微观企业层面予以优化配置，企业的自主创新能力也便成为实现经济增长与社会发展可持续的关键支撑，即依赖于企业对知识、技术以及管理制度等方面的系统创新，具体可以通过研发新的产品、改造企业旧有的技术体系以及实现管理模式的创新来提升生产要素的配置效率最终实现全要素生产率的改进。从宏观层面来看，中国政府持续重视科技创新投入，根据国家统计局、科学技术部、财政部发布的《2021 年全国科技经费投入统计公报》，2021 年企业投入研发经费规模超过 2 万亿元，占全社会研发投入规模的 76.9%。① 其中，面向企业部门的研发投入强度也在不断增强，我国企业的自主创新能力全面提升，不管是在企业的专利申请量还是系列关键核心技术攻关突破等方面都取得了系列的成就。但是，总体上我国企业对于自主研发的重视程度以及投入力度依然偏低，以最具创新导向以及创新动力的高新技术企业为例，根据《中国高技术产业统计年鉴》历年的数据统计结果，2009~2021 年，我国高新技术企业中的国有企业与民营企业开展企业研发投入的比例依然偏低且呈现出分化趋势，开展研发的国有企业占整个该类型所有制企业的比重不到 60%，开展研发的民营企业占整个该类型所有制企业的比重不到 50%。高新技术企业的研发动力以及创新能力的严重不足导致了我国长期以来高新技术产业难以攀登全球价值链中高端的位置。② 从规模以上工业企业的自主研发情况来看，根据《中国科技统计年鉴》统计数据，2012~2021 年我国规模以上工业企业研发强度不断上升，从 1.91% 上升到 2.43%，并且规模以上工业企业中有研发活动的企业占比总体上不断攀升，从 13.7% 提高到 38.3%，③ 这意味着大部分规模以上工业企业未开展相应的自主研发活动，对企业技术创新的重视程度不足，严重缺乏技术创新的内生动力。

因此，创新能力论视角下，企业关键核心技术的"卡脖子"问题主要根源在于企业的自主创新能力不足，其主要表现为三大层面。一是根据熊彼特的创新经济学理论，驱动企业自主创新能力改善的主要是企业家以及企业家精神，企业自主创新能力的推动者是企业家，而关键核心技术以及"卡脖子"技术等技术复杂程度较高及研发成本与周期相对更高更长的系列技术创新往往需要战略型科技企业家推动，企业的自主创新作为企业的内生性经济活动与市场活动，本质上是由内部战略驱动而非外部环境逼迫，从这个意义上，中国创新型企业家的系统性缺失以及战略型科技企业家的相对匮乏一定程度上造成了企业家层面驱动的企业自主创新能力改善成为空中楼阁甚至海市蜃楼。二是从企业创新模式选择的视角来看，企业技术创新本质上也在分工理论下寻求最优的资源配置，企业创新活动往往表现出合作创新、产学研协同创新、用户创新等，本质上是企业寻求与外

---

① 国家统计局，科学技术部，财政部．2021 年全国科技经费投入统计公报［Z］．2022.
② 国家统计局社会科技和文化产业统计司．中国高技术产业统计年鉴［M］．北京：中国统计出版社，2022：90-93.
③ 国家统计局社会科技和文化产业统计司，科技部创新发展司．中国科技统计年鉴［M］．北京：中国统计出版社，2022：32-33.

部创新主体以及知识主体的互动，最终降低企业的创新成本。但是，在开放式创新环境下，我国企业逐步形成了外向型主导的开放式创新范式，即主要通过授权许可、开源合作、技术外部转让等方式将企业的创新研发项目外部化，其创新资源以及创新主动权容易受制于人。在外部知识捕获以及知识合作主体不确定性风险增大的前提下，过度依赖开放式创新范式下的自主创新能力提升遇阻，难以形成稳定的关键核心技术攻关突破的自主创新能力（阳镇、陈劲和李纪珍，2022）。三是从企业创新链的视角来看，创新链包括基础研究、应用开发、中间测试（中试）以及商品化与产业化等多个阶段，从关键核心技术的突破过程来看，由于其知识嵌入性以及基于科学的创新导向更高，企业需要在基础研究环节投入更多的资源，但是现实是我国企业往往在市场利润驱动下趋向于选择"短平快"的创新投资项目，对于更具长期导向以及不确定性程度更高的基础研究则严重忽视，最终难以形成面向关键核心技术攻关突破的自主性知识供给与知识创新。更为关键的是，在技术应用开发以及中试环节，从创新主体与知识主体的视角来看，需要高校、研究机构以及产业链上下游企业等多个类型主体的参与，但现实是在现有的科研制度体系下，高校、科研机构等知识创新主体参与到企业应用研究与中试环节的意愿与动力严重匮乏，在面向关键核心技术突破的企业创新链层面造成了衔接"堵点"。

四、"卡脖子"技术突破的核心路径：基于分类分层的视角

（一）创新主体分类：构建国有企业与民营企业面向不同领域"卡脖子"技术突破攻关的创新共同体

尽管关键核心技术"卡脖子"属于产业层面的技术供给能力不足问题，但是系统开展关键核心技术攻关的创新主体依然是企业，企业作为技术创新主体承担"卡脖子"技术的系统研发与攻关突破毋庸置疑。然而，由于"卡脖子"技术本身具备的社会公共属性以及市场属性强度的差异性，导致面向"卡脖子"技术攻关突破的创新主体选择也必须沿着分类逻辑开展，即从创新主体分类的视角发挥特定类型创新主体在承担"卡脖子"技术攻关突破中的主导或者关键作用。具体来看，从创新主体的公共社会属性与市场属性的双元结合程度视角，国有企业由于天然的公共产权，其企业使命必然需要与公共社会逻辑相吻合，尤其是在企业运行的制度逻辑中必然深刻嵌套于公共社会逻辑乃至国家逻辑，进而能

够在面向公共社会属性更强的"卡脖子"技术领域开展技术攻关突破，乃至承担相应的基础研究任务，实现实质性的企业主导的基础研究与应用开发研究的相互融合，进而在企业层面自主构建完整完备的创新链，避免由于创新链关键环节的主要参与主体的过度分离与分散导致创新链衔接失效或者协调失灵。从公共社会属性更强的"卡脖子"技术分布来看，其主要涉及国家战略性产业、军工产业、民生重大科技工程领域以及公共社会治理领域的"卡脖子"技术，这意味着这些领域的关键核心技术攻关突破主要发挥国有企业的创新主导作用，即从创新主体演化为创新主导打造以国有企业为牵引的创新链"链主"，在公共安全属性与国家战略属性更强的领域联合其他类型的知识主体，形成面向单点任务突破的创新联合体以及整体攻关突破的创新共同体，最终实现关键核心技术的系统攻关突破。

民营企业由于其天然的市场逻辑，逐利导向以及企业家精神导向成为民营企业开展技术创新的核心驱动逻辑，即意味着企业开展技术创新必然需要遵循"成本—收益"逻辑，基于成本最小化或者利润最大化原则开展相应领域的技术创新。由此产生的后果是，企业开展关键核心技术攻关突破受限于企业的生命周期以及市场风险承担能力，在面向市场风险较大以及投资回报周期较长的技术领域时难以开展持续的创新投入，限制了技术开发的领域选择空间。以芯片产业为例，芯片的设计、研发、测试、制造生产等需要漫长的过程，需要持续高强度的研发投入，民营企业往往难以独立开展整个产业链的关键核心技术攻关突破；以芯片制造为例，目前尚缺乏真正意义上的民营企业开展面向芯片制造环节的高额创新投入。因此，在市场属性更强的"卡脖子"技术领域，需要以民营企业为核心主导，牵引其他创新主体以及知识主体等共同构建"卡脖子"技术攻关突破的创新共同体。

（二）技术层次分类：构建面向不同技术层次与技术类型的"卡脖子"技术突破分类谱系

从技术层次来看，立足技术复杂性视角，技术创新本质上属于知识的创新与迭代，是探索性的知识并实现知识在旧有领域或者新的领域的全新应用。从这个意义上，技术由于知识复杂程度的差异性衍生出技术复杂性，形成高新技术、中低技术等不同层次的技术体系。从"卡脖子"技术所属层次来看，由于"卡脖子"技术涉及的技术体系相对庞大，并不是某一技术领域或者技术环节受限，往往是整个技术体系内的不同环节之间相对难以衔接或者融合。因此，突破"卡脖子"技术不仅仅要聚焦高知识复杂性的技术体系，还要关注中低技术领域可能形成"卡脖子"技术的环节，原因在于中低技术领域尽管技术创新的难度相对较低，但可能缺乏相应的应用场景或者技术研发与创新的支撑性环节，导致缺乏相应的技术创新主体开展此类层次的技术创新与攻关突破。基于此，面向高复杂性技术与中低技术的差异性，需要分类分层针对不同技术复杂度合理评估技术的"卡脖子"程度，尤其是在整个技术创新的过程中各类环节的"卡脖子"程度，进而面向不同技术层次的"卡脖子"技术构建相应的技术攻关突破体系。特别是，从技术类型来看，"卡脖子"技术往往从属于产业链的关键核心技术，即在整个产业攀升全球价值链中高端的过程中具备关键作用，而产业的关键核心技术既包括产业共性技术也包括非共性技术，共性技术是产业链内的各类市场主体都存在的相应的技术需求，而非共性技术往往由企业独占，具备知识的独占性与产权的独占性特征。相应地，"卡脖子"技术包括产业共性技术被卡或者产业非共性技术被卡，立足技术类型的差异性，需要面向产业共性技术与非共性技术构建分类主导的"卡脖子"技术攻关突破体系。其中，产业共性技术严重被卡，则意味着需要产业链内的各类创新主体以及政府通过联合攻关突破，组建公益性的知识平台或者技术创新平台开展共性技术研发突破，避免产业内共性技术供给失灵。面向产业内的非共性技术环节被卡，则意味着更依赖于产业链内核心企业或者产业链"链主"企业的力量持续开展创新研发，通过企业家精神以及优化产业内创新生态，重点通过面向产业内的企业创新政策体系快速提升核心企业的技术创新能力，实现技术赶超或者技术引领。

（三）紧迫程度分类：构建面向不同紧迫程度的"卡脖子"技术突破攻关推进政策体系

从技术创新的周期视角来看，任何一类技术突破与创新都依赖于长周期的研发投入，并且在研发投入过程中面临较大程度的不确定性风险，即由于研发风险的不可预见性以及资源配置失灵等问题可能导致研发失败延缓技术突破进程。对于"卡脖子"技术而言，其本质上依然是关键核心技术的系统创新与攻关突破，在某些关键产业的关键环节的技术需要依赖长期的研发努力，包括基础研究的研发投入和应用开发研究的研发投入，形成基础研究与应用开发研究相互支撑的研发格局。现实是，由于企业作为技术创新主体的强市场逻辑主导，导致企业在开展关键核心技术突破过程中往往重视应用开发研究而轻视基础研究，造成了我国在基础研究领域中企业研发投入严重不足，缺乏真正愿意从事基础研究的创新型企业，进而难以在企业中产生基于科学的技术创新，这对于具有较高技术复杂度以及基础科学领域知识突破的技术极为不利。也正由于"卡脖子"技术攻关突破在研发层面并非一蹴而就，以及资源配置范围的有限性，需要立足技术突破的不同紧迫程度构建"卡脖子"技术攻关突破的推进政策体系。衡量技术攻关突破紧迫性的主要维度在于产业的安全性程度以及国家战略竞争性程度，以产业安全为核心指标准确刻画产业内关键核心技术攻关突破的紧迫程度。根据产业安全性的"低度安全—中度安全—相对安全"等分类构建面向不同紧迫程度的"卡脖子"技术攻关突破的技术图谱，进而根据技术突破的紧迫性构建分类推进的"卡脖子"攻关突破的政策体系。尤其是对于当前严重制约产业安全性的关键核心技术，需要以国家战略科技力量创新组织模式开展联合攻关，适时围绕特定攻关目标组建创新联合体等方式构建"卡脖子"技术突破攻关的推进政策体系，具体包括产业政策体系、创新政策体系以及财税政策体系等。在涉及技术复杂度高、国家竞争战略性强以及技术攻关突破紧迫性强的产业领域深化运用新型举国体制，立足有为政府的力量迅速组建"卡脖子"技术攻关突破的"国家队"，最终破解关键核心技术"卡脖子"问题。

第四章 关键核心技术的多层次理解与突破理论[*]

一、引言

党的十九届五中全会提出，"坚持创新在我国现代化建设全局中的核心地位，把科技自立自强作为国家发展的战略支撑"。习近平指出，"科技自立自强是国家强盛之基、安全之要"。高水平科技自立自强的本质是关键核心技术的自主可控。实质上，关键核心技术不同于一般性技术，其在面向企业竞争、产业竞争与全球价值链竞争中发挥关键作用。近年来，面对国际科技竞争局势的迅猛变化以及新冠疫情冲击下的产业链、供应链及创新链的断链不确定性风险（阳镇、陈劲和李纪珍，2022），在百年未有之大变局下，党和国家审时度势，加快围绕关键核心技术的突破开展创新体系建设，围绕关键核心技术的突破主体、支撑载体以及创新政策与产业政策等方面持续发力，包括在构建国家战略科技力量、强化新型举国体制及更好地发挥创新型领军企业和产业链链主的引领作用等方面构建相应的政策体系。

从关键核心技术突破的既有研究来看，学界充分关注到了关键核心技术的价值性与重要性，关键核心技术突破问题也逐步成为近年来研究的热点议题。第一类研究围绕关键核心技术的基本概念内涵与特征开展探索，认为关键核心技术是技术体系中的关键核心部分，具备技术地位的垄断性、突破攻关的投入长期性、突破机制的突破性及创新成果的准公共属性等特征（胡旭博和原长弘，2022），关键核心技术的突破不同于突破性创新或者颠覆性创新，其更强调技术体系而非创新的基本类型，即突破性创新与颠覆式创新更侧重于创新过程与创新成果的价值效应，而关键核心技术突破更强调技术在整个企业与产业体系中的地位与如何

---

* 本章发表于《创新科技》2023 年第 1 期，有修改。

实现的问题。第二类围绕关键核心技术突破的"卡脖子"问题开展了充分研究，包括关键核心技术中的"卡脖子"技术的识别框架（陈劲、阳银娟和刘畅，2020）、甄选机制（汤志伟等，2021）、关键核心技术突破的融通创新范式（阳镇和陈劲，2021）、关键核心技术突破的融合协同创新模式（余维新和熊文明，2020）、关键核心技术突破的新型举国体制运用（陈劲、阳镇和朱子钦，2021）等。部分研究也从产业链的视角提出了关键核心技术突破的具体模式与路径（张杰和陈容，2022）。第三类围绕关键核心技术突破的政策布局开展了研究，包括产业政策、创新政策及竞争政策等研究议题（陈劲、阳镇和尹西明，2021；阳镇、陈劲和凌鸿程，2021；阳镇、陈劲和李纪珍，2022；阳镇和陈劲，2021；江鸿和贺俊，2021；余江、陈凤和张越等，2019）。

遗憾的是，既有研究对关键核心技术的理论解构并不清晰，对关键核心技术的核心维度把握并不全面，并且未能系统研究关键核心技术的异质性，包括关键核心技术的技术类型异质性、制度逻辑的异质性与创新过程异质性等问题，进而对于谁承担关键核心技术突破及主导细分模式缺乏系统回答，难以系统厘清关键核心技术突破过程中的主体异质性、模式匹配性及政策协同与融合性等问题。基于此，本章试图解析关键核心技术的理论基础及其关键特征，在把握关键核心技术的关键特征上进一步分析关键核心技术突破主体的主要类型、核心功能及其局限性，并构建适宜于不同主体能力异质性与关键核心技术异质性的突破模式，最终提出在推进关键核心技术突破的模式构建与政策部署的过程中需要处理好的核心议题。

二、关键核心技术：内涵理解与核心特征

（一）多理论视角下的关键核心技术内涵理解

创新经济学与技术创新管理学长期关注技术创新如何驱动经济社会发展及如何实现技术商业化与创造价值。不管是探究技术创新与经济增长的关系，还是研究技术创新的基本规律，其中一个关键性的问题便是什么类型的技术是最关键的技术，在一国经济增长框架中、产业发展进程中及企业市场竞争过程中，哪一类技术能给国家、产业与企业带来可持续的竞争力。从这个意义上，关键核心技术的重要性与价值性便不言而喻。正因为关键核心技术的重要性与价值性突出，关键核心技术长期以来被企业与学界长期关注与研究，甚至社会公众与媒体也将其作为热门报道议题。但一个较为突出的现实是，学界与业界对关键核心技术的基

本概念、内涵理解与主要解读视角是存在争议的，衍生的后果是无法真正理解关键核心技术及无法从关键维度刻画与把握关键核心技术。从既有研究来看，学界对关键核心技术的理解主要存在五种视角。

第一种视角是基于知识基础观的视角，知识基础观认为技术本质上属于知识（Nonaka，1994），技术创新的背后是知识的发现、应用与创新。基于知识观的关键核心技术被理解为关键核心技术从属于复杂性知识的技术实现，关键核心技术嵌入了复杂性知识，这类知识不容易被掌握，并且从知识创新的视角来看，关键核心技术的形成与开发过程本质上属于系列知识的创新，而不是某一知识体系的简单应用。相应地，知识基础观视角下的关键核心技术是技术创新主体在产品研发、制造生产过程中形成的关键性、复杂性及创新性的知识体系。另外，从知识的基本类型视角，野中郁次郎将知识划分为显性知识与隐性知识，进而实现了不同知识属性的分离，其中显性知识是可以通过语言表达及相应的行为直接传递的知识，知识的编码程度高；隐性知识是难以通过直接表达、直接传递及编码交流的知识，在知识创新的过程中，隐性知识创新的难度更大且不易被模仿，如个人的手艺、技能及技术诀窍等。相应地，从知识类型来看，关键核心技术蕴含的知识不易被传递与模仿，隐性知识属性更高（葛爽和柳卸林，2022），需要在知识挖掘与知识创新的过程中注重对隐性知识的挖掘与创新。

第二种视角是基于技术组件或者技术部件的视角，该观点认为关键核心技术是某一产品、某一模块或者某一系统中具有关键性的技术，如关键的元器件技术、关键系统技术等。从技术组件或者技术部件的视角审视关键核心技术，其本质上是将技术全盘物理化，认为技术具有可剥离性的基本特征。另外，这种技术能够与产品、系统等形成组合效应，进而构成复杂产品、复杂系统等，关键核心技术在其形成与运行过程中起到关键作用。

第三种视角是基于技术体系的视角，这种研究视角与技术组件或者技术部件的研究视角相悖，认为关键核心技术不是单一的技术组件或者技术部件，是多种技术部件构成的技术体系，包括产品构架、关键制造与工艺及前沿知识研究等。因此，该观点认为关键核心技术不单一是某一技术形成环节或者某一技术组件，其更强调从整体观与系统观看待关键核心技术。陈劲等（2020）认为"卡脖子"技术是关键核心技术的一种类型，这种关键核心技术是包括基础元件、制造工艺及前沿知识集成与创新的技术体系，需要长期高强度的研发投入进而形成的独特性技术体系。

第四种视角是基于技术类型的视角界定关键核心技术，技术类型一般沿袭双元创新理论，即认为企业在技术创新过程中面临差异性的技术创新路线选择，主要包括利用式创新与探索式创新（March，1991）。其中，利用式创新着眼于既有知识边界范围内的技术改进与产品改良，是对原有知识体系的优化整合进而改善企业产品技术性能与相应技术参数；探索式创新则与此相悖，其更强调企业超越既有的知识边界从事相应的技术创新活动，如企业开发新的技术与新的产品等实现新的市场扩展，皆为探索式创新的研究范畴（陈劲、阳镇和朱子钦，2021）。从关键核心技术创新的过程视角来看，关键核心技术由于其具备知识的复杂属性，其创新过程与创新行为更偏向于企业的探索式创新活动，这种探索式创新活动主要面向企业的基础技术、通用技术及"杀手锏"技术、前沿技术的系列突破和创新，着眼于企业未来发展战略和新的市场需求开拓"人无我有，人有我优"的技术类型。

第五种视角是基于战略属性的视角，这类观点认为技术创新本质上服从于既定的技术战略或者创新战略，关键核心技术是面向企业核心技术创新战略、市场竞争战略、产业竞争战略的一类技术，其不同于一般性技术，具有企业战略属性、产业战略属性乃至国家战略属性，对一国企业、产业在创新竞争过程中获得优势地位具有决定性作用。

综合上述视角，本章认为关键核心技术需要从技术安全、技术体系及知识基础构成的综合视角进行定义，即关键核心技术是以复杂性知识或者集成性知识为基础，满足一国产业与企业竞争的关键性技术体系，包括基础工艺、核心元部件、核心设备及系统构架，其不单一指向某一具体技术或者部件，而是围绕这一核心技术形成的技术体系，并且关键核心技术在企业与产业竞争过程中具备战略性。正因为关键核心技术的战略属性，其必然涉及战略安全问题，成为容易被他国打压、限制及阻碍扩散的技术体系。

（二）关键核心技术的主要特征

有效、准确把握与理解关键核心技术的主要特征需要从关键核心技术的价值性、竞争性、知识性等方面去解构。首先，从关键核心技术的价值性来看，关键核心技术主要涉及企业层次、产业层次，企业层次的关键核心技术，一般由企业独立或合作开发等方式进行，具备一定程度的知识独占性与垄断性。产业层次的关键核心技术则面向整个产业链，可分为产业共性关键核心技术体系及产业非共性关键核心技术体系。无论是企业层次的关键核心技术还是产业层次的关键核心技术，关键核心技术都一方面体现出较高的经济价值，能够改善企业市场效益及提高产业市场开拓的附加值，另一方面体现在关键核心技术在企业与产业竞争过程中的高价值性，即能够助推企业在企业间竞争或者全球产业竞争中获取有利的技术地位与市场地位，助推企业与产业攀升全球价值链中高端。因此，关键核心技术的价值性不仅仅体现在经济价值维度，也体现在竞争地位、价值链地位等维度。

其次，从关键核心技术的竞争性角度来看，技术竞争成为企业参与市场竞争的主要手段，关键核心技术的独特属性在于高竞争壁垒属性，即关键核心技术难以在短期内被模仿或者超越，其原因在于关键核心技术不同于一般性技术，需要付出较高的成本及更长的周期，一旦某一企业或者产业掌握关键核心技术，其必然在一定阶段中保持竞争优势地位。由于关键核心技术的知识独占性，其在竞争过程中难以被扩散，因此能够为企业维持垄断竞争地位提供技术垄断基础，形成技术意义上的自然垄断。值得一提的是，正因为关键核心技术的高投入与长周期门槛属性，所以关键核心技术的开发存在系列的风险，包括技术风险、市场风险及其他不确定性风险等，需要相应的创新主体具备较高的风险承担能力，这样才能完成关键核心技术的开发与产业化。

再次，从关键核心技术的知识性角度来看，立足知识基础观，关键核心技术是基于复杂性知识的创新与应用，知识掌握与创新难度大，并且从知识类型的角度来看主要体现为隐性知识而非显性知识。也正因为关键核心技术的知识复杂属性，创新主体在开展关键核心技术研发与突破攻关时，需要丰富的知识积累，这一过程伴随着知识学习、知识共享与知识整合，并且知识涉足的领域不仅仅是单一细分学科，其往往涉及多学科交叉的综合性、集成性知识。以集成电路产业中的关键核心技术为例，芯片关键核心技术的开发必然涉及物理学、数学、材料学、机械工程、计算机科学与技术、电子工程等多学科的知识综合，只有掌握这些知识方能完成芯片的设计研发与制造。因此，关键核心技术的特征之一是知识的高度复杂性及交叉集成性，需要创新主体开展长周期的知识积累与知识深化，这也意味着关键核心技术的突破攻关周期远超一般性技术，需要创新主体更持续的创新努力。

最后，从关键核心技术的创新过程来看，其从属于"连续性—非连续性"技术创新曲线的创新过程，也这意味着关键核心技术的创新包括知识领域的突破性创新及市场领域的颠覆式创新，关键核心技术创新不单一指向某一类创新，技术不连续性与连续性并存是关键核心技术突破过程的重要特征。

三、关键核心技术的创新主体：多主体视角下的多重局限

（一）企业作为关键核心技术突破的主体与局限

技术创新主体是从事技术创新活动的相关组织、行为个体及机构等。关键核

心技术创新是一个技术商业化的过程，即通过研发实现相关技术的商业化进而实现价值创造，其包括经济价值和非经济价值。企业作为市场主体，立足市场逻辑开展相应的商业化实践，这一过程必然需要利用相关的核心技术实现产品设计与制造，最终为目标市场客户提供相应的产品与服务并实现价值创造。企业作为关键核心技术突破主体的合法性在于：一是企业作为市场主体，具备市场风险承担能力，关键核心技术由于其研发周期长及不确定性风险相对更高，需要企业家进行技术轨道选择，进而组织企业的研发部门开展相应的研发活动。尤其是创新与创业导向下的企业家具备天然的风险寻求动机，其在开拓市场空间的过程中能够发现技术机会，抓住关键核心技术实现商业化并创造更高的市场回报，进而满足市场逻辑下的企业利润最大化需要。二是企业具备关键核心技术的技术预见能力。关键核心技术作为产业发展与企业竞争过程中的核心技术体系，其技术创新轨道与技术创新路线具有较大程度的选择性，即关键核心技术的形成及深化并不是一蹴而就的，而是在技术开发过程中逐步构建的，具有一定的演化性质。企业之所以能够具备技术预见能力，原因在于企业能够通过制定相应的技术创新战略，面向企业所参与的技术竞争领域与产业领域开展短期、中期与长期等不同阶段的技术创新战略，通过技术创新战略规划更好地进行关键核心技术的预见与分析，并通过相应的资源配置活动实现关键核心技术的攻关突破。三是从企业市场竞争的视角来看，关键核心技术具有竞争性与垄断性特征，是企业参与市场竞争及企业嵌入产业链、价值链的核心竞争手段，即内生竞争能力学派认为企业竞争优势本质上是内生的，这种内生性表现在企业的关键核心技术、稀缺资源及企业的运营管理机制等方面，企业在追求竞争优势的过程中尤其是在追求垄断市场地位的过程中，必然会将关键核心技术突破作为培育竞争优势的有效手段。因此，从企业竞争优势的能力培育视角来看，企业作为关键核心技术突破的关键主体具备竞争优势培育的内生性，即使关键核心技术的研发周期长与不确定性程度高，企业也能够形成自我驱动的可持续创新机制。

然而，以企业为关键核心技术突破的主体选择也存在一定的局限性，主要表现在以下方面：一方面，企业在市场逻辑本位下对于超越企业生命周期的关键核心技术的研发重视程度不够，并且企业天然逐利导向意味着企业在技术创新路线选择过程中容易选择技术路线相对明确的技术创新领域，对于未来产业的关键核心技术攻关领域具有明显的主体弱势。另外，在市场逻辑的逐利本位下，企业未必会选择真正意义上的关键核心技术创新，而是通过其他形式的创新诸如商业模式创新获取相应的市场地位，此时技术创新将作为企业战略选择中的辅助部分而非主导部分，这意味着企业更倾向于采用技术购买等方式实现企业竞争优势培育，关键核心技术领域被排斥于企业创新战略体系之外。另一方面，关键核心技术不仅仅包含私人场域的技术创新，更包含行业公共场域的共性技术创新，企业在市场逻辑本位下不可避免地忽视共性技术研发，对于关键核心共性技术缺乏足够的偏好与内在动机，这将对整个产业共性关键核心技术攻关产生不利影响。

（二）高校与科研机构作为关键核心技术突破的主体与局限

高校与科研机构作为知识型组织，其成为关键核心技术突破主体的主要原因有三点。一是高校与科研机构具有知识生产的功能，即高校与科研机构的主要功能定位在于知识生产，自主选择相应的知识领域开展科学研究，包括基础研究与应用开发研究，形成面向关键核心技术突破的基础知识与前沿知识。高校与科研机构作为公共组织，其知识生产具有公共属性，即其生产的知识能够在一定条件下被企业等市场主体所共享，为企业的技术创新战略服务。因此，基于知识基础观，以科学逻辑驱动的关键核心技术创新必然由高校与科研机构主导，这类组织在科学逻辑与知识逻辑的驱动下，能够直接参与关键核心技术攻关突破过程中的复杂性知识生产与创新，进而为关键核心技术突破提供知识基础。二是高校与科研机构具备跨学科、跨理论、跨方法的系统性优势，关键核心技术攻关突破不是单一学科、单一理论及单一方法能够解决的，其包括了多学科的知识，高校与科研机构具备跨学科攻关的优势，通过成立面向特定技术攻关领域的技术研究院、跨学科研究中心及交叉学科平台等快速组建知识团队，能够为开展关键核心技术攻关突破提供丰富的人才基础与智能资本支持。三是高校与科研机构是科技成果转化的技术策源地，技术策源地指面向技术开发的关键主体、组织、平台等集聚的场域，这种场域是某一类技术知识生产、研发设计与生产来源地。由于高校与科研机构直接从事学科相关的知识生产与科学研究，能够明晰学科相关的研究成果及产业化的前景与价值，并通过科技成果转化机制如学术创业、科技园、创业孵化基地等方式与平台实现科技成果转化。此外，由高校与科研机构主导的科技成果的科技含量更高，更具有基础研究与前沿技术属性，能够为其他创新主体提供支持。

但是，高校作为关键核心技术突破主体也存在一定的局限性。一方面，从制度逻辑的视角来看，高校与科研机构更关注知识的生产而非知识的技术开发过程及知识的技术价值，这不可避免地造成了高校与科研机构在针对应用开发型或者市场逻辑导向下的关键核心技术突破方面存在一定的局限性。另一方面，高校与科研机构在既有的科研评价导向下难以产生真正的关键核心技术突破动力机制，既有科研评价导向沿袭论文主导模式，即以国内外学术期刊为标准评价高校与科研机构知识主体、知识团队的研究贡献，严重忽视了知识主体与知识团队解决所涉及行业及相关领域关键核心技术的基本动力，导致科研人员知识成果与科技成果转化不被主流评价体系所认可，科技成果转化效率低下，关键核心技术突破攻关在高校与科研机构中呈现出"脱域"状态。

（三）政府作为关键核心技术突破的主体与局限

由于关键核心技术需要长周期的高强度研发投入，以企业作为关键技术创新的主体面临市场失灵的困境，政府作为公共组织能够在弥补市场失灵方面发挥重要作用，能够成为关键核心技术突破主体，其主要原因在于以下几个方面：一是政府在构建面向关键核心技术创新的国家创新体系中发挥着关键作用，国家创新体系是融合政府制度、科技创新政策及市场组织等的创新系统，政府成为关键核心技术突破的制度构建者及政策供给者，能够为市场主体开展关键核心技术攻关提供直接的政策供给与资源支持，主要表现为通过政府主导的科技资源配置定向对特定行业领域的创新主体开展技术战略引导、技术路线纠偏与资源协调等，尤其是在关键性战略性产业的关键核心技术突破过程中，政府在甄选及培育相关技术创新主体方面的作用不言而喻。政府可以通过各类国家科技成果转化引导基金、科技成果转化示范基地建设及各类创新政策与产业政策支持相关主体开展关键核心技术突破，并通过国家重大科技计划项目、国家自然科学基金等科技资源配置项目平台定向开展资源集中配置。在组织模式方面，政府能够调配国家实验室、国家技术创新中心、国家工程研究中心等创新载体与平台聚焦特定领域的关键核心技术并开展攻关活动。二是关键核心技术攻关突破不仅仅是针对具有私人属性的关键核心技术，更涵盖具有公共属性的关键核心技术，政府作为公共组织能够面向具有公共属性的关键核心技术直接性地组织相关技术创新主体参与行业关键共性技术研发，具体通过政府直接设立或者支持相关公益类国有企业、公共社会逻辑主导的国有企业成为行业共性关键核心技术攻关突破的组织载体。尤其是涉及国计民生及国家科技安全的关键核心技术，必须牢牢掌握在自己手中。此时，政府成为这类行业关键核心技术的直接供给者，承担维护产业技术安全的公共使命与国家战略使命。

但是，政府作为关键核心技术突破主体也存在天然的局限性：一方面，政府的公共社会逻辑主导必然在涉及私人场域的关键核心技术创新中不具备相应的优势，难以成为私人场域内关键核心技术突破攻关的主导者。另一方面，政府在关键核心技术突破攻关中配置科技资源面临政府失灵困局，即政府主导的科技政策、产业政策可能在制度不健全或者执行过程中出现激励不当或者协调失灵问题，最终产生科技资源的错配与误配，未能精准识别关键核心技术攻关突破的优势主体及未能合理组织国家战略科技力量开展关键核心技术的攻关突破。

四、关键核心技术突破的模式选择：多理论视角下的融合

（一）知识主体融合视角下的关键核心技术突破

知识主体融合视角下的关键核心机制突破在于构造具有协同性、融通性的产学研组织，实现"政产学研"协同创新与融通创新。具体来看，产学研融通组织不再将创新主体割裂，而是将企业、高校与科研机构、政府组织及其他中介组织视为知识共同体与技术创新共同体。不同知识主体与创新主体在关键核心技术攻关突破过程中功能不一，其中，企业在产学研融通组织中的定位是集聚相关的市场资源并进行知识应用成果转化，为其他知识主体提供相应的知识产权与科技成果转化平台，支持科学逻辑主导的关键核心技术攻关能够实现与市场逻辑主导的关键核心技术攻关相互衔接。高校与科研机构在产学研融通组织中的关键定位在于为其他创新主体提供公共性与共享性的知识库，包括复杂性知识的挖掘与开发平台，这一过程需要汇聚各类学科的相关研究资源，降低其他创新主体的知识搜寻成本与交易成本。更为重要的是，高校与科研机构承担着面向关键核心技术攻关的基础研究的重大战略任务，需要在前沿科学领域实现前沿技术的成果转化，这一过程鼓励学者与高校科技工作者从事学术创业，即鼓励高校科研人员及科技工作者将科学研究成果转化为相应的技术、产品与专利等，通过搭建面向高校科技人员的学术创业平台，实现企业与高校科技人员科技成果的有效衔接，进而实现市场逻辑与科学逻辑的相互融合。尤其是针对前沿科学领域开展的前瞻性研究选题与关键科学问题的论证需要一线科学家、资深研究团队的有效参与。政府在产学研融通组织中的关键定位在于构建支撑产学研有效运转的政策环境与制度生态，最大限度地鼓励各类创新主体参与到产学研融通组织，并定向地通过创新政策与产业政策支持产学研融通组织内的知识主体与创新主体从事关键核心技术攻关突破活动，尤其是针对产业共性关键核心技术领域，政府需要在产学研融通组织中主动牵引及直接政策赋能相关的创新主体提供产业共性关键核心技术，实现产学研融通组织的关键核心技术突破公共社会逻辑与市场逻辑。

（二）创新生态系统视角下的关键核心技术突破

开放式创新理论认为企业知识捕获与知识来源不仅仅限于企业内部研发团队，其能够通过企业间合作、产业链上下游乃至整个商业生态圈的相关知识主体共同开展知识学习与知识捕获，实现内部学习与外部学习双元学习促进企业形成

面向特定技术领域开发的开放式创新生态系统。创新生态系统视角下的关键核心技术突破模式在于构建以核心企业为主导的知识生态系统与技术创新生态系统，要求核心企业在一定的知识场域与技术领域内具备系统的领先优势，并且核心企业具备的企业家精神能够承担关键核心技术突破过程中的不确定性风险，其对所处的产业链上下游企业及相关技术领域的企业具备强大的聚合力，能够吸引这些企业参与到知识生态系统与技术创新生态系统构建与运行过程之中。例如，以华为为核心企业主导的通信移动产品生态系统对移动通信产业的相关芯片企业、云服务企业、信息通信服务企业及制造企业具有强大的吸引力与撬动力，其能够在面向5G的关键核心技术领域构建相应的知识生态系统与技术创新生态系统，吸引相关知识主体与创新主体共同参与关键核心技术的攻关突破，协调不同知识主体与创新主体之间的交易与互动关系，最终实现关键核心技术的联合开发及产业化。因此，立足创新生态系统下的关键核心技术突破由于生态系统内的知识主体、知识资源及创新主体具有分散性，需要通过生态系统内的核心企业发挥生态领导的核心功能，撬动生态内的不同生态位知识主体贡献相应的知识并开展技术共创与商业价值共创。

（三）产业链链主视角下的关键核心技术突破

产业链是刻画产业投入产出关系的组织概念，其包括了产业链不同环节的产业组织及相关的产业配套基础设施等，描绘了产业分工逻辑下的链式组织关系及交互网络空间关系等。在形成与发展过程中，产业链内的不同主体会逐步形成上下游关系。区别于一般的核心企业，产业链链主一方面是基于经济意义上的产业链核心企业，另一方面又是具有产业资源与技术整合能力的企业，并且是维护产业链整体安全性的非经济意义的企业。产业链链主具有产业链市场逻辑下的经济属性及产业链整体技术安全与组织安全的公共社会属性。基于产业链视角下的关键核心技术突破，其内在的逻辑是产业链链主具备开展产业链关键核心技术突破的系统能力、资源双重优势及合法性优势。从系统能力与资源优势来看，产业链链主在整个产业链中具有关键核心地位，成为关键核心技术的技术预见者及关键市场需求的链接者，能够将不同类型的技术创新主体纳入产业链的生产分工与创新分工体系之中，有效牵引产业链内的创新主体与市场主体开展技术与市场双重机会识别及技术产业化。其能力优势主要表现为具有强大的技术创新能力与市场需求整合能力，基于技术与市场耦合的双重能力引导创新链迭代与强化，实现产业链与创新链的相互融合。同时，产业链链主本身由于具备更丰富的创新资源与产业资源，在整个产业链中发挥资源蓄水池的作用。对于关键核心技术突破而言，无疑需要长期的高强度投入，产业链链主具有规模优势及资源优势，能够助推其研发投入的相对持续性，助力关键核心技术攻关顺利持续开展。从产业链链主突破关键核心技术的合法性来看，由于产业链链主占据了整个产业链的核心位置，是产业创新生态中的领导者，其领导产业链内不同组织成员参与关键核心技术攻关具有技术合法性及制度合法性。产业链链主具备影响产业链上下游及其他配套互补者的技术能力，并且被产业链上下游相关主体认同，因此能够形成市场逻辑驱动下的市场合法性与社会认同视角下的社会合法性。以产业链链主为核心创新企业主体的关键核心技术攻关模式主要是通过产业链链主牵引产业链内的各类大中小企业开展融通创新，形成技术互补、需求耦合、价值共享的大中小企业融通组织。

（四）数字平台视角下的关键核心技术突破

新一轮技术革命催生了全新的经济形态，即立足大数据、人工智能、区块链及移动互联网等数字智能技术驱动数字经济形态的形成与演化。数字经济形态的主要产业组织或者企业组织便是平台组织与数字平台企业。数字平台立足数字智能技术搭建平台网络，吸纳各类创新主体与知识主体参与到平台双边或者单边市场之中，形成具有延展性与包络性的平台创新生态系统。平台用户成为平台创新生态系统的关键主体，能够参与平台创新网络内的各个主体的研发创新体系之中，实现平台创新场景或者平台创新生态系统下的用户驱动创新。面向数字平台的关键核心技术突破，主要集中于数字创新或者基于数字技术创新的应用衍生性技术体系，如工业互联网的关键核心技术创新等。以数字平台创新为基础的关键核心技术突破的优势在于能够融合各类不同资源基础与能力导向的知识用户参与到数字平台之中，并通过网络链接、资源协调、价值共创及价值共享等机制实现多类型异质性创新主体的需求融合、要素融通与价值共创共享，牵引相关产业链、创新链的知识主体与创新主体打造面向数字平台的创新生态圈，并充分利用数字平台的模块化功能链接、渗透多个产业链与创新链之间的各类主体实现需求集成与价值共创，为解决共同面临或者个性化的创新需求提供平台基础。以数字平台为基础的关键核心技术创新主要是数字技术中的关键核心技术创新与数字场景应用过程中的衍生性技术体系创新，这一创新的核心要素是数据，即依赖数据要素对其他创新要素充分赋能与相互融合，通过数据要素集聚与数据要素标准化，进而能够更好地利用大数据分析、推算和捕获市场需求与技术需求，提出一致性的价值主张推动异质性主体共同参与关键核心技术突破。

五、迈向下一个关口：关键核心技术突破需要解决的关键议题

（一）关键核心技术突破的创新主体与创新主导问题

明确技术创新主体并不意味着能够有效解决关键核心技术攻关的系列问题，明确技术创新主体是回答谁是技术的开发者与谁是技术开发过程中的参与者等问题，这一问题的回答固然涉及关键核心技术到底依赖谁来突破的问题，以及面向的创新主体到底是哪些类型的问题。但是，由于关键核心技术本身具有知识复杂性、技术开发过程中的高强度投入性与不确定性，甚至具有一定的行业公共属性与安全属性，这意味着突破关键核心技术不是单一依赖某一个创新主体。诚然，企业是技术创新主体毋庸置疑，但是关键核心技术的突破涉及多类型创新主体与知识主体，在复杂性的知识场域中，谁能够成为其中的主导者至关重要，关系到关键核心技术突破到底由谁组织、由谁系统推进及由谁开展价值分配等环节。回答好关键核心技术突破的主体问题就是要确保企业作为市场主体在参与市场竞争过程中的关键技术创新主体地位，通过各类制度赋予企业作为技术创新主体真正的合法性，即企业具有自我选择技术方向、技术轨道与技术路线的合法性。回答好关键核心技术突破的主导问题便是明确创新主导者应具备的能力，即研究具有何种能力的组织能够担当相应的关键核心技术突破过程中的主导者，如科学逻辑下的以复杂性知识为基础的关键核心技术突破其主导者未必是企业这一技术创新主体。在关键核心技术突破的不同阶段其主导者可能产生位移、嫁接及转化等现象，需要立足关键核心技术的异质性及突破主体的能力功能匹配性处理好创新主体与创新主导这一现实重大问题。

（二）新型举国体制应用中的市场与政府关系问题

由于关键核心技术突破难度的复杂性及突破任务的艰巨性，依靠单一市场力量显然无法解决战略性产业、国家安全性产业及影响国计民生的关键产业的关键核心技术突破问题，需要依赖有为政府与有效市场驱动的新型举国体制牵引国家创新系统，形成面向新型举国体制的科技创新体系。整合中央与地方、政府与企业、高校与社会组织充分参与到上述产业的关键核心技术突破过程中，在尊重市场在资源配置过程中起决定性作用的前提下，充分发挥政府动员与集中力量办大事的优势，集中统一调配全国各类创新资源对具有紧迫性的关键核心技术进行攻

关，以保证我国关键产业的整体安全性。在新型举国体制运用的过程中，其核心是处理好政府与市场之间的关系，避免政府能力强化对市场各类创新主体的自主创新能力产生不利影响。新型举国体制的合理运用需要集中于关键核心技术"卡脖子"问题，优先解决涉及我国战略安全、关键产业安全与基本民生保障的关键核心技术突破问题，保证这类领域的关键核心技术自主可控。处理好政府与市场关系的关键在于明确科技资源配置、科技政策及产业政策的配置边界与适用边界，需要在政府主导的科技资源配置中强化竞争属性，以竞争中性原则推动关键产业内的创新主体充分竞争，并且基于能力导向与需求导向优化关键核心技术突破过程中的产业政策与科技政策制定。尤其是在涉及的产业共性关键核心技术领域，需要重点通过新型举国体制下的科技资源统筹配置实现快速突破，为产业内创新主体的创新能力培育提供共性资源与能力基础。

（三）创新生态系统构造中的自主与开放的治理问题

尽管关键核心技术对一国科技竞争、产业竞争与企业竞争至关重要，关键核心技术的自主可控也是实现科技自立自强的重中之重，但是关键核心技术自主可控并不意味着各类创新主体与知识主体构成的关键核心技术创新生态系统充分嵌入到国际化的产业链与创新链之中。要想充分嵌入到国际化的产业链与创新链中，需要加快构建新发展格局，充分鼓励国际国内创新主体与知识主体参与到关键核心技术突破的相关阶段中。培育与优化针对关键核心技术突破的创新生态系统必然涉及开放度与自主度的问题，即需要明确关键核心技术攻关突破的哪些阶段开放、哪些环节开放及哪些知识与数据要素开放等问题，处理好主体开放与自主、要素开放与自主、组织开放与自主及系统开放与自主的多重治理关系，更好地在确保自主性与安全性的前提下协同各类主体、各类要素、各类组织及各类系统充分交互与耦合，构建国际创新链与国内本土创新链双向嵌入的创新生态系统与治理体系。从这个意义上，针对关键核心技术突破的创新生态系统的开放与自主的治理问题成为需要解决的关键研究议题。

第五章　融通创新理论视野下的关键核心技术"卡脖子"问题突破[*]

近年来，如何突破关键核心技术的"卡脖子"问题，提升我国原始创新主体与知识主体的原始创新能力以及应用研究开发能力，系统提升我国产业链与价值链的安全性成为研究的焦点议题。目前对"卡脖子"技术研究的进展主要包括两个层面：第一个层面是对"卡脖子"技术的概念内涵、形成原因以及识别甄选的研究，即对"卡脖子"技术到底该如何理解、存在哪些特征、与关键核心技术存在哪些差异、为何会形成"卡脖子"问题以及如何识别产业中的"卡脖子"技术进行了一定程度的研究。第二个层面是对"卡脖子"的突破路径进行了研究，研究主要集中在三类视角：第一类研究视角从制度层面出发，认为"卡脖子"技术不同于一般性的关键核心技术，需要集举国体制下的力量优势予以系统攻关解决，并充分发挥市场在资源配置过程中的决定性作用，构建面向"卡脖子"技术的全新制度供给与突破的制度框架（曾宪奎，2020）。第二类研究视角从产业层面的产业共性技术出发，认为"卡脖子"技术的突破需要构筑产业共性技术的系统性政策供给，为产业内的创新主体突破"卡脖子"技术提供公共知识与共性技术，降低与缩短产业内创新主体突破"卡脖子"技术的研发成本与研发周期（江鸿和石云鸣，2019）。第三类研究视角从微观企业层面出发，探讨以"卡脖子"为技术核心如何构建国有企业与民营企业的分类主导的创新共同体，即围绕国有企业与民营企业在使命定位、资源基础、技术创新能力等方面的差异性，在面向"卡脖子"技术突破过程中的各个环节包括基础研究、应用开发、中间试验、商品转化以及产品商业化与产业化的各个阶段构建分类主导的联合攻关体系，实现国有企业与民营企业的协同与耦合效应（张杰等，2017）。但是，现有的研究依然存在不足，主要是对"卡脖子"技术的突破需要何种创新范式引领、何种组织模式支撑以及哪些机制的支持尚缺乏系统性研究，导致"卡脖子"技术的系统突破容易陷入创新战略导向选择失误、组织模式缺

---

[*] 本章发表于《社会科学》2021年第5期，有修改。

乏匹配性以及各类机制难以有效协同，最终难以破解关键核心技术的 "卡脖子" 问题。党的十九届四中全会审议通过的《中共中央关于坚持和完善中国特色社会主义制度推进国家治理体系和治理能力现代化若干重大问题的决定》指出，建立以企业为主体、市场为导向、产学研深度融合的技术创新体系，支持大中小企业和各类主体融通创新。融通创新作为一种全新的创新范式，基于 "融通平台" 的新思维，探索各类所有制企业在创新过程中的融通发展机制，能够为产业发展催生全新的创新生态，能够为当前我国产业发展过程中的 "卡脖子" 技术突破提供全新的创新范式选择的系统性框架，也为进一步突破 "卡脖子" 技术的组织模式落地以及组织载体支撑提供全新的实现机制，最终为突破 "卡脖子" 技术提供系统性的思考框架。

一、融通创新：概念内涵与主要特征

（一）融通创新的必要性：基于创新范式演进的视角

从创新的范式演进来看，随着企业边界的逐步扩展，尤其是随着信息网络技术的迅猛发展，传统企业内的封闭式交互网络逐步向外延展，企业内的创新主体也逐步向开放网络环境下的外部创新主体进行知识吸收、知识整合、知识共享以及知识创新。由此，基于企业内传统创新资源与创新网络的封闭式创新逐步向开放环境下的开放式创新转变。开放式创新作为一种全新的创新范式，其能够通过各类交易契约以及合作协议等实现企业与外部创新主体之间的信息、知识、技术以及资源的交互，企业可以充分利用外部创新主体的创新优势，将创新外部化实现企业的技术创新以及产品开发（Chesbrough，2003；Chesbrough and Crowther，2006）。因此，开放式创新底层的隐含逻辑假设是外部创新主体与企业存在潜在的合作空间，即企业能够通过市场化或者非市场手段以研发投入的外包、许可授权以及技术租借等方式获得企业所需要的创新资源与核心技术（陈劲和陈钰芬，2006；高良谋和马文甲，2014）。不管是内向型的开放式创新还是外向型的开放式创新，都秉承交换逻辑，即认为核心创新资源、核心技术以及隐性知识都能通过交换的方式解决。因此，企业创新能力不足的重要原因是企业开放式创新网络不够发达，并非企业自身知识吸收能力不足或者研发能力不足。在开放式创新范式下，企业可能陷入开放陷阱，即一味通过市场交易手段实现核心创新资源、知识、技术的外部获取和分享，通过技术合作、合资企业、技术创新联盟等解决企业技术创新过程中的系列创新难题。实际上，开放式创新尽管为企业寻求技术合作与知识获取提供了全新的战略思考框架，但是依然存在两大层面的严重不足：
一方面是强调开放创新网络而非协同创新网络，导致尽管存在众多潜在合作的创新主体以及知识获取与知识吸收对象，但是开放式创新网络内的主体之间是否与企业自身存在协同能力依然存在巨大的问号，即企业能够通过开放式创新网络构建自身的技术创新联盟，但是在这一过程中依然面临主体之间由于机会主义以及市场交易契约的不确定性导致创新合作失败（王雎，2009）。另一方面是开放式创新强调任何技术类型，不管是一般技术还是关键核心技术，其都能够通过开放式创新网络以知识产权交换、联盟与合作、开放资源项目、众包、合资企业及衍生企业等众多方式予以解决。但实质上，从资源观的视角来看，企业的关键核心技术作为企业发展的关键资源，往往难以模仿和转让，在保持市场竞争地位的前提下，关键核心技术存在难以转移的巨大障碍，其涉及整个企业生存与发展的命脉问题（陈劲、阳镇和尹西明，2021）。近年来，华为与中兴在国际化过程中试图通过走研发国际化路径以构建全球开放式创新网络，实现关键核心技术的获取及攻关突破，事实证明在国际科技竞争白热化以及国际关系不确定性背景下，这种方式将最终走向失败。相应地，关键核心技术的获取也便成为开放式创新网络下的难以回答的学术命题。

面对开放式创新范式，创新主体协同程度的模糊性以及创新网络中知识主体的过度泛化，促使学界尝试寻找全新的创新范式解决开放环境下企业与其他创新主体之间如何形成可持续的合作创新模式等问题。协同创新范式呼应了理论研究的缺口，协同创新作为一种全新的创新范式，强调基于特定的制度安排，创新主体包括企业、高校以及研究机构实现资源、知识、技术等各类创新资源与要素的协同互补，开展协同合作，实现科学技术以及创新资源在不同组织之间的充分流动与共享，最终实现组织创新层面的战略协同、组织结构与组织运作机制协同以及创新过程中的知识协同（陈劲和阳银娟，2012）。不同于开放式创新强调企业间的技术创新合作可以通过内向型开放式创新以及外向型开放式创新等多种方式解决，协同创新更加强调不同知识主体与创新机构在创新过程中的潜在互补性与协同性，因此在协同合作组织模式层面主要是通过产学研等创新机构予以解决（何郁冰，2012）。协同创新这一全新的创新范式为企业寻找知识合作与知识共享对象提供了全新的思考框架，形成了以企业、大学与科研机构为创新主体的协同式创新网络，并且这种创新网络既包括基于地理邻近性、技术邻近性的区域性、集群性协同创新大网络，也包括基于直接特定的产学研组织的创新小网络，形成创新要素之间相互交互与协同互补的全新创新网络。

协同创新范式也存在一定的不足，集中体现为两个方面：一是创新主体之间的协同意愿与能力优势互补问题，协同创新的潜在前提是各类创新主体包括高校、科研机构以及企业等具备创新合作的意愿，并且在创新资源与能力上具备优势互补以及需求供给相互匹配的一致性合作期望，任意一方合作意愿缺失、能力无法形成互补，或者在知识产权成果、创新收益层面的分配不当都会导致协同创新难以实现期望的技术创新绩效，并进而导致创新失败等系列风险。二是协同创新高度依赖创新主体之间战略协同、组织协同以及知识协同三大层面的高度协同，但实际上由于协同创新主体囊括的创新主体并不仅仅是统一类型的企业组织，因此难以产生创新链、产业链之间的融合效应。例如，在价值导向层面，高校往往重视学术研究而非企业的应用开发，二者之间在价值导向方面的显著差异性决定了高校与企业之间的协同创新存在难以融合的空间（叶伟巍等，2014）。其主要表现为高校重学术研究而忽视应用导向，一些重点实验室尽管具备较强的基础研究能力，但难以与现实产业以及企业应用开发环节之间有效融合，造成尽管在协同组织载体支撑层面搭建了产学研机构，但是基础研究与应用开发的长期脱节难以实现真正意义上的产学研成果转化，当前高校基础研究尚无法完全满足产业与企业的产品化、产业化需求。尤其是对于关键核心技术攻关突破往往要求基础研究与应用开发呈现出强融合性，但基于当前高校、企业与科研机构形成的协同创新范式难以完全实现关键核心技术的攻关突破。

基于此，不管是开放式创新还是协同创新范式，在面向关键核心技术的突破过程中都存在难以避免的重大缺陷，如何寻求全新的创新范式以实现各类创新主体之间创新要素的融合互补，实现真正意义上的问题需求导向、成果导向，实现创新链与产业链的融合互补与相互支撑，成为当前我国战略性新兴产业以及未来产业突破关键核心技术"卡脖子"问题的重要着力点。党的十九届四中全会提出，需要建立以企业为主体、市场为导向、产学研深度融合的技术创新体系，支持大中小企业和各类主体融通创新。融通创新作为呼应当前国际关系新形势、国内发展新格局及突破关键核心技术"卡脖子"问题的重要创新范式，厘清融通创新的内涵特征，分析基于融通创新实现"卡脖子"技术突破的理论框架意义重大，对于当前"十四五"时期加快实现从创新型国家迈向创新型国家前列意义重大，对于微观企业层面与产业层面基于融通创新实现全新的企业创新生态系统与产业创新生态系统意义重大。

（二）融通创新的概念内涵与关键特征

当前，学界对融通创新的解读呈现出三类研究定义视角。

第一类为创新主体的视角。融通创新强调的不仅仅是产学研协同创新层面的横向协同，即强调企业与其他知识创新主体包括高校与研究机构之间的有效协同（陈劲、阳银娟和刘畅，2020）；更强调同一创新主体的不同类型之间的有效融合，包括在以企业为市场创新主体的范畴中，以不同规模场域以及不同所有制场域内的大中小企业、国有企业与民营企业之间的各类创新要素的有效融合，聚焦某一知识与技术创新需求，开展系列知识共享、要素融通及主体协同的创新过程。因此，从创新主体的视角来看，融通创新范式突破了传统封闭式创新、开放式创新以及协同创新的创新主体之间的关系范畴，融通创新的逻辑起点在于不同创新主体的资源基础、能力优势与创新意愿与导向具有异质性，融通的目标在于有效融合不同创新主体之间的各类创新资源与创新要素，有效整合各类创新主体之间的创新意愿与合作意愿，真正实现不同创新主体之间在面向某一创新需求导向下的有效耦合。值得注意的是，融通创新范式下的创新主体存在多种协同与耦合关系，包括强协同—弱耦合、强协同—强耦合、弱协同—强耦合、弱协同—弱耦合等多种状态。

第二类为创新链的视角，从创新链的视角来看，我国关键核心技术严重受制于人的主要原因在于创新链之间的各链条呈现出孤岛式以及节点断裂的特征（张其仔和许明，2020）。具体来看，长期以来我国在宏观创新层面对基础研究的投入力度不足，造成我国基础研究环节呈现出知识基础与支撑不够，直接影响到创新主体难以掌握其复杂的知识结构，尤其是在一些前沿领域如高端材料、高端装备制造、生物医药、人工智能等，造成创新链中的下游应用开发与投产测试环节难以有效开展（洪银兴，2019）。在应用开发领域，由于企业与高校之间的科技成果转化存在各类制度藩篱以及具备技术开发能力的高校与研究机构在科学研究过程中过度偏重学术导向而非嵌入应用现实导向，导致目前基础研究与企业科技成果转化与产业化之间的脱节，造成基础研究与应用开发之间的断裂。基于此，从创新链的视角来看，由于创新链中的不同创新环节的核心主导任务、主导创新主体及所需要的创新资源与创新要素存在明显的差异性，因此融通创新强调创新链中的各类链条之间相互融通结合，在创新链的各个环节实现各类创新主体有效协同以及各类创新要素的有效耦合。比如，在基础研究环节，基础研究具备公共性特征，需要基于具备学术影响力的不同类型的高校与研究机构以及企业中具备基础研究实力的科学家之间开展协同攻关，实现高校、科研机构与具备基础研究实力的企业之间充分的知识互动与知识共享，实现基础研究成果的公共化、共益化。在应用开发、中间测试、产品开发与商业化过程中明确企业与科研机构为分类耦合式创新主体的融合场域，实现场域内的不同类型企业之间、不同产学研主体之间的有效协同与耦合，最终实现各类创新要素包括知识、信息、技术、人才与资金等的充分协同互补，实现创新链之间的融通稳健。

第三类为创新网络的视角，创新网络强调在开放环境下，企业难以仅仅通过内部知识创新活动实现各类复杂知识与技术的创新，需要企业逐步融入外部的创新网络之中，包括不同企业主导的创新生态系统及企业所处产业集群环节的产业创新生态系统（方炜和王莉丽，2018）。在这一过程中，企业能够形成不同形态的创新网络，并与所处创新网络内的不同创新主体产生知识、信息、技术以及成果交互。从创新网络内的各类创新主体之间的关系来看，主要存在竞争关系、互惠关系以及平等关系。融通创新则是实现创新网络内的各类创新主体之间逐步从竞争逻辑主导下的偏利共生、非对称共生以及对称共生转向基于共赢与共益、共享逻辑主导下的价值共生以及平等型共生，即在同一创新主体的场域范围内，不存在基于企业规模大小差异下的创新成果分配的不平等以及创新地位的不平等，也不因所有制的差异导致创新主体在获取创新资源以及创新绩效评估时被歧视性对待，各类创新主体处于平等地位，享受公平普惠的创新制度环境与政策环境，共同聚焦某一创新问题发挥各自的创新资源优势与能力优势，最终实现各类创新要素在创新网络内的充分流动，真正意义上实现创新网络内各节点之间资源融通、要素融通、过程机制融通的融通创新。

（三）融通创新的运行机制及其他创新范式的系统性差异

融通创新作为一种全新的创新范式，其内在的运行机制区别于协同创新下的战略协同、组织协同以及知识协同等多种协同机制，而是聚焦于各类创新主体之间的融通动力机制、各类创新要素的共享机制、创新成果转化及成果共益机制、风险共担机制等以实现各类创新主体之间的融通创新。具体来看，融通动力机制强调各类创新主体具有聚焦特定创新议题的融通意愿，即具有与其他创新主体开展充分合作与要素共享的意愿。在创新要素的共享机制层面，企业的技术创新需要各类创新要素的支撑，包括信息、知识、技术、人才以及其他要素，但实质上由于各类创新主体在市场中所拥有的创新要素以及所能够撬动创新要素的能力具有较大的异质性，因此要实现各类创新主体之间的融通创新的前提是各类创新要素能够被充分共享，各类创新要素能够在同一创新链、同一创新网络、同一创新场域内充分共享，真正实现创新链之间的要素充分转化。

在创新成果转化以及成果共享与共益机制层面，融通创新突破了传统开放式创新下各类主体以创新外部化的方式实现创新成果的转移，更加强调各类创新主体在面向统一技术创新问题时形成开放与共享共益的创新与价值共创场域，开放式创新并不要求各类创新主体具有同一创新问题导向，而是聚焦企业的技术创新过程主动寻找与其相符合的创新成果占有者或者知识产权拥有者，通过外部获取以及基于外部知识吸收与知识转移的方式实现创新的内部化，形成外向型的开放式创新以及内向型的开放式创新。但是，融通创新更加强调各类创新主体在同一技术创新问题驱动导向下的价值互惠、价值共享、价值共生、价值共益的共生单元，不管是大规模企业还是中小企业都能在同一场域内拥有创新过程中的同等地位，仅仅是基于分工协同的差异性以及参与创新链程度的异质性，但是最终的科技成果转化能够充分被同一场域内的多元创新主体共同使用与共同受益。在价值分配与风险共担机制层面，融通创新更加强调同一重大创新需求或者创新问题导向，其主要是通过平台价值分配机制实现融通创新平台内的各类创新主体之间的价值共益，而非开放式创新范式下的利益独占或者协同创新范式下的利益非均衡化分配，因此一旦实现相应的创新目标，各类创新主体都能共同拥有这一技术或者知识，最终实现创新成果的价值共益与均衡型分配。正因为融通创新强调同一问题导向的成果与价值共享与共益，但是实质上不同创新主体在参与融通创新平台以及创新链各个环节的过程中风险承担能力具有差异性，因此依然可能存在由于风险与最终价值之间的不对等性造成利益分配失衡。融通创新平台依然需要探索建构基于风险分担的利益共享分配机制，真正实现平台内各类规模企业、各类所有制企业以及各类知识生产与供给主体之间真正享有平台共赢价值，打造面向融通创新的价值共享平台，最终形成以共同创新需求与共同价值创造为导向的平台型价值生态系统，实现生态系统内的创新链、产业链、产学研主体、大中小企业以及不同所有制企业之间的创新要素充分融通，在价值创造过程中创造融合型的平台效应（肖红军和阳镇，2020）。

二、融通创新视角下"卡脖子"技术突破的整合框架与突破路径

（一）"卡脖子"技术的概念内涵

近年来，在国际关系新形势下，面对我国高质量发展导向下企业自主创新能力依然薄弱等问题，我国产业链在嵌入全球价值链的过程中，整体上价值链处于低端位置，即过分强调开放式创新，通过技术引进、技术吸收与学习等方式并未真正实现产业关键核心技术的自给自足。在近年来美国以遏制中国全面实现创新转型发展为目标，以系列科技战、贸易战等方式对中国企业以及中国产业"走出去"实施全面的封锁与遏制，对部分战略性新兴产业与未来产业列出关键核心技术的负面清单，导致我国关键核心技术创新难以自给自足，关键核心技术的"卡脖子"问题凸显。相应地，产业发展过程中的"卡脖子"技术成为当前国内学界与政府关注的重大现实问题。当前国内学界对"卡脖子"技术的定义与解读

依然存在重大争议，直接影响到"卡脖子"技术如何识别、如何系统攻关以及突破的现实问题，最终会影响我国产业链整体安全性以及全球价值链的稳定性。

目前学界对"卡脖子"技术的内涵与特征理解存在显著的差异性，其背后的原因在于定义视角不一，主要从技术差距视角、国际关系视角、产业链安全性视角、技术研发周期与成本视角等定义、解读"卡脖子"技术。第一种定义是基于技术差距的视角，认为"卡脖子"技术是一国产业发展过程中的关键核心技术与其他国家的关键核心技术存在巨大的差距，并且这一差距短期内难以通过创新链予以缩短，这种技术差距也难以通过技术贸易或者技术转移的方式实现技术突破，由此在产业发展过程中便形成了"卡脖子"技术，技术差距视角下"卡脖子"技术产生的直接原因是技术差距，并且这种技术差距不仅仅包括创新链的某一环节的差距，还包括创新链中的基础研究、应用开发、中间测试、产品设计与商业化等环节的差距。第二种定义则是基于国际关系与国家经济战略，认为"卡脖子"技术是决定一国科技竞争战略的关键核心技术，并且由于国际之间的关系恶化导致国际贸易受阻，原本基于国际贸易分工体系下的技术贸易服务以及技术跨国转移难以开展，导致一国在全球开放式创新环境下的产业链与创新链遭受断链，原本需要创新链各个环节支持的产业链技术创新严重受阻，导致产业发展的关键核心技术成为"卡脖子"技术。第三种定义视角主要是从产业链安全性出发，认为产业链嵌入全球价值链中高端的关键要素是支撑产业发展的关键核心技术，因此相比于一般性的技术，"卡脖子"技术一方面要符合产业链发展的关键核心技术特征，另一方面这种技术具备高度的复杂性以及产业垄断性，一旦被竞争对手列为限制转移与交易的关键核心技术，便容易成为"卡脖子"技术，其关系到整个产业链是否能够安全稳定发展。第四种定义是基于综合视角，认为"卡脖子"技术是一个复杂的技术簇，其技术本身符合关键核心技术的一般性特征，但是产业发展中的"卡脖子"技术是国家间的科技实力（基础研究、应用开发、中间测试与成果转化）存在明显的差距，企业在短期内难以追赶这种差距，并且这种技术由于垄断性强，难以在全球开放式创新环境下通过技术的跨国、跨链、跨企业之间的合作（技术联盟、合资企业、技术许可证等方式）实现技术吸收与技术转移，因此一旦国际竞争关系恶化，该类技术便成为了"卡脖子"技术。因此，从综合视角来看，"卡脖子"技术的识别需要满足该国技术与发达国家或者科技强国存在较大的技术差距，该技术是决定产业未来发展的关键核心技术且技术的垄断程度高，对维系产业安全性具有关键作用，在全球价值链中占据关键核心位置（陈劲、阳镇和朱子钦，2020）。

（二）融通创新视角下"卡脖子"技术突破的整合框架

在融通创新的全新创新范式下，破解"卡脖子"技术本质上是构建"融通"泛平台，这里的平台并不是传统意义上的平台型企业或者互联网平台，而是聚焦于某一产业发展过程中的"卡脖子"技术攻关突破的"融通"创新平台，融通创新平台汇聚了突破"卡脖子"技术需要的各类创新主体、各类创新要素、各类创新制度与政策体系等，涉及创新制度与政策的融通、产业链与创新链的融通、创新主体之间的融通、创新要素之间的融通，并在载体支撑层面以产学研融通组织、"国企+民企"创新共同体以及新型研发机构等组织模式实现"卡脖子"技术突破，并最终形成"卡脖子"技术突破（创新链）的"制度—主体—要素—组织"融通创新的整合框架，如图5-1所示。

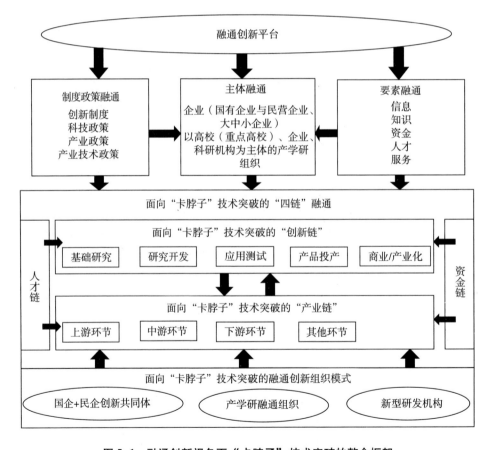

图5-1 融通创新视角下"卡脖子"技术突破的整合框架

第一，面向"卡脖子"技术的融通创新在于制度与政策融通。在"卡脖子"技术突破过程中，制度环境是影响整个创新主体与创新要素演化的外部关键变量。当前我国面向各类产业的关键核心技术突破形成了一系列的产业政策、科技政策、创新政策与产业技术政策等，各类政策的逻辑起点与对不同创新主体的创新导向与创新资源的供给导向呈现出较大的差异性。从既有的政策文本与政策研究来看，创新政策存在三种类型：第一种创新政策属于广义的范畴，泛指一般性的创新政策如产业政策、科技政策对产业内创新主体的研发创新与科技成果转化等活动的支持，以选择性或者功能性的产业政策与科技政策实现对特定创新主体的培育与支持，促进产业内的创新主体形成产学研合作机制，促进产业内的知识流动与知识供给，保障各类知识有序流动以及无歧视性流动。第二种创新政策属于狭义的范畴，其以创新主体的创新能力提升为目标，为创新主体提供更优越的创新制度环境，包括知识产权保护制度、科技人才政策、科技金融政策，实现创新环境的系统优化。第三种是特定型创新政策，主要是面向某一特定类型的创新主体与特定领域的创新政策，前者主要是面向中小企业、创业企业的创新政策，以包容性及普惠公平为目标，为市场中的各类中小企业与创业企业提供与大企业无偏式的创新政策，促进各类创新主体的创新机会均等，实现对创新弱势群体的扶持。后者主要是面向国家战略性领域、公共性领域实施特定的创新政策，支持具有国家战略性的新兴产业与新兴技术的发展，如对军工产业、航天航空产业实施特定的技术创新政策，保障国家的战略安全性，提升国家的科技竞争能力。

第二，面向"卡脖子"技术的融通创新在于主体融通。从创新主体层面，创新主体是"卡脖子"技术攻关突破的关键知识供给、知识应用与知识成果转化的关键力量。目前，关键核心技术的供给总体上依然呈现出大企业主导、重点高校与科技机构主导的特征，即大型民营企业与大型国有企业在整个技术创新过程中扮演了关键角色。其他创新主体包括中小企业、其他民营企业以及普通高校与科研机构在整个关键核心技术攻关突破中依然存在参与度不足以及贡献度不高等问题，但是"卡脖子"技术不同于一般性的关键核心技术，其技术的研发攻关需要创新链中的多主体参与协同与融合，单独某一创新主体难以完全具备高度复杂性知识与基础研究、应用开发的能力，需要基于知识耦合机制实现创新链中的各类创新主体之间形成知识要素相互融通转化，形成开放、融合的融通创新开放系统。比如，国有企业与民营企业在创新过程中不再是"国进民退"，而是在创新链的传导关系以及产业链与创新链的融通互促过程中充分融合，无论是国有企业还是民营企业都具有相互融合的基础性意愿与动力，那么在技术创新过程中，国有企业能够充分利用其独特的风险承担能力与资源优势提供研发资金支持与技术创新网络，而民营企业在颠覆式技术创新、技术商业化以及产业化等领域发挥关键的动态能力支撑，形成面向"卡脖子"技术攻关突破以及产业关键核心技术高阶演化的"国民共进"融通创新的新生态。

第三，面向"卡脖子"技术的融通创新在于链条融通。在创新链、产业链、人才链与资金链的"链条"层面，融通创新视角下面向产业发展过程中"卡脖子"技术的攻关突破主要涉及产业链、创新链、人才链及资金链四链之间相互支撑融合。"四链"融合主要体现在以下方面：一是强化创新链各个环节内部的有效融合，面向"卡脖子"技术的巩固突破往往需要"基础研究+应用基础研究+应用开发+产业化能力"的综合能力，而非单一的技术开发能力或者工程能力。"卡脖子"技术不同于一般性关键核心技术，其重要特征在于技术的攻关突破需要高度融合的基础研究与应用研究能力，产业发展中的"卡脖子"技术涉及学科基础、高端生产设备及关键零部件、关键材料等综合配套创新基础，只有使这些环节紧密结合，才能实现创新链内各个环节的有效融合。二是强化产业链内的各个环节内部的有效融合。"卡脖子"技术往往涉及多个产业链之间以及产业链内部的多个环节之间的有效支撑，产业链上的所有主体均参与整个"卡脖子"技术的攻关突破，从而带动产业链上下游更多的创新主体（企业）参与针对"卡脖子"技术的攻关，包括产业链不同环节中的原材料供给商（关键生产设备与生产工艺）、关键零部件的生产制造商等支撑"卡脖子"技术的突破。三是强化产业链与创新链之间的融通效应。"卡脖子"技术一方面是关键产业、战略性新兴产业与未来产业中的关键核心技术，另一方面也是创新主体难以短期内突破的技术瓶颈。破解"卡脖子"技术一方面需要对关键产业与未来产业进行甄选与识别，另一方面创新主体需要围绕关键产业与未来产业予以部署，为产业链拓展、延伸和提质汇聚各类创新主体以实现各类创新要素集聚与供给，突破产业链发展过程中的技术瓶颈、产品开发瓶颈及市场商业化瓶颈等，为关键产业发展构筑知识生产、研发创新及技术成果商业化转化，最终实现产业链与创新链"两链"的供给与需求相互衔接和融合。四是强化人才链与资金链对产业链与创新链的支撑融合效应。不管是支撑关键产业的发展还是创新链的各个环节都需要各类人才的充分互动协作以及各类资金的充分融合，一方面以高端人才（研究型人才、技术型人才、管理型人才以及其他人才）支撑产业链与创新链的关键设备生产、关键技术研发及关键产品设计与开发，另一方面需要政府财政资金、银行贷款、市场风险投资、各类产业发展基金及社会基金融通结合，分别在支撑创新链的基础研究、应用开发、产品测试、产品商业化与产业化的各环节发挥不同的分类主导作用。

（三）融通创新视角下"卡脖子"技术的突破路径

1. 制度与政策融通：加速实现各类产业政策与创新政策的融通整合

面向产业发展与技术创新的政策类型多种多样，主要包括产业政策、科技政策、产业技术政策等，其政策工具呈现出丰富多样性特征，包括特定的财政补贴手段、税收手段、金融货币手段、政府采购以及政府专项等方式以实现对创新主体的扶持与创新环境的优化，呈现出选择性与功能性政策工具的交替混合特征。因此，从创新制度与政策的视角来看，突破关键核心技术的"卡脖子"问题首先要使制度与政策融通。目前创新政策存在泛化的趋势，各类创新政策工具组合也多种多样，面向"卡脖子"技术突破需要实现各类创新政策的融通协同，即破除当前创新政策的碎片化、条块化，集中识别关键产业发展中的"卡脖子"技术、筛选"卡脖子"技术突破的关键创新主体、培育与扶持创新主体以实现创新要素的集聚，通过有关"卡脖子"技术突破的基础研究、科技攻关项目与科技计划、创新基础设施（人才、资金、知识产权等）、创新服务中介机构及创新成果转化等政策的集成融合，实现"卡脖子"技术的集中式、联动式与融合式的政策组合融通效应，为破解"卡脖子"技术提供整合式的融通政策新框架。

2. 创新主体融通：形成面向国民共进以及大中小企业融通发展的创新共同体

目前，在面向关键核心技术的创新链中的各类创新主体之间存在较为明显的缺位错位现象。具体分析，基础研究的共性知识应由高校与科研机构提供，这些共性知识具有完全的公共物品特征，需要高校与科研机构在针对关键核心技术所涉及的基础研究体系中扮演关键角色。国有企业的技术创新具备公共物品特征，在一定条件下可以与知识供给的各类创新主体包括高校、科研机构组建产学研融通组织，实现以企业技术创新为目标的科学研究中心、科技成果转化中心等，更好地打通面向关键核心技术中的公共知识、共性技术的融通主体组织模式（中国社会科学院经济研究所课题组和黄群慧，2020）。通过组建面向关键产业"卡脖子"技术突破的综合性国家科学研究中心、企业科学中心，扭转我国在关键核心技术"卡脖子"问题突破过程中的基础研究不足与原始创新动力不足等局面（张杰，2020）。而在创新链的应用开发、中间测试与商业化环节，整个技术创新不再是完全的公共产品，其具有市场化、商业化的私人产品特征，这些环节需要积极引入国有企业与民营企业实现各类创新主体之间的优势互补，尤其是民营企业在商业化过程中更具敏锐的市场嗅觉，能够为"卡脖子"技术的攻关突破提供市场原动力，以"民营企业+国有企业"融通混合，吸收应用开发过程中的不确定性风险。在创新链的终端即产品商业化与产业化的环节，此时需要大力引入各类中小企业、各类民营企业与国有企业以实现产品开发的大范围商业化，提高整个技术的商业化收益，发挥民营企业、中小企业在特定商业领域的商业化能力与市场能力，为创新链的前端即基础研究以及应用开发提供反哺效应。

3. 融通组织载体：大力培育面向"卡脖子"技术突破的融通创新新组织

融通创新范式下"卡脖子"技术突破的实现最终需要立足于全新的融通创新组织新载体，区别于一般性的产学研组织或者科技创新研究中心、国家实验室等研发组织，融通创新视野下的"卡脖子"技术突破需要采取多类融通创新组织齐头并进的方式实现各类创新主体、各类创新要素及各类链条之间的有效融通。具体来看，第一大融通创新组织模式是面向企业层面的"国有企业+民营企业"的创新共同体，这一类融通创新组织重点通过混合所有制企业予以实现。具体来看，混合所有制企业具有公有资本与非公有资本之间的有效融合，可以实现股权与收益权的有效融通，在面向关键核心技术以及"卡脖子"技术攻关的过程中，能够充分实现国有资本的风险承担能力及非国有资本市场化产业化商业化能力的有效融合，但是基于混合所有制企业的融通创新组织模式需要基于国有企业的功能定位分类实施混合交叉持股，探索混合所有制企业的分类、分层级以及分隶属的新模式，探索基于商业类、垄断竞争性、自然垄断性以及公益类等不同性质的国有企业与民营企业不同类型的交叉持股等新混合模式（柳学信和曹晓芳，2019）。第二大融通创新组织是组建产学研融通创新组织，此类产学研融通创新组织不同于一般性的产学研组织，传统产学研组织创新的目标较为泛化，创新过程中各类创新主体之间的融合度不够，存在基础研究难以为应用开发服务、技术开发难以为产业化服务等链条之间的断裂风险，并且传统产学研组织各主体之间关系较为松散，呈现出协同性强而知识耦合程度低等特征。产学研融通创新组织组建目标更加聚焦重大技术、重大工程联合集体攻关，参与主体不仅是传统的大企业、重点高校及科研院所，还强调大中小企业、各类高校与科研机构的融通大平台，更加注重在"卡脖子"技术与关键核心技术攻关突破过程中的基础研究与应用研究的紧密互动融合，使产业链的中下游、创新链的各个环节深入嵌入整个产学研融通创新组织运行过程之中（于良，2020）。

第三大融通创新组织是新型研发机构。2016年8月，国务院印发了《"十三五"国家科技创新规划》，提出要培育面向市场的新型研发机构，构建更加高效的科研组织体系。新型研发机构区别于传统的科研机构，打破了传统政府资助下的科研机构运作模式，更加注重多类创新主体的引入，以各类创新主体的技术入股、资金入股、联合共建、项目制、人才交流与人才培养等模式实现全新的产学研合作机制创新（任志宽，2019）。在研发创新过程中能够根据组织内各类人才的专业背景、研发优势、企业的市场需要和产业化的市场导向自主选择科研方向，在技术攻关与研究过程中具有较强的自主性，能够实现高校、科研院所、各类企业、政府、科技服务机构等多方主体与多方资源的协同耦合，实现要素之间的充分融通、知识之间的多向流动、科技成果的快速转化，最终实现了企业、政府与研究机构在同一制度框架下的深度融合（陈劲、尹西明和阳镇，2020）。面向"卡脖子"技术突破需要以新型研发机构为突破口，探索围绕关键核心技术攻关与产业化应用的新组织模式，实现基础研究、应用开发到企业孵化与产业化的全链条打通的全新组织模式。

战略与政策篇

理解科技自立自强的支撑战略与政策体系

第六章　新发展格局下的科技创新战略重塑*

　　"十四五"时期是建设社会主义现代化强国、步入创新型国家前列的开局关键机遇期，厘清迈向创新型国家前列面临的突出问题有助于"十四五"时期对这些问题系统性地予以解决，推动我国整体产业与微观企业走上真正意义上的创新驱动发展与高质量发展之路。自我国确立创新战略三步走以来，科技创新体系不断优化，并取得了一系列重大原创性科技创新成果，在世界科技强国中的影响力日益凸显，尤其是在部分关键技术上取得了突破，涌现出一大批颠覆性的技术创新成果。党的十八大以来，创新驱动发展成为我国迈向高质量发展的重要战略实现导向，我国持续加强了科技创新投入，从 2016 年的 15500 亿元上升到 2022 年的 30782.9 亿元，其中基础研究经费为 2023.5 亿元，创新投入年均增长率保持在 10% 以上。在高强度的科技创新投入体系下，我国在整体层面的创新能力不断攀升，根据世界知识产权组织发布的 2022 年全球创新指数报告，中国创新水平位居世界第 11 位，较 2012 年提高了 23 位次，位居中等收入经济体以及新兴经济体中的第 1 位。从创新产出的视角来看，不管是专利授权规模还是国际论文发表量都处于世界前列。自 2013 年以来，我国专利申请量连续保持世界第一，根据世界知识产权组织的数据，2022 年全球通过 PCT 途径提交的国际专利申请量达 27.81 万件，其中，中国提交了 70015 件专利申请，超过美国提交的 59056 件，成为提交国际专利申请量最多的国家。尤其是在 5G 专利上，根据专利剖析组织 IPlytics 的数据，我国的 5G 专利申请数量占据全球市场首位，其后是韩国、美国等。在国际论文发表量与被引量方面，根据中国科学技术信息研究所发布《中国科技论文统计报告 2023》统计显示，按第一作者第一单位统计分析结果显示，中国发表高水平国际期刊论文 9.36 万篇，占世界总量的 26.9%，被引用次数为 64.96 万次，论文发表数量和被引用次数均位列世界第一。

　　但是，近年来，随着中美在全球科技竞争中的新战略格局的急剧变化，美国

---

　　* 本章发表于《当代经济科学》2021 年第 1 期，有修改。

以遏制中国全面转型升级为目标，对中国重要战略性新兴产业发展过程中的产业链、供应链乃至创新链进行了全面封锁与遏制，在部分关键核心技术上列出负面清单，导致我国近年来关键核心技术的"卡脖子"问题凸显，反映出我国创新质量大而不强，部分关键产业发展的关键核心技术依然受制于人。从科技创新整体发展来看，我国原创性、重大基础性研究投入力度仍然不足，远低于发达国家的15%以上，并且基础研究与应用研究的整体协同度不足，关键产业、大型企业关键核心技术的技术创新能力亟待进一步提升，关键核心技术的对外依存度依然偏高，整体上存在大而不强的"虚胖"问题。面对新的国际科技竞争新形势以及国内创新驱动发展环境的新问题，党中央在中央政治局常务委员会会议上首次提出：要深化供给侧结构性改革，充分发挥我国超大规模市场优势和内需潜力，构建国内国际双循环相互促进的新发展格局。习近平在2020年8月24日的听取经济社会领域专家意见座谈会上指出，"要推动形成以国内大循环为主体、国内国际双循环相互促进的新发展格局。这个新发展格局是根据我国发展阶段、环境、条件变化提出来的，是重塑我国国际合作和竞争新优势的战略抉择"。基于此，如何优化当前科技创新的体制机制，构建"双循环"新发展格局下的产业链、价值链、供应链与创新链，培育微观层面的创新型企业与世界一流企业，成为实现我国高质量发展目标的重大任务，也成为实现2035年左右进入创新型国家前列的必然选择。

本章拟从科技创新战略层面系统分析双循环新发展格局的演化过程，明晰新发展格局下科技战略的重点导向，从微观企业、中观产业与宏观制度三大层次剖析"双循环"新发展格局的深刻内涵，以及我国科技创新体系在政策、区域创新系统以及企业创新模式等方面的突出问题，从而提出未来创新体系建构和创新战略转变的方向。

一、新发展格局下科技创新战略的内在逻辑

从科技创新战略层面来看，深刻理解"双循环"新发展格局的重要意义必须首先了解我国在各个不同历史时期所采取的科技创新战略以及演变的内外部条件。中华人民共和国成立初期，面对国内外的严峻形势，为迅速改变帝国主义长期侵略下受到严重破坏的工农业生产体系与技术全面落后的不利局面，在借鉴苏联工业化经验的基础上，党中央提出了"在技术上起一个革命"的战略思想，即通过科学技术的发展在工业和农业上实现大规模生产，以提高社会生产力，满足人民的基本生活需要，为迅速实现工业化确立了以重工业为主导的技术创新发

展战略体系。我国科研系统按照"集中力量,形成拳头,进行突破"的原则形成了中国科学院、高等院校、国家产业部门科研机构、地方研究机构、国防科研机构五路大军,确立了"为国家建设服务,为人民服务"的科技发展战略总方针,力求实现学术研究与实际需要紧密配合,使科学研究真正服务于中国的农业、工业、国防建设和人民生活。在当时内外交困的环境下,虽然在第一个五年计划中受到苏联大量的工程项目的援助,但是总体上依然处于西方发达国家全面技术封锁的紧张局势之中,我国按照"自力更生,奋发图强"的主线,面向内循环,积极吸收、引进海外的先进设备和技术,逐步建立起了相对完备的工业技术支撑体系。在国家经济建设与国防建设的重点领域产出了一系列的突破性成果,尤其是"两弹一星"、人工合成胰岛素等重大攻关成果为我国科技事业发展奠定了基础。

改革开放后,我国政府持续重视科技创新体系建设,在 20 世纪 90 年代提出科教兴国战略,确立了科技在国家发展中的关键地位。中美建交后,我国所处的国际关系逐步从全面的封锁孤立转变为多国家、多区域的经济合作,科技创新环境也逐步从技术引进吸收与集体攻关转向了社会主义市场经济体制之下的"外资引进与技术模仿吸收"。这一时期中国科技创新的总体思路是通过积极引进发达国家的先进企业、先进技术,对先进管理经验、先进技术进行学习、吸收、模仿与消化,大力推进改革开放吸引外资,实现"以市场换技术与经验"的创新策略,提高本土企业的研发创新能力。自 1992 年来,我国实际利用外商直接投资成倍增长,从 1992 年的 110.1 亿美元增长到 2001 年的 468.8 亿美元,外资投资领域也从传统的轻工业逐步放宽到第二、三产业。我国本土企业以加工贸易的方式嵌入全球价值链,融入了全球生产网络,但是长期的"代工厂"模式不利于培育我国自主品牌与发挥技术优势,产业所处的全球价值链位置相对低端,甚至陷入"低端锁定"。在 2001 年加入 WTO 后,我国对外开放的深度与广度继续加大,外贸依存度从 2001 年的 38.05%增加到 2006 年的 63.97%,进一步巩固了"外循环"主导下企业的开放式创新模式,即企业通过深度与外部创新主体合作,通过授权许可、开源合作、技术外部转让等方式实现企业创新 R&D 项目的外部化。但是,这种模式难以有效提升企业的核心创新能力,尤其是对于一些具有"超长周期"性质的 R&D 研发项目,企业难以做出具有高度风险性质的巨额研发投入决策,只能通过外部获取的方式实现短期的技术使用权或者共享相应的关键核心技术许可权,这导致企业忽视自身的研发创新体系内生能力建设,在部分关键产业与关键核心技术领域缺乏积累,在嵌入全球价值链的过程中陷入"低端锁定"的困境。

自 2008 年全球金融危机以来,世界主要经济体开启了缓慢的经济复苏进程,随着逆全球化与单边主义的暗流涌动,全球贸易增长速度持续走低,并低于全球的 GDP 增速，地缘政治风险不断提高，中国在全球化进程中的国内国际关系也更加复杂。我国自党的十八大以来成为世界第二大经济体，不断攀升的国际经济地位对欧美发达国家的"差距安全"构成了挑战，部分欧美发达国家利用其在全球竞争中的标准话语权单边排斥中国参与全球市场竞争，甚至主动挑起对中国国际贸易产品的审查，对我国的国际经济市场地位造成严重挑战。从国际背景来看，尤其是 2018 年以来美国对华为与中兴实行技术封锁与制裁，反映出长期以来中国以出口导向与加工贸易为主的经济发展模式的弊端，导致国内企业核心技术过分依赖于进口与国际市场的合作伙伴，丧失了内生的研发创新动力，因此在国际市场低迷与战略性打压的背景下，我国产业发展与微观企业的科技创新面临前所未有的系统性风险，严重威胁到我国整体产业链、供应链、价值链乃至创新链的安全性与稳定畅通性。因此，构建以国内大循环为主体、国内国际双循环相互促进的新发展格局是应对当前新的国际科技竞争新形势的重大战略性部署与战略调整，基于总体国家安全观的理念充分挖掘当前我国国内的巨大内需潜力与市场规模，利用国内丰富的资源优势建设统一的国内大市场，培育集中性与分散性相结合的产业链、供应链、价值链与创新链，以内循环引领外循环的全新开放发展新格局。

构建新发展格局是基于我国改革开放 40 多年来所积累的显著资源优势与技术基础，主要反映在以下几个方面：一是从经济总量与经济增长速度来看，1979~2019 年我国经济实现年均 9.4% 的增速，GDP 占全球份额逐步扩大，其中 2018 年中国经济总量占全球经济总量的 15.8%，同期作为世界第一大经济体的美国占全球经济总量的 23.9%，中国经济总量在世界经济中的影响力与日俱增。尤其是在传统储蓄观念的影响下，我国国民总体储蓄率高达 45.3%，远远高于世界平均水平。二是从我国的产业发展体系来看，经过改革开放 40 多年来的高速发展，我国已经整体上步入工业化后期，制造业与服务业的融合趋势进一步增强，并且我国的制造业规模居全球首位，200 多种工业产品产量位居世界第一。我国建立了世界上最完整的现代工业体系，拥有 39 个工业大类，191 个中类，525 个小类，成为全世界唯一拥有联合国产业分类中全部工业门类的国家。中国制造业产业链的全覆盖与深厚的配套能力，能够保证即使在外循环受阻的前提下依然拥有足够的回旋余地与生产韧性。更为关键的是，随着新一轮工业革命席卷全球，移动互联网、大数据、区块链、人工智能等数智技术驱动了新技术革命，其本质上是生产方式与劳动方式的根本性转换，尤其是人工智能与大数据技术为大规模个性化定制提供了可能，重塑了传统制造行业的生产效率。技术驱动下的数字技术的高度扩散性与渗透性，使得传统产业内的劳动生产率与资本有机构成不断提高。不同于前两次工业革命的高度"赋能效应"，传统的产品生产过程

（从原材料到中间产品再到最终产品）将被数字化下的协同生产网络与数字化产业组织所颠覆，尤其是机械制造领域的数字化研发、生产与销售的网络一体化成为可能。同时，数字信息产业也加速发展，平台经济与共享经济成为数字化时代引领新经济形态不断向前演化的重要力量，埃森哲发布的《2019 中国企业数字转型指数》研究报告显示，2018 年中国数字经济规模达 31.3 万亿元，已占我国GDP 的 1/3。一大批的数字化企业如腾讯、阿里巴巴、京东正引领着中国企业向世界一流创新型企业大步迈进。三是从技术基础来看，在长期高投入的政府主导型的科技创新研发体系下，我国研发投入比例不断攀升，研发投入结构不断优化，2019 年研发支出占 GDP 比重高达 2.19%，是全球第二大研发经费投入国家。在科技产出中实现了部分关键核心技术的突破，包括量子科学、铁基超导等基础研究以及具有重大工程导向的高铁技术、北斗导航卫星系统、第三代核电以及特高压输电等原创性、集成性技术创新。

　　总之，从科技创新的发展模式的历史阶段来看，自中华人民共和国成立以来逐步从内循环主导向外循环主导转变，最终转向基于国内大循环为主体、国内国际双循环相互促进的新发展格局。在科技创新战略层面的意义在于：一是在微观企业层面，充分注重国内企业的全面自主创新能力建设，以企业高质量发展为战略导向，注重企业自身的研发体系与创新管理体系建设，牢固树立关键核心技术是"要不来"与"卖不长久"的战略理念，逐步摆脱过度依赖外循环主导发展模式下的外向型开放式创新模式，基于全面自主创新战略逐步掌握关键核心技术。二是在产业层面，进一步提升产业链、供应链以及价值链的安全性，尤其是在 2020 年之后，全球产业链将呈现出进一步缩短的趋势，造成我国传统外循环主导发展模式下的产业链与供应链断裂的风险逐步加大，未来我国面临发达国家上游企业向本国回流、中下游企业向新兴经济体国家分流的双重压力。在"双循环"新发展格局下要进一步将提升产业链的韧性摆在突出位置，强化产业发展的共性技术研发体系与研发能力建设，依托创新链建设突破产业链发展的技术瓶颈，在关键产业尤其是战略性新兴产业中逐步实现国产化替代，提升产业链与供应链的安全性与稳定性。三是在宏观政府制度层面，进一步厘清"双循环"新发展格局下政府与市场对于科技创新体系建设的作用边界，明确在未来较长一段时期内，政府各项制度改革需紧紧围绕培育和提升企业全面自主创新能力这一目标布局，尤其是需要进一步强化政府在基础研究领域的资源配置过程中的主导权，以政府"看得见的手"明确基础研究在整个 R&D 经费支出中的门槛值，强化政府在基础研究、共性技术应用研究与涉及国家产业链安全的颠覆性技术等方面的主导地位，并进一步强化市场在面向企业创新竞争过程中的决定性作用，构建以国有企业与民营企业竞争中性为原则的创新政策体系。

二、新发展格局下我国科技创新体系面临的突出问题

（一）创新政策体系：集成度和联动性不足

目前，我国尚未形成面向关键核心技术突破与完善科技创新链的整体性、系统性、协同性与联动性的制度设计和政策供给，在逆全球化背景下关键核心技术长期依赖进口的弱势被放大，导致我国高新技术产业、战略性新兴产业与未来产业发展面临较大的困境。新发展格局下的创新政策需要统筹国内国际两个市场，畅通以国内循环为主导的创新政策供给集成与联动性。目前在国内大循环主导战略下面向关键核心技术突破的制度政策供给存在三大层面的问题：一是当前新一轮工业革命方兴未艾，"卡脖子"技术政策供给的集成度与联动性不足。我国尚未有针对不同产业类型的"卡脖子"问题的甄别与分类设计思路。实际上，新一轮技术革命下的数智产业与传统产业的技术创新路径存在颠覆性的差别，需要基于新旧产业的创新路径与潜在创新价值的异质性分类设计以推动传统产业与新兴产业"卡脖子"技术突破的制度与政策制定。二是相关的制度与政策供给的集成度与联动性不足。有学者将协同创新政策分为四个方面：供给面政策、需求面政策、环境面政策和连接面政策。目前面向关键核心技术突破与"卡脖子"技术突破的集体攻关与协同创新需要涉及创新政策的供给面与需求面，尤其是由于关键核心技术的技术路径复杂度更高，不确定性更强，创新的风险与周期较一般性的技术创新活动更高且更长，单纯依靠供给侧或需求侧的创新政策是不可能实现有效激励和突破现存的"卡脖子"问题。三是在我国治理关系下，中央与地方的制度与政策供给的联动性与集成度不足。从政策主体的视角来看，政策设计主要包括顶层制度设计、宏观配套性与支撑型制度设计，如何发挥中央顶层设计能力的优势，同时促进地方发挥比较优势，有效识别本地产业发展与企业创新过程中的"卡脖子"技术，成为治理关系下需要解决的突出问题。

（二）区域创新体系：整合程度低，区域创新发展不平衡凸显

党的十八大以来，党中央提出了京津冀协同发展、长江经济带发展、共建"一带一路"、长三角一体化发展及黄河流域生态保护和高质量发展等新的区域创新驱动发展战略。在全新的区域创新战略引领下，"十三五"时期我国区域创新体系建设取得了突破性进展，包括京津冀、长三角、珠三角等重点城市群的区

域协同创新体系进一步优化，主导城市与其他城市之间的创新协同效应逐步提升，构建起以关键城市网络节点为引擎的多层级、网络化创新体系，形成区域之间的创新要素互补、资源协同与创新人才集聚效应。尤其是近年来粤港澳大湾区的持续推进，进一步增强了区域之间的创新协同与合作效应，形成新的区域经济增长极的创新引擎。但是，目前我国的区域创新体系依然存在三大层面的问题：一是区域创新质量不平衡问题凸显，南北区域创新能力呈现出分化趋势。东部地区的创新能力依然领跑全国，但是中西部地区的创新能力依然有待增强，尤其是东北地区的区域创新体系建设进展迟缓，长期以来制约东北地区产业转型升级与创新驱动发展的人才要素没有得到根本性的解决，研发人员数量在"十三五"时期的降幅超过10%，创新思维僵化与创新体系固化成为制约东北地区创新能力提升的关键障碍。从南北区域创新专利产出来看，根据相关统计，南北区域发明专利占总专利申请的比重以及研发人员比重的差距进一步扩大，由 2015 年的 0.66∶0.34 持续增至 2018 年的 0.72∶0.28，研发人员数量之比由 2015 年的 0.64∶0.36 持续增至 2018 年的 0.7∶0.3。二是区域城市群内不同城市之间的创新质量不平衡问题凸显，城市群内不同城市之间的创新协同效应有待进一步增强。在京津冀、长三角与珠三角城市群中，发展动能的分化趋势加剧，主要表现为创新要素向区域特大城市的集聚趋势不断增强。以长三角城市群为例，根据相关学者对长三角各地级市 2007~2017 年专利申请量的区位基尼系数和集中度指数测算，发现长三角城市群的创新能力在空间上呈不断扩散的趋势，并且专利产出在空间上集聚在少数几个城市，已经开始出现极化效应。三是区域创新要素的整合程度低，区域创新平台效应有待增强。目前尽管形成以城市群为核心的区域协同发展战略，但是因各地方政府对于创新的认知程度与利益考量，区域内以"项目制"的方式实现创新能力提升与创新体系高质量发展依然面临条块分割的障碍。其主要表现为各个地区依然基于不同标准与不同的政策环境制定产业政策与创新政策，在政策执行过程中出现创新要素争夺的现象，如在各大城市人才争夺战的背景下，根据 2018 年清华大学、上海科学技术政策研究所、领英联合发布的《长三角地区数字经济与人才发展研究报告》，长三角地区中人才吸引力最强的城市是上海，人才流入/流出比达到 1.4∶1，其次为杭州，其他城市都在向外流失人才。

（三）企业创新模式：开放式创新下关键核心技术"卡脖子"问题严重

开放式创新是企业以提升技术创新能力为目标，通过有效管理，治理组织内外部的知识要素与创新资源，实现企业研发到商业化的一系列过程，最终实现模式创新。开放式创新理论吸收、整合与发展了用户创新、合作创新、吸收能力、创新网络等理论与方法，是开放经济与动态竞争环境下的一种全新的创新范式。但是在"外循环"主导发展格局下，我国企业逐步转向了外向型的开放式创新模式而非内向型的开放式创新模式。内向型开放式创新是企业以明确的创新目标，通过持续识别、系统筛选与构建自身的外部创新网络以及创新生态系统，实现基于特定目标的知识识别、知识引进以及知识利用的一系列活动。外向型开放式创新主要通过授权许可、开源合作、技术外部转让等方式，将公司未能完成或中途终止的 R&D 项目进行外部化，利用外部的创新主体实现商业技术信息的捕获与创新，最终为内向型开放式创新指明方向。相较而言，内向型开放式创新范式下企业创新过程更加侧重内部既定创新目标下的外部创新合作，而外向型创新模式下创新资源与主动权容易陷入受制于人的陷阱。因此，在当前中美贸易摩擦的背景下，企业以开放式创新为主导的创新能力陷阱被彻底放大，企业长期忽视自身的内生创新能力建设，缺乏面向关键核心技术的自主创新能力，这成为制约我国迈向科技强国的巨大障碍。工业和信息化部等部委发布的制造业发展报告显示，我国在 11 个先进制造业领域中，共有 287 项核心零部件、268 项关键基础原材料、81 项先进基础工艺、46 项行业技术基础领域有待技术突破①。2018 年，由于核心芯片的研发创新能力不足，对于高端芯片与操作系统缺乏必要的产业创新生态，导致华为与中兴在嵌入全球价值链、扩展商业版图的过程中创新链与价值链不匹配，关键核心技术严重受制于人，成为参与国际市场竞争中的"卡脖子"技术，甚至成为威胁国家经济安全的"命门"。

三、新发展格局下迈向科技自立自强的创新引领战略导向与实现路径

（一）基于"底线开放思维+全面自主创新"的创新引领战略新转向

在长期以来"外循环"主导发展战略模式下，不管是国有企业还是民营企

---

① 2016 年，工业和信息化部、国家发展改革委等部委联合发布《工业强基工程实施指南（2016—2020 年）》，在此基础上，2016 年 11 月 18 日国家制造强国建设战略咨询委员会特组织专家审定编制了核心基础零部件、关键基础材料、先进基础工业、产业技术基础的发展目录，目录列出了 11 个先进制造业领域需要攻关突破的关键核心技术，于 2016 年 11 月 18 日正式发布《工业"四基"发展目录（2016 版）》。

业都不同程度地存在核心技术对外依存度过高、对外部创新主体的供给制度环境的依赖性强等问题，一旦外部环境恶化，就会导致大量产品、核心零部件、关键技术的进出口短期内无法实现，成为制约产业链升级以及价值链迈向中高端的"卡脖子"技术，严重地影响到一国的产业链与供应链的安全性。在当前逆全球化以及地区极端主义等不确定环境下，依赖外向型经济发展与开放式创新模式进一步加大了我国企业与产业创新发展的潜在系统性风险，对我国企业维持全球价值链地位以及攀登全球价值链高位呈现出双端挤压的趋势。因此，在当前世界经济形势与新的国际关系背景下，加快实现从单一"外循环"主导向"双循环"新发展格局转变的战略紧迫性更为突出，这成为我国提升微观企业的自主创新能力，提升产业的整体安全性与稳定性（韧性），迈向世界科技创新强国、建设创新型国家的必然战略选择。

在"双循环"新发展格局下，"外循环"依然是重要的组成部分，但是传统的外循环不再成为主导，而是成为促进内循环的重要支撑。在当前逆全球化的背景下，依然需要坚持对外开放的基本国策，全面提高新时代与新时期的对外开放水平，建设更高水平的开放型经济体系。在这一经济体系之下，新的外循环发展格局强调的全面对外开放需要转变为基于底线开放思维的对外开放战略。实质上，底线思维意味着"防微虑远，趋利避害，一定要牢牢把握发展的主动权"的科学认知，也是一种"从最坏处着眼，做最充分的准备，朝好的方向努力，争取最好的结果"的思想方法和工作方法。底线开放思维主要体现在对外开放的安全底线方面，面向"双循环"发展格局的科技战略导向便是基于"安全畅通"的全新战略理念，健全内循环体系下技术评估、重大科技专项联合攻关的指挥与保障体系，提高产业链、供应链在全球竞争中化解系统性风险的能力，实现产业链、供应链与价值链乃至产品链的安全性与畅通性。在新一轮数字革命下，实现科技攻关指挥与保障体系的数字化赋能，不断提升对科技安全风险预测、识别、响应与处理的能力，确保我国各类市场主体参与国际市场竞争的科技安全底线。

更为关键的是，在传统"外循环"主导的开放战略下，中国本土企业长期依靠"开放式"技术创新联盟，这造成内循环体系下的内在自主创新能力缺失，制约了我国在战略性新兴产业与面向科技强国建设的未来产业的自主创新能力的发展。因此，在"双循环"新发展格局下，要将全面自主创新战略摆在各类创新战略全局中的核心位置。一方面，政府需支持关键核心技术与"卡脖子"技术的基础研究知识与共性技术供给，构建有效激励和促进各类所有制企业实施全面自主创新的外部制度环境。另一方面，微观市场主体需要摆脱过去长期技术能力外生培养与建构式的创新战略，以提升内生自主创新能力为内核，在参与市场竞争尤其是国际市场竞争的过程中，实现关键核心技术自主可控（自主性）与全球价值链嵌入参与程度（开放性）的动态平衡。

（二）新发展格局下创新引领新战略转向的实现路径

1. 体制引领：新型举国体制引领重大原创性科技成果攻关

从制度经济学的视角来看，制度是大国之间科技创新体系存在差异性的决定性因素，大国之间的科技创新竞争，本质上是制度体系的竞争。中华人民共和国成立70余年，我国社会主义市场经济体制区别于西方发达国家的市场经济体制，显示出社会主义集中力量办大事的巨大优势。从国家利益的视角来看，举国体制是以国家最高利益或者主导性利益为目标，基于全国资源的集中配置实现统一管理的国家体制，其核心便是充分发挥制度优势，以国家能力与国家目标充分调动、配置、优化与治理各领域的经济性与社会性资源，最终实现既定的国家战略目标的管理结构与治理体制。早在中华人民共和国成立初期，面对西方发达国家的全面经济与技术封锁以及国内百废待兴、"一穷二白"的现实发展基础，在中国共产党的统一领导下，以五年计划充分调动全国各类生产要素与创新要素的集聚与协同，通过发动工人、党政干部、农民与知识分子共同投入工业化进程的伟大实践，组建了一系列面向重工业重大工程技术创新的"国家队"，在人造卫星、原子弹、氢弹以及人工合成胰岛素等方面取得了重大成就，成功地打破了西方发达国家的核讹诈与核威胁。改革开放后，社会主义市场经济体制下的举国体制依然在驱动重大工程领域的科技创新中发挥着关键作用，如在航天领域，中国自20世纪90年代启动载人航天工程以来，历经10年左右完成了关键性技术突破，成功实现了神舟五号的空间载人技术的突破性进展，在2003年首次载人飞行的神舟五号飞船返回地面。

党的十八大以来，各项改革已经步入深水区与攻坚区，传统的举国体制在新的时代背景与新的国际经济形势下被赋予了全新的内涵。中华人民共和国成立70余年来，我国在关键产业与关键技术领域中的被动局面并没有彻底改变，依然需要发挥举国体制的制度力量在短时间内集中突破长期被发达国家制约的"卡脖子"技术。党的十九届四中全会首次明确提出"构建社会主义市场经济条件下关键核心技术攻关新型举国体制"，即坚持在社会主义市场经济条件下，通过发挥有为政府与有效市场双重力量，在关键核心技术领域的重大科技攻关过程中坚持全国一盘棋，科学统筹、集中力量、优化机制、协同攻关的制度安排。因此，在"双循环"新发展格局下，构建科技创新体系的核心问题便是处理好"有为政府"与"有效市场"的关系，避免在涉及国家战略性产业、国防军工产业以及未来产业等关键领域的核心技术过度依靠市场的力量。在开展重大科技项目、关键核心技术以及"卡脖子"技术的联合攻关过程中，既要发挥市场在资源配置中的决定性作用，切实尊重与激发市场创新主体的技术创新活力与潜能，又要优化市场环境与营商环境，尤其是加强知识产权保护的制度建设，实现政策资源与市场主体创新能力的系统性整合。针对产业共性技术体系，以新型研发机构和国家实验室为支撑，建立梯次接续的"国家队"，实现原创性重大科技成果的联合攻关系统布局。

2. 产业牵引：未来产业构建产业发展新生态

当前，新一轮工业革命下的数字信息技术正加速突破，数字智能技术正对经济社会各个领域产生显著的渗透效应。传统产业的供应链受到了前所未有的冲击，但也进一步触发了数字智能技术驱动的未来产业的发展。我国依然处于新旧动能转换的全面转型期，在这一时期，传统产业的转型升级压力进一步加大，而新兴产业发展与科技革命之间的联系日益紧密，产业之间的融合程度进一步增强。新发展格局下产业的转型升级必须紧紧依靠培育和发展面向未来的战略性新兴产业，提升产业链的现代化水平。从创新的视角来看，未来产业必须具备几大特征：一是从创新投入的视角来看，其关键核心技术研发周期长，投入强度高，具备知识密集型与成长潜力大的高新技术产业特征。二是从创新的价值链视角来看，其产业链深刻嵌套于复杂的创新链之中，产业的演化发展依靠高端人才的集聚、高度协同的产学研创新平台以及高效的科技成果转换，具备高附加值、高技术性与先进性，处于全球价值链的中高端位置。三是从技术创新类型来看，主要表现为以颠覆性技术为主导，其技术路线图具有复杂性以及实现过程的不确定性等特征，并且技术创新过程呈现出多类技术簇的群涌性与集群性。因此，从市场需求来看，未来产业在市场版图扩张方面具有先动优势，后发者、追随者和模仿者难以在短期内超越，占据获取高额利润的市场领导地位。在当前新工业革命不断向前演化的背景下，"十四五"期间，国家将聚焦多个重大颠覆性创新领域，即生命科学和精准医疗，分布式能源与储能技术，新一代互联网、云计算与区块链等数字智能技术，智能装备制造与增材制造等先进制造技术，人工智能与类脑科技等脑神经技术，航天航空技术，深海探测技术，虚拟现实技术等多类技术。

构建新发展格局需要紧紧依靠以未来产业为引领的全新产业生态，培育内循环主导的产业主动先发优势，营造全新的产业创新生态系统。这一过程中，重点是把握好选择性与功能性产业政策的平衡性。选择性产业政策强调经过产业发展前景的评价与技术预见，以政府直接性的财政补贴与扶持实现某一产业的培育与发展，通过政府干预实现产业发展的短期突破，形成政府主导的产业创新生态系统。功能性产业政策强调塑造一个竞争中性的产业发展环境，致力于通过强化共性技术供给，完善市场的知识产权保护等法律法规制度建设，创造一个公平竞争与普惠的市场环境。针对未来产业发展的特征，政府需要制定配套性政策支撑未来产业的培育与发展。具体而言，对于市场资源配置效率低或者市场失灵的产业，如航天航空领域，政府需要以选择性产业政策为主导，辅之以功能性产业政策来引导和扶持；对于那些高度竞争性产业，如智能装备制造、新材料、数字信息技术等领域，需要充分发挥市场在资源配置中的决定性作用，以功能性产业政策为主导，辅之以选择性产业政策实现竞争效应。未来产业的培育与发展离不开底层研发组织的支撑，需要以产业共性技术为核心，加快培育产业共性技术创新中心、产业创新中心、工程（技术）研究中心和重点实验室等一批重大产业创新平台，提升面向共性技术供给的研发基础设施水平。同时，针对高度竞争性与市场需求较为确定的未来产业，着力培育企业技术创新中心、新型研发机构以及企业主导的重点实验室，作为未来产业的底层研发基础设施。

　　3. 企业转型：迈向整合式创新新战略下的世界一流企业

从微观层面来看，驱动新发展格局下的科技创新体系建设最终的落脚点依然是微观企业的创新能力，即切实发挥企业作为市场创新与技术创新的主体地位的作用。不管是建设世界科技强国还是建设现代化经济体系，都离不开企业的价值创造能力的有效支撑。改革开放40多年来，在外循环主导的对外开放体系中，我国大量企业通过国际化实现市场扩张，深度嵌入全球产业链与价值链之中，涌现出了一大批具备全球影响力的企业，如华为、腾讯等民营企业以及国家电网、中国石油和中国石化等国有企业。但是，在以外循环为主导的外向型经济不断演化的浪潮中，这些大企业是否真正具备完备的知识产权体系以及全面的自主创新能力，是否具备世界一流企业的可持续创新能力与可持续发展特征，尚存在巨大疑问。党的十九大报告提出"培育具有全球竞争力的世界一流企业"，这成为推动企业全面转型升级、实现企业高质量发展的重要战略导向。从世界一流企业的成长特征来看，其必定具有市场影响力与行业领导力，具有制定标准的话语权，具有经济、社会与环境的综合价值创造能力。更为关键的是，世界一流企业在长期导向上具有可持续竞争和全面自主创新能力，可通过运营管理与技术创新的不断变革保持长期的可持续创新能力。

　　在新发展格局下，加快培育微观企业的自主创新能力，培育世界一流企业成为企业创新驱动转型发展的重要实现路径。区别于外循环主导的单一外向型开放式创新主导范式，中国企业迈向世界一流企业的重要战略基点在于融合了东方智慧与西方开放思维。整合式创新是战略创新、协同创新、全面创新和开放式创新的综合体，在开放式创新的环境下通过统筹自主创新能力与外部知识引进吸收的双元平衡，实现企业各个部门主体与利益相关者的协同与开放式创新的有效整合。具体而言，整合式创新范式强调在国际国内市场统筹发展的战略视野下，在微观创新主体层面实现各类所有制企业以及各类规模企业之间创新要素的融通整合，强调通过自主创新模式实现企业内部的全要素、全时空以及全员创新，以内向开放式创新与外向开放式创新系统整合的思路，推动企业内的创新要素与外部创新主体（如科研机构、高校）之间的创新资源整合协同，基于安全观、开放观与协同整合观系统提升企业的全面自主创新能力。

第七章　共同富裕视野下的科技创新战略重塑[*]

共同富裕是继实现小康社会、全面建成小康社会后的又一重大战略目标。中国共产党成立后，坚持把人民的利益放在首位，把全心全意为人民服务作为党的根本宗旨，把为中国人民谋幸福、为中华民族谋复兴作为党的初心使命，在新民主主义革命时期、社会主义革命和建设时期、改革开放和社会主义现代化建设新时期、中国特色社会主义新时代，开展了艰苦卓绝的奋斗并铸就了辉煌历史成就，系统性地解决了人类历史上难以解决的绝对贫困问题，极大地解放和发展了生产力。在中国特色社会主义新时代，科技创新的重要性更加凸显。在共同富裕实现进程中，我国科技创新具有了新的战略定位、新的使命目标、新的运行体制机制、新的要素组合以及新的范式引领。如何使科技创新发挥支撑共同富裕以及推动社会主义现代化强国建设的作用，成为新发展阶段下急需关注的重大研究议题。

近年来，学术界围绕共同富裕的理论基础、共同富裕的价值内涵与测度、共同富裕的实现机制等方面开展了大量的探索性与规范性研究。从共同富裕的理论基础来看，其主要遵循马克思主义政治经济学、新古典经济学、制度经济学以及经济社会学的理论框架，将共同富裕的经济制度支撑体系、共同富裕与经济社会发展的关系、共同富裕与人类社会发展规律等系统性地联系与结合，解释了共同富裕的内在理论基础与理论逻辑，为共同富裕的合法性、合理性与价值性提供了基础性的理论框架。共同富裕的实施机制与路径则与理论逻辑对应，更强调共同富裕的战略实践逻辑，其主要聚焦的是社会阶层、收入分配、地区发展差距、产业基础、社会保障以及政府与市场关系、人民的幸福感与获得感等问题。对上述实践议题的深入研究，有助于在实践层面为寻求共同富裕的深化推进与最终实现提供操作性的政策行动指南。总体来看，既有的研究依然存在不足，主要体现为：一方面，学术界对共同富裕的理论研究尚处于起步状态，对共同富裕的理解

---

* 本章发表于《改革》2022 年第 1 期，有删改。

依然存在理论上的模糊性和争议性，对共同富裕的内涵理解与特征维度缺乏系统性的澄清；另一方面，共同富裕实现的路径与机制研究尚处于相对零散化的阶段，既缺乏综合性、全局性的战略解构，又缺少细分支撑构面下的实现机制与路径研究，难以为深化理解共同富裕如何实现的宏观全局视野与局部细微思路提供理论框架参考。

不论是从共同富裕的内涵剖析还是从共同富裕的实现机理来看，科技创新必然深刻嵌套于共同富裕实现进程中的全局视野之下，并且深刻支撑共同富裕以及社会主义现代化强国的系统性实现。本章的逻辑起点在于全面解构共同富裕视野下的科技创新战略新转向，在系统阐述共同富裕核心要义的基础上，解构共同富裕与科技创新的理论传导机制，并在系统澄清科技创新理论逻辑的基础上，重点研究迈向共同富裕征程中科技创新范式如何契合共同富裕的理论逻辑与战略支撑构面，从科技创新的视角为解释共同富裕实现的创新理论逻辑与科技政策设计框架提供全新的理论与政策参考。

一、共同富裕的历史演进与内涵界定

在中国古代农业社会便有诸子百家对共同富裕社会的理想描绘，现代意义上对共同富裕的推进实践始自中国共产党的成立，中国共产党推进共同富裕的实践进程具有鲜明的时代性，总体上分为新民主主义革命时期、社会主义革命和建设时期、改革开放和社会主义现代化建设新时期以及中国特色社会主义新时代四个时期。不同时期共同富裕的推进重点与主要领域具有差异性，其内涵也具有包容性。对共同富裕的解构涉及价值归属、分配导向、群体基础等多重维度。

（一）共同富裕的历史与实践逻辑

共同富裕的思想形成以及实现进程并非一蹴而就的，其形成、发展与演化具有鲜明的历史阶段性和时代性，有深刻的历史逻辑与实践逻辑。从中华民族传统文化的视野来看，中华民族历史上便存在对共同富裕社会的美好向往与描绘，作为诸子百家思想策源的春秋战国时期，产生了诸多共同富裕思想，如儒家强调的"大同社会"、墨家的"兼爱非攻"、法家的"富国强兵"以及道家的"小国寡民"思想等，皆蕴含了中华民族优秀传统文化对共同富裕理想社会的描述。在封建社会，随着系列农民起义运动，各历史朝代也产生了诸多共同富裕思想，其中陈胜、吴广农民起义运动则是包含了消除贫富差距、实现共同富裕的社会发展追求，太平天国运动的"无处不均匀，无人不保暖"的理想社会描述同样蕴含了共同富裕的分配格局与人民生活状态。

　　从历史演进与实践发展的逻辑来看，共同富裕思想始终贯穿在中国共产党的奋斗目标中。中共二大就鲜明地提出将实现共产主义作为党的最高纲领，而共同富裕是实现共产主义社会的应有之义。中国共产党始终把为人民谋幸福、为中华民族谋复兴作为党的初心使命，以促进全体人民共同富裕作为为人民谋幸福的着力点。中国共产党领导下的共同富裕思想演进与实践进程具有鲜明的时代性与阶段性，总体上可分为四个时期。第一个时期是新民主主义革命时期，中国共产党带领全国各族人民实现了民族独立，为探索共同富裕道路奠定了基础。第二个时期是社会主义革命和建设时期，在这一时期，中国共产党领导全国各族人民进行了艰苦卓绝的斗争，建立了初步完整的工业体系，为共同富裕的实现奠定了经济基础，生产力得到了极大程度的发展。这一时期通过社会主义改造，确立了以公有制为主体的基本经济制度，为实现生产资料公有制奠定了制度基础。第三个时期是改革开放和社会主义现代化建设新时期。中国共产党领导全国各族人民实现了由计划经济体制向社会主义市场经济体制的转型。邓小平同志对社会主义本质与共同富裕的实现进行了论述，认为社会主义的本质是"解放生产力，发展生产力，消灭剥削，消除两极分化，最终达到共同富裕"；从这个意义上讲，社会主义的本质要求是共同富裕。共同富裕的道路主要是通过实施"先富带后富"的战略逐步实现不同地区、不同时间节奏的富裕进程。邓小平同志还提出了实现共同富裕的分配原则，即坚持社会主义，实行按劳分配原则以防止收入差距过大。第四个时期是改革开放深化期，江泽民同志指出，在整个改革开放和现代化建设的过程中，都要努力使工人、农民、知识分子和其他群众共同享受到经济社会发展的成果。分配政策既要"有利于善于经营的企业和诚实劳动的个人先富起来，合理拉开收入差距"，又要"防止贫富悬殊，坚持共同富裕的方向"。基于这一战略认识，中国共产党继续深化推进改革开放，完善社会主义市场经济体制，进一步解放和发展生产力，为实现共同富裕奠定了坚实的物质基础。以胡锦涛同志为主要代表的中国共产党人在全面建成小康社会进程中不断推进共同富裕思想的理论创新与实践创新。胡锦涛同志指出，要坚定不移走共同富裕道路，使发展成果更好惠及全体人民。要把共同建设、共同享有和谐社会贯穿于和谐社会建设的全过程，真正做到在共建中共享、在共享中共建。为了实现共同富裕，中国共产党坚持科学发展观下的以人为本发展理念，在农业农村领域、城乡统筹发展领域、社会保障领域以及经济体制改革等领域持续深化探索，为缩小地区发展差距、提高社会公平正义、推动农村农民的收入增长以及迈向共同富裕创造了良好的制度环境与经济基础。

　　党的十八大以来，我国经济与社会发展进入全新的历史方位，中国特色社会主义迈入新时代。与新时代相伴随的是全新的发展阶段、全新的发展理念与全新的发展格局，中国共产党面临的任务是实现第一个百年奋斗目标，开启实现第二个百年奋斗目标新征程。共同富裕成为新发展阶段下实现第二个百年奋斗目标中的重要内容构成，成为贯彻新发展理念、构建新发展格局的重要战略举措。尤其是新发展理念中的共享发展，成为推进与实现共同富裕的核心理念，坚持发展为了人民、发展依靠人民以及发展成果由人民共享是共享发展下共同富裕深化推进的必然要求。在战略目标实施阶段上，党的十八大报告首次正式提出全面"建成"小康社会；在庆祝中国共产党成立 100 周年大会上，习近平宣告全面建成了小康社会。在全面建成小康社会的基础上，党的十九大对共同富裕的实现阶段作出了科学的"两步走"战略安排，即第一步是 2020～2035 年，这一阶段的目标是"全体人民共同富裕迈出坚实步伐"；第二步是从 2035 年到本世纪中叶，这一阶段的目标是要让"全体人民共同富裕基本实现"。从这个意义上讲，在中国特色社会主义新时代，共同富裕是处于全新的历史方位下的重大战略抉择，也是全面建成社会主义现代化强国的必然路径选择，更是落实以人民为中心的发展思想的根本体现。

（二）共同富裕的内涵界定：基于多理论视角的融合观

目前，学术界对共同富裕的内涵理解存在多种视角。第一种是从发展阶段的视角理解共同富裕，即共同富裕是我国全面建成小康社会后进入新发展阶段的重大战略举措，是第一个百年奋斗目标向第二个百年奋斗目标的战略转换。相应地，共同富裕是我国社会主义初级阶段向社会主义现代化强国建设迈进的关键战略抉择，新发展阶段的"新"不仅仅是历史阶段的"新"，更是发展战略与发展要求的"新"。从当前我国经济发展的总量来看，2020 年我国 GDP 总量已经突破 100 万亿元，位居世界第二，但是人均可支配收入仅为 32189 元，迈向共同富裕要求我国不仅仅经济总量位居高位，更为关键的是人均发展水平也要得到较大程度提升、中高收入群体的比重提高，破解经济发展过程中的不平衡与不充分问题。第二种是从社会利益分配尤其是收入分配的视角理解共同富裕。改革开放以来，我国在社会主义市场经济体制转型过程中逐步确立了公有制经济主导下的以按劳分配为主体、多种分配方式并存的分配制度，分配原则总体上是"效率优先，兼顾公平"，但是效率优先的分配原则也导致了一些问题的出现。相应地，社会利益分配与收入分配视角下的共同富裕本质内涵，是实现生产力发展的同时社会分配更加公正合理，实现效率与公平的有机统一，更加强调先富对后富的带动效应，不同社会阶层与不同职业群体的物质生活差距控制在合理适度范围，更加强调社会财富的共创与共享，实现公共服务均等化。第三种则是从人的全面发展视角来理解共同富裕，即遵循马克思对人类社会形态的描述，人类社会逐步从原始社会、奴隶社会、封建社会、资本主义社会向社会主义社会与共产主义社会转型，在社会主义社会与共产主义社会下，人类从"必然王国"走向"自由王国"，人获得全面与自由发展。相应地，共同富裕是人的全面发展的综合体现，是包括人的物质生活富裕以及精神富足的多维富裕，是人与社会、人与自然进入共生共赢的发展状态。

相应地，共同富裕下的关键特征包括以下层面：一是共同富裕的价值归属在于人的全面发展，即共同富裕不仅是经济基础与社会质量的高水平状态，而且是生产力与生产关系相互适应的高水平状态，更是人的发展进入全面综合多维富裕阶段。二是共同富裕在经济财富创造与社会财富分配上不是消除效率导向，更不是消除收入差距，而是实现效率与公平的有机统一，在承认市场效率的合理范围内更好地实现分配正义与分配公平。三是共同富裕强调"共同"，其本质上是中国共产党带领全国各族人民实现先进生产力水平下的发展成果全体共享，更加强调党对全体人民的政治初心与契约承诺，是社会主义现代化的鲜明特征与根本标志。相应地，共同富裕更加强调社会主义制度下全体社会成员与全体人民进入富裕社会。

二、共同富裕视野下的中国科技创新逻辑转向

改革开放以来，中国特色社会主义现代化建设的进程从未止步，已经实现从温饱型社会、小康型社会、总体小康社会向全面小康社会的历史性跨越，科技创新在支撑社会物质财富积累、城乡居民收入增长、社会转型发展与人的幸福感增进方面发挥着不可忽视的作用，一定程度上印证了"科学技术是第一生产力"，成为全面小康社会向共同富裕社会转型的原动力。

在共同富裕视野下，科技创新依然扮演着重要角色，成为推动经济发展、社会转型与人的全面发展的加速器与推进剂。但是，共同富裕视野下的科技创新需要与共同富裕实现进程中的发展理念与发展方略相契合，这就涉及科技创新的目标导向、主要立足场域、竞争逻辑以及科技政策激励导向等多个层面。

（一）共同富裕与科技创新的基本传导关系

从经济增长的视角来看，共同富裕强调的是整个经济总量尤其是人均生产总值达到一个较高的水平，支撑经济增长的产业发展与企业发展能够满足人民日益增长的美好生活需要，有效破解发展不平衡不充分的难题。从决定经济增长的动

力视角来看，自亚当·斯密系统提出古典政治经济学的增长框架以来，劳动分工便成为决定一国产业、企业实现效益改善与发展的关键要素，并且提高劳动生产率的关键在于立足科技创新，驱动经济增长的要素主要包括劳动、土地、资本、技术等。此后，新古典经济学理论再次将技术进步纳入经济增长函数的要素组合之中，认为技术进步与科技创新是实现经济增长的关键，但技术进步的外生性限制了技术进步与经济增长的实质性关系。此后，阿罗在1962年发表的论文《干中学的经济含义》中提出了技术因素内生化模型，突破了技术进步与科技创新外生性的新古典经济增长框架，从内生性的增长框架探讨知识深化、知识积累与"干中学"对经济增长的长期作用。罗默将知识作为一个独立的内生变量直接引入经济增长模型，提出了基于知识溢出的内生经济增长模型，一定程度上为构建知识型社会与学习型社会提供了宝贵的思想源泉。进一步地，熊彼特真正意义上将创新如何驱动经济增长过渡到了经济发展层面，认为"经济增长"主要的驱动要素是劳动与土地等的投入，即资本主义式的经济增长，但是技术进步与科技创新能够使经济结构产生新的质变，表现为通过创新驱动的新的要素组合实现"创造性破坏"。从这个意义上讲，科技创新与技术进步能够打破旧有经济增长的要素均衡模型，实现新的组合驱动的经济发展。此后，以熊彼特为理论基础的"熊彼特主义"得到欧洲国家创新经济学与演化经济学学者的持续深化研究。科技创新、技术进步与经济增长的理论框架被提出，其中最具代表性的是国家创新系统理论，即将"政府—市场—社会"驱动的科技创新与技术进步纳入国家经济发展与国家能力演化的理论框架之中。

从共同富裕的实现来看，首要的便是立足科技创新驱动经济与社会的高质量发展。一是从经济结构与产业发展的视角来看，科技创新能够促进新的经济结构实现"创造性破坏"，并带动传统产业结构的升级与转型，这一过程依赖于技术进步尤其是突破性技术、颠覆性技术、未来技术等技术变迁催生新的产业与新的业态，基于新的技术嵌入改变传统产业发展方式，实现新旧动能转换。二是从资源配置的视角来看，共同富裕的实现依赖于更好地发挥市场在资源配置中的决定性作用以及更好地发挥有为政府的作用，强调依赖有效市场与有为政府更好地优化资源配置，使其更具包容性、普惠性。科技创新能够强化要素资源的配置效应，尤其是系列面向社会议题与社会意义的科技创新范式的出现，为改善社会生产力提供了范式遵循，包括包容式创新、朴素式创新、社会创新、企业社会责任创新与意义引领的创新等多元范式，为分析科技创新驱动的要素配置的公共社会效益提供了新的理论框架。三是从科技创新与人的幸福感和人的全面发展视角来看，共同富裕的实现必然是人的全面发展，即人的主观能动性以及人的幸福感处于较高水平或者较优状态。一方面，科技创新在驱动经济总量增长与社会财富积累的同时，能够通过制度创新、公共创新、社会创新等创新范式增加居民幸福感，尤其是政府在教育、医疗、交通与社会保障等领域的科技创新有助于实现社会发展的可持续性，提高整个社会的福利效应；另一方面，科技创新能够加速传统高耗能产业的转型，基于新的节能减排技术、低碳技术与绿色技术创新，实现环境友好型经济发展与绿色发展，最终立足环境质量改善的生态效应提升人的幸福感。

需要指出的是，科技创新并不意味着其有百利而无一害。科技创新与技术进步既会促进经济福利改善、社会效益提高、生态效应增值，又会引致经济福利层面的地区经济差距，社会层面的收入差距拉大以及"结构性失业"，成为区域发展不平衡的重要诱因。除此之外，基于已有理论视角理解共同富裕与科技创新的基本传导关系，更多仍是聚焦在科技创新通过促进经济总量增加，进而为可分配的财富总量奠定坚实基础这一视角，但是对于如何在富裕的物质基础之上解决"分配"的问题，以及科技创新对"分配"在实现共同富裕中的作用机制等，尚需进行视角补充与转换。因此，共同富裕视野下科技创新驱动的经济与社会高质量发展依然依赖于科技创新治理，即通过科技创新治理系统地调整科技创新战略导向以及科技创新过程与价值分配，立足系列科技创新治理制度安排与体制机制设计，更好地保证科技创新战略契合人本主义。

（二）共同富裕视野下中国科技创新的逻辑转向分析

1. 科技创新的使命目标转向：从经济使命迈向混合型使命

从使命目标的构成来看，根据新古典经济学以及新制度经济学的研究框架，科技创新是驱动经济增长的内生性要素和生产要素，科技创新的使命目标也自然地趋向于经济目标与经济价值。相应地，从科技创新的主体构成来看，不论是企业主导的技术创新，还是高校、科研机构主导的科技成果转化，科技创新产出与科技创新成果直接的使命都是创造财富，并且此类财富是一个综合概念，既包括面向创新者个体的物质财富，又包括推动经济增长与社会财富增长的"大财富"，经济价值成为科技创新的主导性目标。从科技创新作用于经济增长的机理来看，科技创新主要通过催生新的业态、新的产业、新的技术来实现传统产业发展模式的变化以及技术变革，最终牵引微观企业运营效率提高、成本降低、产业增加值提升。评价科技创新成果或绩效的主导指标也相应地被赋予经济意义，包括新产品产值、企业财务绩效、产业增加值等多个维度。

在共同富裕视野下，经济增长的经济使命逐步被高质量发展目标下的经济与社会环境综合型目标使命所替代，追求经济"量"的飞跃已经不是共同富裕下走向高质量发展与内涵式经济发展的道路选择，"提质增效"成为科技创新驱动经济增长的价值利器。相应地，科技创新的价值目标也必然回归经济发展与社会发展的软约束，并趋向于高质量发展与共同富裕下经济与社会环境均衡式发展的综合目标，这一目标直接衍生到从事科技创新的主体的价值目标选择，表现为企业开展技术创新不只是服务于企业经济效率与经济价值创造，而是更加强调依赖科技创新更好地推动企业可持续发展，将利益相关方的多元价值诉求更好地纳入企业战略视野，为涵盖经济、社会与环境的多元利益相关方创造综合价值与共享价值。

2. 科技创新场域转换：从私人场域转向公共场域

场域是在组织制度主义视角下描述处于同一制度单元内的主体构成，处于同一场域下的组织会受到场域内不同制度主体的约束和影响，其传导机制主要是合法性，即规制合法性、规范合法性与认知合法性，对组织的战略导向与行为选择进行无形引导，最终使场域内的组织出现"制度同形"的状况。在制度逻辑理论视角下，场域内的不同制度主体蕴含不同制度逻辑倾向，包括市场逻辑、社会逻辑、国家逻辑、家族逻辑、科学逻辑、技术逻辑等多重逻辑，逻辑之间的冲突、耦合、分化、共融最终影响组织的战略导向与行为选择，主导逻辑之间也存在交替主导、连续性主导、渐进式涌现等多重状态。从科技创新所处的场域视角来看，科技创新本质上是市场组织（企业）、高校（知识创新）以及政府（公共产品与服务创新）等多重主体的战略行为，尤其是从技术创新主体企业本位论来看，尽管企业在开展技术创新过程中形成多主体的科技创新场域，但市场组织（企业）主要聚焦市场逻辑下的私人场域，并通过捕获外部主体如政府组织、中介组织以及高校等知识场域（产学研组织、技术创新联盟等）实现私人场域下创新知识供给的最大化和创新效率改善。其创新战略行为更多地受到私人场域下市场逻辑的支配，私人场域下的相关制度主体主要是利用外部的股东价值与经济导向型用户价值来驱动企业开展研发投入、工艺改造、技术开发与新产品开发等，这些均以市场价值最大化为最终归属，以满足所处私人场域内的价值导向与行为选择的约束与规范。

在共同富裕视野下，企业开展科技创新的场域主要转向公共场域，公共场域意味着从事科技创新的主体不仅仅聚焦市场逻辑，而是涵盖国家逻辑、社会逻辑、社区逻辑等多元制度逻辑。相应地，不论是企业主导的科技创新，还是政府组织主导的科技创新，都更多地偏向于涵盖市场逻辑与国家逻辑、社会逻辑的多重制度混合逻辑。在多重制度逻辑下，科技创新场域内的创新主体价值目标与战略行为走向新的高阶均衡，实现传统私人场域主导的市场导向型创新向涵盖国家逻辑、社会逻辑与社区逻辑的公共创新、社会创新与企业社会责任创新等创新战略转型。

3. 科技创新主体构成转向：从企业家个体语境走向大众语境

从科技创新主体视角来看，自 20 世纪初期熊彼特提出创新经济学的研究框架以来，科技创新的主体直接指向了企业家，即认为企业家是市场要素资源尤其是生产要素重新组合与优化配置的组织者，是创新活动的源泉，企业家精神成为驱动市场创新与资本主义社会发展的原动力。相应地，围绕如何提升科技创新能力的主体指向，便是聚焦企业家个体，包括激发企业家从事创新创业的意愿与动力、提高企业家的综合社会地位、为企业家的创新创业提供更好的制度环境，整个科技创新的体制机制设计重点在于强化企业家个体的创造性、创新能力、贡献社会的爱心与意愿，科技创新主体被狭隘地局限于个体语境之内。其后果便是科技创新战略导向、科技创新过程与科技创新绩效产出也局限于企业家个体视野，被锁定于企业家个体的市场嗅觉、技术方向与战略视野之中，科技创新逐步地与所处的社会环境相互割裂，形成"技术—市场—社会"的割裂体。

在共同富裕视野下，科技创新主体构成不仅仅指向企业家，而且包括具有创新创业潜力与活力的社会用户，尤其是用户创新范式被提出以来，对传统企业家驱动的技术创新过程产生了全方位的颠覆，即创新过程逆向化，用户参与研发设计、用户主导研发过程以及用户开源社区等成为创造更大经济与社会价值的重要标尺。共同富裕强调人人享有更大的发展机会以及共享发展成果，在做大"蛋糕"的同时拥有更大范围参与共享的权利。相应地，科技创新主体也不再局限于企业家个体，而是依赖于集体智慧、社区与社群大众用户，形成以人民为中心的万众创新格局，实现了科技创新主体范围的全方位颠覆。

4. 科技创新竞争逻辑转型：从竞合逻辑走向共生共益逻辑

从科技创新的竞争逻辑来看，科技创新是衡量国家综合竞争力、产业竞争力、企业竞争力的重要参数，其竞争逻辑往往趋向于竞合逻辑，即竞争逻辑主导下的竞争中合作，以及合作中竞争。尤其是在开放式创新环境下，科技创新主体边界逐步泛化，科技创新过程以及科技创新的知识来源边界逐步分散化，企业逐步寻求与外部知识主体的知识交互、知识吸收、知识整合，进而强化自身的创新竞争力，这一过程愈加需要与外部知识主体开展研发合作，通过合作寻求竞争效应的最大化。相应地，竞合逻辑下的科技创新本质上是寻求市场竞争价值的最大化，如大企业与小企业之间的资源竞争、大企业与大企业之间的创新生态系统竞争等多种形式，竞合逻辑下虽然存在大企业对小企业的资源互补效应或者协同效应，但总体上形成的是附属或者依赖关系，并且大企业之间的创新生态系统竞争本质上是"你输我赢"的零和博弈。近年来，互联网企业创新生态竞争过程中的系列平台企业构建的生态圈竞争行为便是直接体现。

在共同富裕视野下，竞争逻辑逐步转向价值共生逻辑，即以创新共同体思维重塑竞争与合作关系，表现为大中小企业"你中有我、我中有你"的交互关系，并且创新过程与创新价值分配更强调共益导向，即在强调创新过程中的多主体价值共创的同时，更强调在创新成果价值分配上的共益与共赢，依据一定的共益分配原则对不同类型企业、不同类型创新主体参与贡献及价值进行合理分配，实现真正意义上大中小企业创新过程中的要素融通以及创新成果的共享与共益，最终形成可持续的共赢创新生态圈与共同体。

5. 科技创新的激励政策逻辑转型：从强选择性导向转向功能性与普惠性导向

自国家创新系统理论提出以来，就受到学术界的广泛关注与研究，更为关键的是科技创新政策成为世界科技强国中政府广泛运用的政策工具，其主要目标是通过政府能力实现科技创新要素资源的有效动员与优化配置，更好地支撑特定创新目标与战略的实现，提升整个微观企业以及产业的自主创新能力。从科技创新政策的内容构成来看，科技创新政策在表现形式方面，表现为科学技术的战略规划、计划、法律、条例、办法、指导方针和行为准则。在政策类型方面，表现为科技政策、产业政策、金融政策、税收政策、财政政策等多种类型，并且往往并非某一类政策独立使用，而是呈现组合式政策框架。其中，产业政策的制定与实施主要是面向产业内产业创新组织的培育以及优化产业创新发展环境，如通过系列产业规划、产业振兴计划、产业转型战略等实现特定产业的孵化、催化以及转型目标，并且产业政策的配套实施包括产业技术政策、产业财政政策以及税收政策等多类政策配套组合。在政策导向上，主要分为选择性产业政策与功能性产业政策两种类型，前者主要聚焦特定产业组织的培育，对产业发展过程中的特定创新主体进行选择，进而配套相应的财政政策、税收政策与金融政策等，实现部分产业、产业内部分企业的迅速赶超与创新能力改善；后者主要聚焦的是产业发展基础设施与产业发展环境的改善与优化，通过提供公共产业发展的基础设施为产业内创新主体提供更好的创新环境，并在政策激励导向上弱化政策对象的选择性，聚焦产业整体发展，为产业内多元创新主体提供普惠式的创新环境，包括创新融资环境与市场营商环境等。

从科技政策的运用情况来看，随着我国科教兴国、人才强国与创新驱动发展等重大战略的实施，一系列国家技术改造计划、国家重点科技攻关计划、国家重点技术发展项目计划、国家重点实验室建设计划、国家重点工业性试验计划和重大技术装备研制计划等重大的科技计划和产业计划，以及科研机构体制改革、科技成果转化等系列科技政策不断出台，整体上科技政策对微观企业技术创新战略与技术创新路线指引呈现较强的选择性功能。

在共同富裕视野下，科技创新政策的政策制定总体目标导向依然聚焦于优化我国科技创新资源配置以及理顺我国科技创新体制机制等重大问题，但是其政策制定逻辑不再是聚焦特定创新主体的强激励属性，即通过系列产业政策、科技政策、金融政策与财税政策作用于特定创新主体，迅速实现某一类创新主体的技术创新能力攀升，而是更加趋向于建构科技政策与经济政策、科技政策与社会发展以及科技环境改善的协同耦合关系，更加强调科技政策的政府能力与市场配置资源决定性作用相结合，政策制定主体更加强调多政府部门之间的协调与衔接，尤其是中央政府与地方各级政府之间的政策目标与政策执行的相互协同，形成整体性的政策合力，最终推动科技创新政策从强选择性向功能性与普惠性转型，更好地发挥国家创新系统对经济、社会与环境发展的整体性与系统性功能。

三、共同富裕视野下的中国科技创新范式选择：迈向后熊彼特时代的新范式

以企业家为主导的科技创新范式被视为熊彼特主义创新，熊彼特主义创新更强调企业家精神、科学家的发现、精英个体的创造。相应地，科技创新局限于企业家的商业场域、科学家的个体学术场域与精英个体的私人场域，一定程度上割裂了个体与社会、商业与社会以及企业与国家之间的多重链接关系。在共同富裕视野下，支撑共同富裕实现进程中的中国科技创新范式需立足以人为中心的核心逻辑，将政府、企业、社会三重主体纳入科技创新的主体范畴，以政府公共创新打造创新公地，以企业社会责任创新重新定义市场，以人民创新重新放大用户的价值创造空间，进而系统性地迈向后熊彼特时代下的科技创新范式。

（一）后熊彼特时代的创新要义与新战略视野

20 世纪初熊彼特在《经济发展理论》中提出创新理论后，又于 30 年代和40 年代之交，相继在《经济周期循环论》《资本主义、社会主义与民主》两书中加以运用和发挥，形成了以"创新理论"为基础的独特理论体系，总结了资本主义历史演进中的创新进程。在熊彼特打造的创新王国下，创新主体被称为"企业家"，企业家成为市场开拓者，其强烈的机会寻求、创造动机与风险偏好属性为资本主义的经济繁荣与市场发展奠定了基础。相应地，创新的原动力在于企业家主导的企业家精神，基于企业家实现的新的生产要素、新的模式方法以及新的技术条件推进创新。企业家驱动的企业尤其是大企业成为市场创新的主要组织载体，并且大企业与小企业之间的创新竞争成为创新演化发展的重要支撑条件。熊彼特倡导的创新理论被长期视为创新经济学与创新管理学中的主流理论。熊彼特

所搭建的创新经济学与演化经济学框架一定程度上解释了资本主义经济变迁与繁荣发展的内在原因，但是其对于创新主体、创新范围、创新形成的制度环境定义过于狭隘。20世纪50年代后，随着不断兴起的各种技术创新和科技革命，日益明显且作用突出的普遍创新现象使得经济学家无法继续对技术变迁这类问题保持漠视，理论界重新对熊彼特的创新理论给予了关注。门施、弗里曼、纳尔逊、罗森博格、伦德瓦尔在熊彼特的基础上对其创新理论进行了完善、验证和发展，形成了所谓"新熊彼特主义"。新熊彼特主义下的创新经济理论不再聚焦于企业家主导的创新体系之中，而是将创新主体纳入更广阔的中观与宏观视野，衍生出国家创新系统、区域创新系统、产业创新系统、企业创新系统等诸多理论，为更好地解释创新与制度、创新与技术、创新与产业、创新与企业之间的关系提供了新的理论框架。

后熊彼特范式则进一步聚焦社会层面的创新主体，其中颇具代表性的是用户创新理论的提出，奠定了后熊彼特范式下的创新理论。冯·希普尔提出了一种适应知识社会的，以用户为中心，以社会实践为舞台，以大众创新、共同创新、开放创新为特点的用户参与的创新形态，构建了一个知识社会条件下的创新大众化图景。相应地，在后熊彼特范式下的创新理论框架中，强调创新主体突破单一的企业家与企业家精神视野，聚焦于市场用户、社区用户、大众，创新过程更强调开放式创新下的知识捕获、知识吸收、知识转移与整合，打造以企业为主导的多创新知识主体的企业创新生态系统。用户创新下的创新导向与创新过程更具社会融合属性，能够更加敏锐、更加及时地捕捉到市场需求，实现企业生产驱动的创新与消费驱动的创新相互融合，并在创新目的归属上更加强调创新的社会意义以及所处社区的整体福利，而非聚焦熊彼特创新理论下的企业家个体经济价值或商业利益。因此，后熊彼特时代下科技创新战略导向更加趋向公共社会视野，其创新要义不仅仅是聚焦企业家个体层面或者企业层面的经济价值最大化。创新价值活动的来源主体不仅仅是企业家与科学家等知识主体，而是用户、员工、工匠以及人民大众等多类经济性与社会性主体，企业创新过程更强调开放式环境下多元社会主体共同参与创新合作与价值共创，企业创新的产品更具有公共意义与社会意义，从企业家精神驱动的个体自由型创新转向有组织的创新，最终实现创新模式迭代升级。

（二）共同富裕视野下中国科技创新的范式引领

1. 政府层面：基于公共创新范式打造创新公地

不管是西方发达国家还是转型中国家，政府在科技创新中的地位与作用都举足轻重。新古典经济学视野下将市场视为决定科技创新资源与要素配置的决定性因素，但是产生的各类市场失灵问题依然有赖于政府这一公共主体通过提高公共产品与公共服务予以解决，这一过程本质上需要政府发挥有形之手的作用，基于有为政府的公共力量，对社会创新资源与要素进行重新组合与重新配置，这一过程本质上是面向公共产品与公共服务领域的公共创新。即使是在市场在资源配置中起决定性作用的私人创新领域，部分共性技术创新基础设施、技术创新融资条件以及相关正式制度依然有赖于政府这一公共创新主体，通过充分调动公共社会资源、宏观调控市场主体的创新战略导向，引导创新资源集聚配置方向，实现公共社会领域的公共创新。政府主导的公共创新的创新场域，主要是公共场域而非私人场域，其创新战略与价值导向更加聚焦公共价值与国家、社会利益，以及公共产品与服务创新供给领域。具体来看，其创新领域聚焦范围涉及国家战略性、安全性、公共社会性的产业以及产业共性技术供给领域，并在关系国家经济命脉的关键产业与关键企业中，通过各类科技政策、产业政策、财政税收政策更好地实现政府资源配置效应最大化。比如，近年来随着国际竞争的白热化以及逆全球化趋势深化，部分发达国家对我国关键产业与未来产业的关键核心技术进行封锁与打压，造成我国部分产业出现关键核心技术的"卡脖子"问题。相应地，破解上述问题需要政府发挥有为力量对涉及国家安全以及综合竞争力的关键产业提供政策供给与创新要素供给，甚至通过新型举国体制的公共力量更好地与市场能力相互融合，最终提高政府面向公共社会领域的创新能力。在市场组织层面，公共创新范式的市场组织载体依然能够通过国有企业与混合所有制企业予以实现，实现方式主要是通过国有企业与混合所有制企业打造"创新公地"。创新公地作为一种特殊的创新组织实现方式，能够在创意孵化、关键产业的共性技术供给以及面向战略性竞争的未来产业培育与孵化等方面，打造公共创新平台，成为创新的"策源地"，有助于增强公共创新知识的溢出效应。创新公地的实现可以依托国有企业与混合所有制企业，实现政府公共资源配置能力与市场力量的有效结合，最终创造公共社会价值与市场价值。

2. 企业层面：基于企业社会责任创新范式打造企业与社会环境共生体

共同富裕的实现在微观市场层面需要企业发挥分配功能，即将企业作为价值创造载体，更大范围地激发企业家精神贡献社会的爱心与动力，推动企业创造真正意义上的共享价值，实现价值创造分配的共享效应。从企业创新的角度来看，共同富裕驱动企业创新战略导向的整体性变化，主要表现为企业创新价值导向不仅仅聚焦市场利润获取以及股东价值最大化，而且立足企业所链接的多元利益相关方价值诉求，通过更好地嵌入可持续创新理念，实现企业社会责任驱动的企业创新战略转型，为企业链接的多元利益相关方创造更加高阶的综合价值与共享价值，打造以企业为链接主体的"市场—社会"共生体。共同富裕下的企业创新具体表现为企业创新过程更强调利益相关方的参与、支持与共创，创新的影响评估更强调企业对经济、社会与环境的综合贡献，创新价值分配更强调对多元利益相关方的共赢共益式分配。具体而言，需在企业层面强化企业社会责任创新，即一方面，通过社会责任理念认知更好地嵌入传统企业创新体系之中，推动市场逻辑主导的技术创新向更具社会责任导向的责任式创新、社会创新以及共益导向的共益型创新转型，从而全方位重塑企业创新的价值理念与创新过程；另一方面，推动企业更好地将相应的企业社会责任议题融入社会与环境之中，体现为企业更多地参与到社会治理、乡村振兴以及缩小地区经济差距的时代议题之中，并且企业社会责任创新的背后依赖于企业家精神的系统性转型，即从市场导向的创新企业家精神向社会价值驱动的社会企业家精神以及综合价值驱动的共益型企业家精神转型，并推动混合型组织范式创新，实现混合价值创造的可持续性，着力打造以共益企业为组织范式的企业社会责任实践组织创新，推动商业价值与社会环境价值创造导向的内生融合。

3. 社会层面：基于人民创新范式放大用户创新的综合价值空间

共同富裕目标的价值归宿主体是人民，即发展为了人民、发展依靠人民、发展成果由人民共享，这就决定了在社会主义制度条件下，我国科技创新范式必须向以人民为中心的科技创新范式转型，突破传统用户创新、社群创新等狭义上的人民大众创新范式，真正实现创新战略导向为了人民、创新过程人民广泛参与，以及创新价值与创新成果由人民共享。相应地，共同富裕背景下更加需要激活社会公众与人民群众参与创新的活力与潜力，真正意义上形成"大众创业、万众创新"的创新创业格局，实现创新经验与创新知识共享、创新成果与价值共创共享。事实上，全体人民的智慧是集体智慧的集中体现，全体人民是社会主义制度条件下创新发展的重要源泉，也是寻找创新需求、挖掘创新场景、实现创新价值捕获与价值创造的最为广泛的直接主体。基于人民的创新范式放大了传统用户创新驱动的研发设计以及价值共创过程，其创新主体的来源多样性、创新知识基础的多样性与丰富性、创新过程参与的广度与深度、创新价值受益的普惠程度都呈现前所未有的系统性超越。从这个意义上讲，基于人民的创新范式实现了创新包容性与多样性的并存，立足人民智慧提供集体智慧方案，在创新价值诉求方面无形之中兼顾了经济性与社会性利益相关方，能够为经济与社会发展提供创新性的解决方案。实质上，基于人民的创新范式在我国也得到了广泛的运用，尤其是在新型举国体制下通过全国一盘棋的力量，实现特定创新领域的集体攻关突破便是人民智慧的直接体现，面对突发性公共社会危机领域的公共产品创新过程更加彰显了新型举国体制下人民创新范式的价值性与合理性。

四、共同富裕视野下的中国科技创新范式创新的关键政策支撑体系

共同富裕视野下的中国科技创新范式转型与创新离不开政策体系的有效支撑，相关政策支撑体系主要聚焦于三大层面：一是在区域创新要素流动、协同与共享方面着力于构建面向区域创新体系的协同创新政策体系；二是产业创新层面聚焦产业间深度合作以及深度赋能的产业政策支撑体系；三是企业层面聚焦各类大中小企业真正意义上构建要素共享、资源互补、能力协同、价值共创的融通创新共同体。最终，通过"区域—产业—企业"创新政策支撑体系最大限度地缩小区域创新发展差距，更好地实现产业间的跨界合作与创新，强化大中小企业的价值共创与共享效应，在共同富裕视野下为真正意义上的普惠式、包容性、开放合作式与共赢共益式的科技创新范式转型提供政策支持。

（一）区域创新政策：构建区域创新要素共享与能力协同的区域创新政策支撑体系

改革开放以来，我国通过制定与推进一系列区域创新发展战略，实现了部分区域的创新要素与资源的快速集聚，显著改善了部分区域的地区创新能力，尤其是外向型经济体系下我国珠三角、长三角以及京津冀地区成为区域创新体系中的引领者，形成了区域创新能力"东强西弱"的现实格局，并且区域创新差距逐步呈现扩大趋势。进入 21 世纪以来，我国步入创新驱动的区域协同发展阶段，尤其是党的十八大以来对区域协同发展战略的重要性给了前所未有的重视，深入推进一系列区域创新发展战略，实现了区域内部之间的创新要素加速流动与协同配置。

在共同富裕视野下，科技创新战略导向更加强调缩小地区创新差距和经济发展差距，更大限度地提高地区发展的均衡性。相应地，支撑共同富裕实现的区域科技创新政策体系也必然转向更高水平的区域协同创新政策体系，推动区域之间的创新要素更加有效流动和协调共享，打造面向区域协同发展与区域一体化共享型的创新网络。具体而言，一体化的区域创新网络包括人才共享网络、知识共享网络、技术扩散与共享网络，可助推创新要素资源真正意义上打破区域分割下的系列制度障碍，调动各类创新主体参与跨区域的创新要素整合与共享。区域创新政策体系构建的主要目标在于实现区域创新协调发展，具体政策体系建设可一方面继续深化推进区域协同发展战略，另一方面围绕构建区域创新平台、区域创新

产业园区、区域创新孵化器、区域创新走廊等加速政策落地，实现创新要素共享与能力协同，最终为实现共同富裕提供共享发展导向的创新成果。

（二）产业创新政策：构建跨产业合作与深度赋能的产业政策支撑体系

产业创新是支撑共同富裕实现进程中产业高质量发展的关键。不同产业形成、发展与演化过程中嵌入的技术属性具有差异性，其依赖科技创新驱动发展的贡献度也具有明显的差异性。技术复杂度是刻画技术创新过程复杂程度的重要概念。从技术复杂度的视角来看，在技术嵌入产业发展的过程中会形成不同技术复杂度的产业形态，一般分为低技术产业和中高技术产业，前者主要体现为劳动密集型产业，后者主要体现为资本密集型、知识密集型产业。高新技术产业、战略性新兴产业、未来产业便是中高技术产业的主要体现。

在共同富裕视野下，产业科技创新政策导向不仅仅强调面向不同产业之间的协调共享发展，包括广义上的第一产业、第二产业与第三产业协调发展，实现产业之间的协同互补效应，如工业反哺农业、工业与服务业的深度融合发展便是直接体现；而且更加强调同一产业内的细分产业即处于同一产业链的上下游企业之间的深度合作，使产业链内的要素充分流动与要素共享，真正意义上实现产业间协同与产业内协同的产业创新体系。相应地，产业创新政策的着力点应该逐步从特定产业的强选择性激励导向，转向普惠意义上的产业共性基础设施建设和产业创新公地建设，支持各类产业内创新主体的技术创新能力积累、跨界深度合作与跨界创新。要强化高新技术产业对中低技术产业的技术改造与技术扩散能力，弱化特定产业内特定企业偏好，如产业创新政策支持体系中的规模偏好、所有权偏好。政策实施重点应着力于优化产业发展的市场营商环境，着力打造面向产业间与产业内公平竞争的市场环境，以竞争中性为原则重塑产业创新竞争格局，完善新产业、新业态的新技术、新产品、新商业模式的准入机制和治理机制，进一步推动各类产业之间的创新资源整合与开放融合，打造更广泛意义上的包容性产业创新网络与产业创新生态系统。更为关键的是，在数字经济时代，数字智能技术以特有的开放性、包容性、普惠性形成数字技术的产业赋能效应。相应地，在产业创新层面应着重强化数字技术对产业发展的赋能效应，通过系列产业创新政策设计推进产业数字化转型，推动数字产业对传统产业的深度赋能，具体可通过设立相应的产业数字化财税政策支持以及数字人才培养公共基金等方式，推动数字产业与传统产业的深度融合发展，真正意义上实现产业数字化与数字产业化，实现实体经济与虚拟经济的创新发展，最终形成各类产业创新的协同共促局面。

（三）企业创新政策：构建大中小企业与"国""民"共进的融通创新的政策支撑体系

从微观企业的视角来看，企业间创新合作是实现企业创新资源集聚和优化配置的重要方式，也是加快企业实现知识与技术吸收、整合与扩散的重要模式。但是，企业间的合作模式往往具有高度不对称特征，如规模不对称、创新能力不对称、创新市场优势不对称等，大企业与中小企业的合作创新便是立足不对称优势实现互补协同型创新。在开放式创新环境下，中小企业在创新资源获取过程中能够获得更多的外部创新主体支撑和更为完善的创新环境。不同规模、不同资源禀赋、不同技术创新能力的企业在市场中形成不同的竞争优势与竞争地位。基于市场竞争逻辑，往往形成大企业对中小企业的创新资源挤占，以及在位企业创新优势（市场资源优势、垄断势力等），中小企业的创新融资渠道、创新要素资源基础、创新市场基础都难以与大企业媲美。更为关键的是，长期以来偏离竞争中性原则的创新激励政策体系在执行过程中，以规模导向与产权导向为扶持选择重点，导致中小企业创新与民营企业创新资源不足的问题久久难以破解。

在共同富裕视野下，政府在面向微观企业层面的创新政策导向上应完善融通创新政策体系。从融通创新政策实施来看，应在《促进大中小企业融通发展三年行动计划》的基础上深化融通创新政策体系建设。一方面，着力构建不同规模、不同资源基础、不同创新能力的企业之间的要素融通机制。要素融通主要体现为支撑科技创新的人才、知识、市场、数据等要素能够形成融合共享机制。在协同价值共创基础上，进一步深化面向大中小企业的融通创新公共平台，鼓励大企业立足产业链与创新链的链主地位，更好地带动所处产业链与创新链的上下游中小企业共同发展，构建信息互通、人才共享、市场渠道共同开发、创新成果共享的融通机制，着力持续培育专精特新"小巨人"企业和单项冠军企业。另一方面，着力消除面向国有企业与民营企业的非竞争中性的不公正政策体系，弱化产业政策、技术政策、研发政策、财政税收政策实施中的所有权偏好，大力推动国有企业混合所有制改革与民营企业参与混改，通过交叉持股实现各类所有制经济下的各类资本、各类资源要素以及能力优势的融通互补效应，最终形成大中小企业与"国""民"共进的融通创新共同体和创新资源要素的共享生态圈。

第八章　共同富裕战略下企业创新范式的转型与重构*

改革开放以来，在社会主义市场经济制度体系不断发展完善的过程中，我国经济逐步从高速发展转向中高速发展，高质量发展成为引领经济发展与社会转型的主基调。尤其是党的十八大以来，五大发展理念成为指导我国宏观经济结构调整与微观企业创新与转型发展的核心理念，尤其是五大发展理念中的创新与共享理念对微观企业的创新战略导向与创新范式选择产生全面而深刻的影响，在战略理念层面驱动传统熊彼特主义下的创新范式向后熊彼特时代下的创新范式转型。党的十九届五中全会设定的 2035 年远景目标中提出了全体人民共同富裕取得更为明显的实质性进展的要求，共同富裕逐步从思想上升到国家战略，对进一步落实以人民为中心的发展理念具有重要的战略意义。回溯共同富裕战略的演变进程，改革开放后，随着社会主义市场经济体制的建立，我国实行了非均衡发展战略，即允许一部分人与一部分地区先富裕起来，形成先富带后富的发展战略，具体的战略举措则通过设立经济特区、沿海开放城市等方式实现内向型经济向局部外向型经济发展方式的转型。在非均衡发展战略下，我国经济总量快速增长，即使受到新冠肺炎疫情的负面冲击，我国经济总量依然位居世界第二，占整个世界经济比重 17%左右。从居民收入增长来看，改革开放以来我国城乡居民收入大幅增长，居民消费水平从 1949 年的人均可支配收入仅为 49.7 元上升到 2018 年的 28228 元，名义增长 567 倍，扣除物价因素年均实际增长 6.1%。尤其是在党的十八大以来从总体小康迈入全面小康的进程中，根据《人类减贫的中国实践》白皮书的数据统计结果，农村贫困地区人口的人均可支配收入从 2013 年的 6079 元上升到 2020 年的 12588 元。在庆祝中国共产党成立 100 周年大会上，习近平庄严宣告全面建成小康社会，历史性地解决了绝对贫困问题，正在意气风发地向着全面建成社会主义现代化强国的第二个百年奋斗目标迈进。

相应地，共同富裕战略作为进入新发展阶段下全面建成社会主义现代化强国

---

* 本章发表于《科学学与科学技术管理》2022 年第 2 期，有修改。

的重要战略目标，必将对我国市场微观主体所处的市场竞争环境与社会环境产生全面而深刻的影响，对企业参与市场竞争的创新战略导向产生全面而深远的重塑。从既有共同富裕战略的相关研究来看，总体存在三类研究主线：第一类研究主线是解读共同富裕的理论逻辑以及共同富裕思想的演进与价值内涵等学理性问题，包括马克思、恩格斯的共同富裕理论，中国共产党的共同富裕思想与战略演进等，对共同富裕的内涵解读主要聚焦生产力与生产关系视角、分配制度视角、人的发展视角以及经济与社会发展等多重视角。第二类研究则是聚焦共同富裕的实现机制问题，包括政府与市场关系下的共同富裕推进机制、地区（欠发达地区与发达地区、农村地区与城市地区）发展战略视角下的共同富裕推进机制、收入分配视角下的共同富裕推进机制以及企业参与视角下的共同富裕推进机制等差异化推进过程。第三类研究则是聚焦共同富裕的价值效应问题，包括共同富裕对经济、社会与环境发展的溢出效应等。

总体而言，既有的研究对共同富裕战略的实现依然处于理论探索阶段，并且主要聚焦宏观制度与区域战略层面，极少研究聚焦企业层面如何参与共同富裕的实现问题。实质上，创新是驱动经济发展与社会转型的内生动力，迈向共同富裕阶段需要系统性研究创新与共同富裕之间的内在逻辑关系，构建创新驱动经济发展、社会转型与环境可持续的理论框架，尤其是缺乏系统性的理论框架立足企业创新视角研究共同富裕战略的实现。基于此，本章主要聚焦于企业创新的视角，系统研究共同富裕战略下对企业创新环境以及创新战略导向的全方面重塑，搭建共同富裕与企业创新范式选择的理论传导框架，提出共同富裕战略下企业迈向后熊彼特时代创新的主要范式，最终提出共同富裕战略下支撑企业创新范式转型的关键构面以及深化企业迈向后熊彼特时代下创新范式转型的路径建议。本章的研究贡献在于：在理论层面上系统地搭建了共同富裕战略对微观企业创新战略导向的传导框架，为理解共同富裕与企业创新的内在逻辑关系提供了理论参考，并构建了共同富裕与企业创新范式转型的理论逻辑，为丰富转型中国家的后熊彼特创新范式理论提供参考；在实践层面为深化推进共同富裕战略迈向社会主义现代化强国提供了政策参考，为微观企业更好地参与共同富裕战略驱动企业创新范式转型提供了实践启示。

一、共同富裕战略与企业创新：一个传导框架

（一）共同富裕战略的内涵概念

党的十九届五中全会指出，坚持人民主体地位，坚持共同富裕方向，并首次

明确把"全体人民共同富裕取得更为明显的实质性进展"写入我国2035年基本实现社会主义现代化远景目标。这体现了共同富裕从战略思想上升到战略目标实现的高度，作为新发展阶段下实现建成社会主义现代化强国这一战略的重要部分，共同富裕战略的扎实推进与有效实现，需要充分把握其内涵概念与价值维度。对于共同富裕内涵的理解，党中央进行了严谨而清晰的表述，习近平在中央财经委员会第十次会议上进行了高度总括性阐述："共同富裕是社会主义的本质要求，是中国式现代化的重要特征。我们说的共同富裕是全体人民共同富裕，是人民群众物质生活和精神生活都富裕，不是少数人的富裕，也不是整齐划一的平均主义"，并从战略实现的角度提出要求："要深入研究不同阶段的目标，分阶段促进共同富裕"。由此可见，首先，在推进共同富裕的要求方面，提出需要"取得明显的实质性进展"，使共同富裕从远景目标成为要"扎实推进"的切实举措与成效要求，从回答"实现什么"到探索"如何实现"。其次，在对共同富裕实现的认识方面，指出实现全体人民共同富裕要坚持尽力而为、量力而行，"坚持共同富裕方向"的背后，表明这是一项必须循序渐进推进的任务，对这项长期任务必须有耐心、有决心、有定力。再次，在共同富裕的维度方面，是指人民群众物质生活和精神生活都要富裕，既包含了能够用人均GDP水平、城乡居民人均可支配收入水平、人均住房水平等指标衡量的物质生活水平，亦包含无形的精神文明，精神文明是巩固和发展物质文明的重要条件，二者相互促进。最后，在推进共同富裕的意义方面，指出实现共同富裕不是简单的物质经济问题，而是"关系党的执政基础的重大政治问题"，需要加强普惠性、基础性、兜底性民生建设，集中体现"以人民为中心"的发展思想。

近年来，学术界从哲学历史视角、政治经济学视角、社会文化视角等多角度对共同富裕的理论内涵进行了丰富的诠释与解读（杨明伟，2021；陈燕，2021；刘培林等，2021）。有从马克思主义的唯物史观出发，将共同富裕理解为人类社会发展的一种形态特征，即"自由人的联合体"，所有社会成员的物质生活与经济文化生活都足够富足，体力与智力得以充分自由运用，并且拥有充足可自由支配的时间。也有从马克思主义政治经济学出发，指出共同富裕是社会主义的本质特征，要消灭阶级与阶级剥削、消除社会的贫富两极分化，既实现生产力的解放和发展，为全体人民的共同富裕奠定坚实的物质基础，又坚持走全体人民的共同富裕道路，体现社会主义倡导的公平正义，如恩格斯（1887）所主张的那样，"给所有的人提供健康而有益的工作，给所有的人提供充裕的物质生活和闲暇时间，给所有的人提供真正的充分的自由"。还有学者从中国共产党的使命价值出发，将共同富裕理解为党对人民的庄严承诺，不仅要促进经济发展，做到"社会主义的特点不是穷，而是富，但这种富是人民共同富裕"，更要在这一过程中，从收入分配公平、基本公共服务均等化、精神文明建设和文化资源普惠等方面坚持社会主义原则，促进人的全面发展和社会全面进步。

综上所述，相应地，共同富裕战略的内涵至少包括四个方面。一是共同富裕战略的最终价值导向是实现全体人民的共同富裕，并不是少数阶层或者少数群体的富裕，是建立在以人民为中心基础上的共同富裕，这不仅要求"做大蛋糕"，更要求各类经济性与社会性主体在提升价值创造能力的过程中强化价值共享意识，在发展成果方面要求更加注重发展共享、更加注重分配公平、更加重视民生福祉。二是共同富裕强调"共同"而非"平均"，即这一共同富裕下的发展成果共享并不是完全平均主义下的分配制度，而是建立在按劳分配为主，多种分配方式共存为分配制度下的共同富裕（邓小平，1993），因此全体人民内部的富裕是有差异的富裕，即在达到总体富裕与底线富裕的基础上，各地区、各收入阶层以及社会群体依然存在富裕程度的差别。三是共同富裕战略不仅是面向物质财富创造的富裕，更是面向人民群众的精神世界的共同富裕，即人人享有追求物质财富之外的精神财富，实现精神需求与文化满足的非物质财富富裕。通过实现共同富裕，进一步提高社会公平，实现人民对美好生活的向往，进而实现人的全面发展。四是从共同富裕的实现过程来看，共同富裕作为社会主义现代化强国建设的重大战略目标，其稳步实现必然存在一定的阶段性甚至曲折性，共同富裕的实现并非一蹴而就，其需要市场、政府与社会共同构建初次分配、再分配以及第三次乃至第四次分配等多种分配方式并存的分配体系，更好地发挥市场配置资源的决定性作用，以及更好地发挥政府的作用，并实现"市场—政府—社会"的有机协同。

（二）共同富裕战略的价值维度

本章认为，共同富裕战略的价值维度能够从战略目标、战略参与主体、战略过程和战略举措四个方面把握和推进。

在战略目标方面，作为社会主义的本质，共同富裕战略以实现"解放生产力、发展生产力、消灭剥削、消除两极分化"为目标，是实现人民对美好生活的向往诉求的郑重回应，也是一个需要分阶段、循序渐进地实现的目标。习近平指出，"要深入研究不同阶段的目标，分阶段促进共同富裕"。2020 年，党带领全国各族人民打赢了脱贫攻坚战，实现了人类减贫历史上的奇迹，全面建成小康社会，解决了"绝对贫困"的问题。下一步，农村作为促进共同富裕战略中最艰巨最繁重的任务，要把"相对贫困"的问题解决好，全面推进乡村振兴。对于社会整体而言，战略目标可分解为"到'十四五'末，全体人民共同富裕迈出坚实步伐，居民收入和实际消费水平差距逐步缩小。到 2035 年，全体人民共同富裕取得更为明显的实质性进展，基本公共服务实现均等化。到本世纪中叶，全体人民共同富裕基本实现，居民收入和实际消费水平差距缩小到合理区间"。

在战略参与主体方面，共同富裕战略需要政府、市场、社会等多主体的共同积极参与。共同富裕要求更加注重发展共享，当前社会福利在主体间、地区间等都有一定差距，因此需要有效市场、有为政府与有爱社会的共同驱动，使经济社会发展的各项发展成果更多更公平地惠及大多数人，通过三次分配实现全体社会成员共享和美好生活共建。在多主体的动态交互下，构建初次分配、再分配、三次分配协调配套的基础性制度安排，初次分配以有效市场为主导，为共同富裕的整体物质财富创造奠定基础；再次分配以有为政府为主导，加大税收、社保、转移支付等调节力度并提高精准性，扩大中等收入群体比重，促进社会公平正义；第三次分配以有爱社会为主导，使资源与财富在社会间的平衡形成自发内生的流动力。尤其是第三次分配是共同富裕战略下分配制度体系变革的关键，即共同富裕战略的实现需要最大限度地调动各类经济主体与社会主体参与到第三次分配体系中，形成市场第一次分配、政府再分配以及社会场域的第三次分配的多种分配体系并存的格局，尤其是要注重以企业为核心的第三次分配，即充分调动企业参与社会价值共创与社会价值共享的意愿与能力，推动企业与更广泛的多元利益相关方建立真正意义上的价值共创关系，包括企业所处的价值链内各类组织、企业所处的商业生态圈等各类生态位成员以及企业链接的社会等多种共创模式。

在战略过程方面，要认识到共同富裕战略的推进是一个循序渐进、充满动态性、注重协调性与平衡性的过程。习近平在《求是》杂志刊发的《扎实推动共同富裕》一文中指出，"共同富裕是一个长远目标，需要一个过程，不可能一蹴而就，对其长期性、艰巨性、复杂性要有充分估计，办好这件事，等不得，也急不得"。党带领全国各族人民齐心协力、团结奋斗的百年历程中，我们经历了新民主主义革命时期、社会主义革命和建设时期与改革开放新时期不同阶段的建设，为共同富裕的认识与实践创造了政治前提与制度基础。进入新时代后，党在全面建成小康社会的基础上，进一步展望共同富裕战略，体现了逐步明确、层层拔高的动态过程（田克勤和张林，2021）。习近平指出："我国正处于并将长期处于社会主义初级阶段，我们不能做超越阶段的事情，但也不是说在逐步实现共同富裕方面就无所作为，而是要根据现有条件把能做的事情尽量做起来，积小胜为大胜，不断朝着全体人民共同富裕的目标前进。"由此可见，共同富裕战略的实施过程具有明显的渐进性和发展性特征，我们要有面对长期任务的耐心，从共同富裕示范区建设以点连线带面逐步推开有效路径，坚定不移地走中国特色社会主义道路、坚持中国特色社会主义制度，持续推进社会全局各项事业的建设发展，为实现全体人民共同富裕创造更加完备的条件与优势。

在战略举措方面，共同富裕战略各项措施要始终坚持"以人民为中心"的战略思想，在政治上，始终坚持中国共产党的领导核心。中国共产党是中国特色社会主义事业的领导核心，处在总揽全局、协调各方的地位，坚持党的领导核心，能够发挥社会主义制度集中力量办大事的这一最大政治优势，保障共同富裕战略推进过程中的政治稳定、经济发展、民族团结、社会稳定。在经济上，坚持基本经济制度，并加快完善社会主义市场经济体制，推动发展更平衡、更协调、更包容；持续推进收入分配制度改革，形成中间大、两头小的橄榄形分配结构。在发展理念上，坚持高质量发展，将促进共同富裕与促进人的全面发展高度统一。除此之外，还要完善分配政策与战略考核政策。分配政策方面，要更加注重分配公平，收入分配机制应更注重对效率和公平的兼顾，使社会财富和收入的分配更加公平合理。习近平在《扎实推动共同富裕》一文中指出，要"抓紧制定促进共同富裕行动纲要，提出科学可行、符合国情的指标体系和考核评估办法"。

（三）共同富裕战略与企业创新：基于"环境—战略—行为"的传导框架

自产业经济学开辟产业环境与企业竞争的理论分析范式以来，即"S-C-P"范式下企业战略决策行为受到外部环境的影响，由此形成企业外部环境感知与企业战略决策行为的交互传导过程（Ansoff，1965；Porter，1980）。从行业所处的市场环境与竞争趋向来看，共同富裕作为一种国家战略，其必然对整个社会主义市场经济下的市场环境尤其是行业环境产生全方位的重塑，一方面，表现为共同富裕战略导向下，聚焦单一行业内部，行业内部是由众多产业集群或者企业种群构成的各类市场微观主体。行业追求高利润率下的寡头垄断或者完全垄断情况会在一定程度上被扭转，共同富裕战略导向下行业整体利润率以及市场集中度将总体上呈现出下降趋势，即破除过分追求行业寡头利润侵占行业内中小企业利润或者垄断市场形成完全意义上的市场势力等不利局面，驱动行业内的龙头企业更好地帮扶中小企业实现先富带后富效应，真正意义上在市场主体层面实现共同发展、共同创造价值与共同分享价值。另一方面，聚焦不同行业之间的竞争环境，共同富裕战略导向下更加强调行业间的共享发展，即不仅强调行业内部龙头企业对中小企业的带动与辐射效应，更加强调跨行业之间的资源协同、要素融通以及创新成果共享，驱动行业跨界赋能与跨界融合发展，真正意义上实现"一二三"产业间的协同发展。相应地，行业之间的发展更加强调发展的平衡性、协调性与包容性，包括工业与农业的协同互补、虚拟经济与实体经济的协调发展以及数字经济对传统产业的赋能发展等多种类型。

遵循波特的"环境—战略—行为"传导框架，行业竞争环境的深刻变化将进一步催生企业环境感知的变化，在行业竞争向共赢、共享与共益发展转型的过程中，企业传统的市场逻辑主导追求"你输我赢"的零和博弈式市场竞争战略将极大程度上得到扭转，越来越多的企业在参与市场竞争过程中其战略导向逐步嵌入可持续发展以及共生发展理念，尤其是对于龙头企业而言，其构建的商业生态圈不再是单纯聚焦其个体市场经济价值最大化的纯商业逻辑，更多地体现为商业生态圈向兼具经济属性与社会公共属性的微社会生态圈与共享生态圈转型，龙头企业参与市场竞争过程中关注的市场集中度、市场占有率以及利润率将逐步被综合价值、共赢增值、共创价值以及共享价值等取代，即企业所处行业的市场势力与经济利润将不再是衡量企业竞争力的唯一指标，企业对行业的带动效应、赋能效应与综合价值创造能力成为衡量企业综合竞争力的重要参数。更为关键的是，企业传统的单一经济竞争战略或者市场战略将逐步实现市场战略与非市场战略（社会责任战略、企业政治战略、公共产品与公共市场战略）等收敛，即追求经济逻辑极致主义导向向涵盖经济、社会、环境、国家与家族等多重制度逻辑下的综合竞争战略转型。因此，企业创新竞争战略的主要目标不在于实现自身经济利益的最大化，而是通过打造价值共创与价值共享的商业生态圈与创新生态圈，更好地实现以核心企业为主导，大中小企业共同参与创新生态圈的价值共创与价值共享，并且落脚点很大程度上是价值共享，即创新收益并非核心企业或者"链主"企业独占，而是参与核心企业主导的商业生态圈或者创新生态圈内的各类大中小企业与社会主体都能公平地享有参与价值分配的权利，核心企业创造更大范围的共享价值，以更好地赋能中小企业，形成可持续的创新生态圈。

　　从这个意义上，企业创新战略选择也不仅是聚焦经济逻辑主导下的产品创新、技术创新、工艺与流程创新，而是将企业创新的意义放置于社会发展与国家强盛的整体战略框架之下，在创新范式选择上，越来越多的企业将实现由经济意义驱动的创新范式向社会意义、环境意义与国家意义等多重意义引领的创新范式转型，包括企业社会创新、企业社会责任创新以及企业绿色创新等创新范式将成为企业创新战略的可行选择。在企业创新成果的价值分配上，共同富裕战略下企业创新成果的产生过程将实现更大范围的社会参与，相应地，更大范围的利益相关方主体能够参与到企业创新价值或者创新成果的分配与共享体系之中。这意味着传统市场逻辑本位下的企业价值分配不仅聚焦于以股东为核心利益相关方的价值分配，而是更加强调企业对多元利益相关方如员工、社区与社会公众构成的社会性利益相关方。企业通过推进传统的经济逻辑导向的技术创新、商业模式创新、工艺创新等向具有社会意义、责任导向以及共益共享的创新体系转型，诸如更大范围地参与社会创新，推动社会责任融入企业创新体系之中并衍生可持续性创新等新型企业创新范式。在成果价值分配上强调更大范围的社会资源配置效应，而非创造单一创新垄断价值效应，通过建立完备的共享式分配制度体系与知识产权保护体系，在保护各类创新主体积极推动创新的积极性的同时，实现创新成果的社会化扩散，进而推动行业内其他市场主体的技术吸收与知识捕获，推动整个行业创新效率的改善，实现真正意义上的创新赋能发展。

二、共同富裕战略下企业创新的新范式抉择：从熊彼特主义迈向后熊彼特时代

（一）熊彼特主义范式下的企业创新的逻辑起点与范式选择

在早期经济学对于创新的研究中，多将技术等因素视为外生变量，仅仅强调技术进步和创新在经济发展中的作用，但忽视了经济增长的内部动力、技术进步与经济间的相互作用等（万君康，2013）。20世纪初，熊彼特在《经济发展理论》一书中首次提出"创新理论"，指出创新是生产函数或者供给函数的变化，是生产要素和生产条件的"新的组合"。在熊彼特主义范式下，创新主要包括引进新产品、采用新的生产方法、开拓新的商品市场、开发原材料供应的新来源和实现企业的新组织这五种类型。创新作为一个经济概念，是将技术革新引入经济组织，从而形成新的经济能力。因此，企业开展创新的逻辑起点是基于对经济效益的追逐，是为了获得更高的经济效益而将"新组合"开发并执行的过程。在这一过程中，企业创新的主体是企业家，在企业家主导的企业家精神驱动下，对胜利的热情、对创造的喜悦、对建立私人王国的向往，以及对坚强意志力的使用，使企业家能够作为创新主体实现企业在生产要素、模式方法以及技术条件方面的创新。

因此，在熊彼特主义范式下，企业创新虽然在一定程度上解释了资本主义繁荣发展的内在原因，但逻辑起点仍是生产者作为创新主体在经济行为的框架下被认识理解和分析，其对于创新主体、创新范围以及创新形成的制度环境定义存在局限性，也不符合新时代建设中国特色社会主义推进共同富裕战略的内涵与价值维度。相应地，共同富裕战略背景下，企业创新范式需逐步跳出熊彼特主义范式下的企业家创新价值视野、战略视野以及创新主体范畴和创新价值的分配与共享范围。具体来看，共同富裕战略背景下强调人人享有发展的基本权利，人民是创新的主体，以熊彼特主义下的企业家主导的创新将逐步向以人民为中心的创新范式转型。相应地，企业创新的价值导向与价值归宿在于全体人民的发展，而非企

业单一的股东利润或者企业价值最大化，由此涉及企业创新战略的深刻转型，即市场本位的经济型战略将过渡到综合价值与共享价值本位的创新战略。在创新过程层面，企业不仅要最大限度地配置市场经济资源，而是将社会性资源嵌入到企业创新体系之中，更好地推动整个社会的经济资源与社会资源的价值最大化；在价值分配与价值共享层面，需要推动企业立足利益相关方构成的制度场域或者以企业所嵌入的商业生态圈为价值分配与价值共享范围，推动企业更好地与多元利益相关方以及商业生态圈内的各类组织成员进行价值交互与价值共享，实现真正意义上的创新成果社会化扩散和更大范围的价值共享。

（二）共同富裕战略视野下企业创新范式的重塑：迈向后熊彼特时代的创新范式

1. 从企业家个体驱动的创新迈向社群用户创新：个体私人逻辑转向群体大众逻辑

在熊彼特主义范式下，创新主体来自生产者（企业）的少数群体中，使创新成为似乎只有具有企业家精神才能够进行的生产者创新模式，这容易导致创新成为少数行业精英垄断的"特权"（陈劲等，2019）。一方面，由于创新活动会产生新的产品、知识和技术，这会使知识产权保护体系从法律和价值观上成为企业垄断创新的保护屏障，使创新活动日驱封闭，不利于经济发展与财富创造。除此之外，由于企业家个体驱动的创新仍是经济行为，个体私人逻辑会忽略对非营利性创新活动的关注，难以实现社会福利最大化。另一方面，这会忽略生产者以外存在于企业及政治组织边界之外的具有创新能力、创新激情与创新活力的各类主体，使得创新活动在生产者创新动力不足时无法得到企业主体的赋能。

由此，越来越多的企业通过向用户了解需求和体验，使用户参与产品创新这一过程并从用户的知识、技能和资源中开展创新。Von Hippel 在 2007 年通过实证研究表明，在科学仪器创新和两类为电子产业工艺设备创新的活动中，有 77%的创新来自用户，用户需求、用户智慧和用户体验成为促进企业创新的关键资源。根据用户创新理论，用户可以分为普通用户与领先用户，领先用户由于掌握着丰富的专业知识和产品使用经验，被视为企业实现用户参与创新的重要角色，但 Kristensson 等（2004）的实验研究表明，虽然领先用户（拥有先进移动电话技术知识的用户）提出的想法更容易被开发成商业产品，但其实普通用户会比领先用户具有更新颖的想法。数字化时代下，移动互联网普及的数字化连接打破了组织内部和外部的边界，真正意义上塑造了人人都是用户的开放式环境。在此背景下，用户创新也从传统的封闭式企业用户转向广大的社群与社会用户，传统用户创新模式下领先用户对于经济价值和创新方向的主导作用也将更多地转向广大的普通用户。

共同富裕的实现需要人人参与、人人奋斗、人人享有。除了生产者与小范围的领先用户，分布在不同行业、不同领域的社群用户和普通用户，都能够成为创新的主体。当企业创新范式从企业家个体驱动的创新迈向社群用户创新，有利于丰富创新活动的来源，弥补创新产出达到一定水平后边际产出递减时的动力不足问题，最大限度地激发全社会创新活力，真正做到"万众创新"。这一范式重塑和逻辑转变，也将使创新的权利被公平地享有、创新的成果被广泛地共享，打破专家和行业精英的垄断共享，使社会大众作为用户真正拥有创新的最终发言权、参与权、使用权和享有权，在生产发展和社会财富增长的基础上，不断满足人民日益增长的美好生活需要，促进人的全面发展，做到发展为了人民、发展依靠人民、发展成果由人民共享。

2. 从企业经济意义型创新迈向企业社会责任创新：从市场逻辑主导迈向混合逻辑共生

传统创新强调创意产生到商业化的经济意义，但是在关注技术先进性与经济效益的同时，如果不把创新行为与创新活动可能带来的社会影响纳入考虑，会导致技术创新本身在伦理道德、环境保护、社会价值与可持续发展等方面的功能缺失与社会冲突（梅亮和陈劲，2015）。企业作为价值创造的载体，纯粹的市场逻辑主导也许短期内能够帮助企业精准对接市场需要，创造大量财富，但是市场趋利的极致主义和市场失灵的现实困境使企业无法实现可持续发展。实际上，如果企业无法生产出令用户满意的产品、无法遵守信誉获得利益相关者的信任，那么企业也就无法获得更好的发展。基于此，企业为实现可持续发展，需要将社会责任的履行嵌入传统创新管理体系中，从企业经济意义型创新迈向企业社会责任创新。其中，绿色创新、社会创新以及以金字塔底部为基础的包容性创新等范式均是具有社会导向、环境导向的新型创新范式。以绿色创新为例，绿色创新的研究起源于20世纪90年代，创新逻辑主要是通过技术创新实现环境污染的减少、原材料使用的减少和能源使用的减少等（齐绍洲等，2018），实现环境友好、节能、可再生的创新，从传统创新管理下熊彼特企业家精神的市场机会捕获与成本收益逻辑转向"市场—环境"的混合逻辑共生。

共同富裕战略背景下，企业在参与第一次市场主导的按劳分配中，通过社会责任创新，实现创新驱动支撑和引领有质量、有效益、可持续的发展成果，为全面推进经济建设、政治建设、文化建设、社会建设、生态文明建设，不断开拓奠定基础；企业在参与第三次分配中，在自愿基础上，以募集、捐赠和资助等慈善公益方式对社会资源和社会财富进行分配，对初次分配和再分配进行有益补充，有利于缩小社会差距。这促使企业在创新过程中，不仅是聚焦市场利润的获取，更要从利益相关者的关切出发，打造企业为链接主体的"市场—社会"共生体，从市场逻辑主导迈向混合逻辑共生，实现经济、社会与环境的共生演进与共益效益（肖红军等，2019）。

在共同富裕战略的实现过程中，企业迈向社会责任创新的范式重塑，能够更大范围地激发企业家精神贡献社会的爱心与动力，发挥第三次分配在推动共同富裕中的作用，也帮助企业实现高质量发展与可持续发展。一方面，从财富创造的过程视角来看，通过社会责任认知的嵌入，能够有效补充企业传统创新体系的导向视角，帮助企业在"市场—社会"的统一中获取更多的创新资源，提高创新效益，创造更多的社会经济财富。另一方面，从财富分配的过程视角来看，无论是企业进行财富捐赠或是积极在乡村振兴、教育、医疗、环境保护等社会关切中贡献自身力量，都是推动商业价值与社会环境价值创造导向的内生融合，为共同富裕的实现创造良好的条件与基础。

3. 从企业间合作创新迈向大中小企业融通创新：从竞合逻辑主导转向价值共创共生逻辑主导

习近平指出，共同富裕是全体人民的共同富裕。在企业发展层面，"要支持中小企业发展，构建大中小企业相互依存、相互促进的企业发展生态"。大中小企业在创新中具备各自的特点和优势，如大型企业拥有更丰富的创新资源，但是与经济高质量的发展要求相比，仍需要提高创新效率与创新活力，而中小企业虽然创新资源没有大型企业丰富，但是对市场需求反应更为灵敏，在发展"专精特新"方面有很大潜力。因此，通过大中小企业融通创新的企业创新范式转变，能够更好地以社会实际需求和价值创造为导向，通过资源融合互补、知识协同共享、价值共创共得来实现产学研、大中小企业、国有民营企业的跨组织合作融通创新模式（陈劲等，2020）。

大中小企业融通创新，从企业创新必要性的视角出发，是创新范式演进的结果。随着信息网络技术的迅猛发展和投入使用，企业的交互网络、知识网络与创新网络逐渐从内部的封闭式向外延展，开放网络环境下的各类外部创新主体成为企业创新的重要来源。在竞合逻辑下，企业通过创新寻求市场竞争价值的最大化，企业间也存在资源竞争、创新生态系统竞争等多种形式。这一逻辑下，虽然存在大企业对小企业的资源互补效应或者协同效应，但总体上形成的是附属或者依赖关系，并且大企业之间的创新生态系统竞争本质上是"你输我赢"的零和博弈。从竞合逻辑转向价值共创共生逻辑，需要进一步对创新链活动进行有效高质的管理，从开放式创新、协同创新转向更为深度融合的融通创新范式，建立有利于官产学研协同创新、大中小企业和国有民营企业优势互补及融通发展的支撑体系。从共同富裕战略实现必要性的视角出发，融通创新不仅是共同富裕战略背景下从竞合逻辑主导转向价值共创共生逻辑主导的转变，更是多元创新主体的资源融合与共赢可持续发展，以及官、产、学、研、用深度合作互动及多元创新主体知识协同共享的创新生态体系的建立，实现各类所有制经济下的各类资本、各类资源要素以及能力优势的融通互补效应，最终形成"国民"共进的创新共同体以及创新资源要素的共享生态圈，服务国家高质量经济建设与发展。

4. 从平台商业生态圈创新走向平台社会生态圈创新：从平台"赢者通吃"逻辑走向"共享赋能"逻辑

自"互联网+"深入渗透经济社会各个领域，在大数据、云计算与工业互联网技术的支撑下，人类由传统的工业经济时代进入了数字经济时代。数字技术的广泛应用颠覆了传统创新理论的基本假设（刘洋等，2020），带来了产品形态、产品生产过程、商业模式、组织模式、合作模式、价值获取等多维度创新场域内的变革。其中，企业间的创新合作形态从单一的企业间联盟网络或者集群网络逐步演变为企业创新生态，尤其是数字智能技术下的平台组织为企业参与创新生态圈的建构以及演化提供了载体支撑。数字技术设施之上产生的数字平台及生态系统，如交易平台、知识共享平台、众包平台、社交媒体等数字平台因其灵活性与开放性，极大地变革着企业创新方向、价值获取以及创造的路径，也改变着企业间的竞合关系（Gawer，2014）。

在平台经济范式下，平台成为聚合与整合资源、优化资源配置，创造共赢价值的新经济载体（阳镇，2018）。但是，当平台为企业及经济发展注入新动能的同时，也出现了平台生态圈内企业个体的社会责任缺失与异化、平台内双边用户的社会责任缺失与异化、平台个体与平台内用户混合的社会责任缺失与异化三个层次的社会道德问题（阳镇和许英杰，2018；肖红军等，2019）。例如，一些平台生态圈内较为强势的企业通过平台兼并或是扼杀进入者的方式，获取市场垄断地位并依靠此获取巨额垄断性财富，并对用户进行"大数据杀熟"等行为，将平台本身能够进行的商业实践价值共创与共享活动变成了纯粹营利性的垄断商业模式，甚至通过用户寻租导致劣币驱逐良币的市场逆向选择。这使得平台创新生态实质上在平台扩张与赢者通吃的逻辑下，破坏了整个行业以及跨行业的创新生态，不仅并未解决创新生态的价值共赢问题，还衍生诸多价值共毁的创新悖论。这对经济社会发展带来了严重的危害，导致社会大众的信息安全、财产安全甚至人身安全受到了伤害。

共同富裕是共建共享的富裕，针对这一现象，一方面，要不断完善对平台创新生态圈的内部治理与外部治理，使平台型企业这一兼具企业个体"经济人"属性与平台场域内"社会人"角色的主体积极承担超越平台个体经济属性的经济责任，使其作为嵌入社会的商业生态圈承担对社会的责任（李广乾和陶涛，

2018）；另一方面，要引导平台型企业转变创新范式与逻辑，从平台商业生态圈创新走向平台社会生态圈创新，从平台"赢者通吃"逻辑转向"共享赋能"逻辑，以创新共建体与共享体的共同体思维重塑平台中各利益相关者的关系，依据共益的分配原则，对不同类型的主体进行价值的合理分配，实现真正意义上创新成果的共享与共益，最终形成可持续的共赢社会创新生态圈，营造团结互助、人人参与、人人尽力的共担经济社会发展责任的良好平台氛围，并通过有效的制度安排使全体利益相关者在共建共享发展中有更多获得感，增强赋能动力，真正发挥共享经济的优势，助力社会共同富裕的实现。

三、共同富裕战略下企业创新范式转型的关键支撑构面

（一）企业家精神支撑：从市场逻辑驱动的创业企业家精神向共益型企业家精神转型

自熊彼特提出企业家是创新的主体以及企业家精神是驱动资本主义经济发展的重要因素以来（熊彼特，1991），也就意味着企业家精神成为创新增长以及整个企业业绩与国家经济发展的重要因素，成为拓展传统新古典经济学视野下的劳动力、土地、资本的第四类生产要素（马忠新和陶一桃，2019）。企业家精神能够寻求新的生产要素组合模式以实现"创造性破坏"，改变传统企业增长约束或者财务资源约束，更好地实现创新驱动经济增长（熊彼特，1990）。在共同富裕的战略视野之下，传统企业家精神支撑的创新要素或者其他生产要素的组合逻辑发生根本性变化。其具体表现为：传统企业业绩增长主要依赖新的技术开发、新的产品开发以及新的市场扩展，其背后是市场逻辑本位下的创新与创业企业家精神驱动的企业商业型创新或者市场型创新获取相应的市场回报与经济价值，在本质上依然遵循了"经济人"的内在假设，将企业家的机会寻求与市场空间扩展局限于经济价值最大化的框架之内，而社会意义、人本意义与环境价值天然地被排斥与忽视在外。长期被市场逻辑主导的创新与创业企业家精神主要的创新创业活动也体现为商业型创业或者经济意义的技术创新与市场创新，难以形成均衡型与高阶化的综合价值创造效应。在共同富裕的战略视野之下，企业家精神的内在价值基因发生了根本性的扭转，即企业家精神的底层假设"经济人"应逐步过渡到"社会人"或者涵盖经济与社会属性的"共享人"（肖红军和阳镇，2019；阳镇等，2021）。其中，基于"社会人"为底层基础的社会企业家精神驱动企业在寻求市场机会以及实现新的技术开发与产品开发的过程中更加关注社会意义，

强调社会价值主导或者社会价值本位，衍生的创新模式更多地体现为社会创新范式下的企业社会创新，如更多地参与到具有公共社会属性的产品开发与贫困地区的创新创业之中，形成真正意义上的基于创新驱动的先富带后富效应（刘志阳等，2018）。以"共享人"为底层逻辑的共益型企业家精神立足于社会价值驱动与市场效益的混合价值融合，将传统的商业型创新或者商业创业转变为共益导向的混合创业（肖红军等，2019），驱动传统市场逻辑主导的商业组织向具有共益共赢导向的混合型组织乃至共益型组织转型，为企业链接的多元利益相关方创造真正的综合价值。

总之，共同富裕背景下企业创新范式转型的关键要素之一在于企业家精神，企业家精神从传统的市场逻辑驱动的创新与创业企业家精神向具有社会企业家精神与共益型企业家精神转型（陈劲、阳镇和尹西明，2021），进而将传统的创新要素捕获的经济框架与经济意义扩展至社会框架与社会意义。尤其是具有共益共赢导向的共益型企业家精神能够真正驱动企业构建市场属性与社会环境属性兼具的可持续商业模式，以可持续商业模式创新为经济、社会与环境创造共享价值，符合共同富裕战略背景下对企业创新的共享价值创造的本质要求。

（二）组织战略使命支撑：从经济使命迈向综合价值创造使命

组织使命是陈述组织战略选择的重要构念，在一定程度上，组织使命决定了企业战略选择的主要议题以及相应的战略实现目标，描绘了组织在一定时期内需要达成的一种状态（林泉等，2010）。从企业创新的使命来看，熊彼特主义下的企业创新使命更多地表现为企业经济使命，这一经济使命在战略层面更多地体现为成为市场中的垄断者，获取创新在位者的市场优势与技术优势，最终提高企业的市场占有率与市场利润。相应地，企业创新更多地体现为经济使命驱动，即企业的新产品开发、新技术开发以及新服务开发等创新活动更多地服从于企业经济目标，即该项技术、该项产品与服务能否给企业带来预期的市场报酬与企业经济绩效。企业创新战略决策也局限于企业成本—收益逻辑，并且在存在企业创新市场风险的情境下，企业对长期意义的创新战略决策总体上会呈现出创新风险规避特征，以规避企业运营风险与市场风险。相应地，在以经济使命为核心的企业创新战略下，企业创新的领域也天然地嵌套于市场经济体系之下，满足与迎合市场中具有经济价值较高、附加值较高的用户需求。正是在企业经济使命驱动的创新战略下，聚焦于中低收入阶层的用户、消费者的价值诉求被排斥于企业的产品、技术与服务创新体系之外，即中低收入阶层的市场与社会需求往往被大企业忽视，因此企业在价值创造主张、价值创造网络以及价值创造分配等过程也仅仅围绕经济意义的企业利益相关方（阳镇等，2020）。

在共同富裕的战略视野下，共同富裕战略驱动企业创新战略重塑，要求企业不仅仅关注自身的利润回报与业绩增长，传统基于利润最大化或者股东利益最大化的创新战略使命一定程度被扭转，利益相关方的综合价值创造与共享价值创造成为共同富裕背景下企业创新战略抉择的关键选择。具体而言，一方面，聚焦经济意义的技术创新、市场创新与产品服务创新等更多地囊括技术、产品与服务创新过程中的社会环境影响，在商业模式层面聚焦于可持续商业模式创新实现经济性、社会性利益相关方更好地参与到企业的价值创造网络之中，并且在创新成果层面所有利益相关方共享企业创新成果，而不仅仅是企业经济价值最大化下的股东；另一方面，企业社会创新成为共同富裕下企业创新战略的主要选择，即更多地满足公共社会场域的用户、消费者等利益相关方的价值诉求成为企业创新的核心使命。相应地，创新范式也更多地被企业社会创新所引领，传统经济使命驱动的创新生态圈更多地被社会生态圈嵌入，形成创新生态圈与社会生态圈的相互嵌入的新型创新生态圈，使企业更多地参与到乡村振兴、反贫困创新以及企业社会责任创新等范式选择中。

（三）组织载体支撑：从纯商业组织迈向混合型组织

在以企业为主体的创新体系下，市场中的商业组织成为驱动企业技术创新、产品创新、工艺创新、商业模式创新以及服务创新等多种创新内容的主要组织载体。但是，以商业组织为组织载体支撑的企业创新场域往往聚焦于经济场域或者私人场域，以实现商业组织的创新利润最大化目标。随着创新社会化以及商业社会化趋势愈加明显，尤其是20世纪80年代后社会企业运动以及企业社会责任理论得到学界的系统重视，传统商业组织也逐步过渡到兼具公共社会属性与商业属性的双元混合型组织（Hybrid Organizations），混合型组织也成为驱动市场经济环境下传统商业组织创造可持续的综合价值的合意组织范式（肖红军等，2019）。混合型组织最早定义视角是从交易成本视角开始的，认为混合型组织为法律上独立的机构之间开展合作，对技术、资本、产品和服务进行分享和交易，但没有统一的产权，相互之间的调整基本不依赖价格机制的组织，主要包括战略联盟、合资企业、分包等形式。组织社会学视野下的混合型组织概念主要是聚焦组织使命、制度逻辑以及价值创造视角。从组织使命视角来看，混合型组织就是将两种或者多种使命合为一体或者实现内在的相容性的复合型目标，从而基于全新的组织战略使命产生新的组织范式，在考虑整体社会效益最大化的组织战略基础上，在组织价值创造与运行过程中实施可持续的商业模式，可持续的商业模式成为组织战略竞争的一种有效工具（肖红军等，2020）。制度逻辑视角下，同一场域内的不同制度主体存在冲突性甚至完全相悖的逻辑导向，混合型组织存在的意义便是实现差异化的逻辑相容并努力克服冲突性的制度逻辑，形成组织场域内应对不同制度的组织响应的制度压力空间（肖红军和阳镇，2019）。将混合组织视为不同制度逻辑的混合，即混合型组织能够实现多重制度逻辑的内在相容，包括市场逻辑与社会逻辑、家族逻辑与国家逻辑等多重制度逻辑之间的耦合，进而规避单一制度逻辑下商业组织被市场逻辑支配的市场失灵风险。价值创造视角下的混合型组织冲破了传统二分法原则下商业组织与社会组织单一的价值追求形式，综合考虑利益相关者的多维需求，遵守甚至超越经济、社会、环境三重底线原则，主动推进社会变革与社会创新，将社会责任内生融入到其战略运营中，通过责任式创新（责任式技术创新、产品创新与服务创新）与可持续性商业模式创新更好地满足多元利益相关方的价值诉求，为多元利益相关方创造涵盖经济、社会与环境的综合价值与共享价值（阳镇等，2020；阳镇和陈劲，2021）。

基于此，不管是从组织使命变革还是从制度逻辑视角，共同富裕战略下要求企业单一使命向涵盖经济、社会与环境的多重混合型使命转型，组织所处的制度环境中的市场逻辑、社会逻辑、国家逻辑等多重制度逻辑被共同地嵌入到组织所处的同一制度场域内，这就要求传统实现创新的单一商业组织向混合型组织转型，以混合型组织的多重组织使命、多重制度逻辑共融以及综合价值创造实现企业创新的综合价值与共享价值创造效应，更好地平衡与满足多元利益相关方的价值诉求，以支撑共同富裕下企业创新范式迈向公共社会价值与市场经济价值的高阶均衡状态，更好地平衡创新的经济意义与社会意义。

（四）政策与制度支撑：从创新能力的强激励导向迈向创新共享的普惠型政策

从企业创新政策与制度安排的角度来看，基于制度经济学理论，制度是深刻影响经济主体行为的重要前因参数，企业创新本质上属于企业的战略行为，并且企业创新战略导向与行为深深地限定在既定的制度框架之中，尤其是转型中的国家政府政策安排与制度对企业创新体系建设与战略选择具有举足轻重的作用。改革开放以来，尽管政府与市场的边界逐步清晰，市场在资源配置中的作用逐步强化，但是政府能力以及政企能力共演成为我国国家创新体系以及企业创新生态系统中的重要表征。从创新政策体系来看，改革开放以来我国制定了各种科学技术计划、法律、条例、办法、指导方针和行为准则，在政策类型方面表现为科技政策、产业政策、金融政策、税收政策、财政政策等多种类型，并且往往并非单一某一类政策独立使用，而是呈现出组合式政策框架。作用于企业的主要政策类型是产业政策与科技政策，前者表现为对特定产业的扶持计划以及产业发展的战略规划；后者主要表现为对特定创新主体的创新资助政策、研发政策以及高新技术企业认定和各类创新研发项目的支持计划等多种类型。总体来看，不管是产业政策还是科技政策，其作用实施往往嵌套了相应的财政政策、税收政策以及金融政策，进而更好地引导以及为企业开展创新提供相应的资源基础与政策支持。但是从既有的产业政策与科技政策体系的功能取向上来看，政策制定与实施的重点依然在于筛选具有相应创新能力以及创新潜力的微观市场主体，通过系列的政策制度安排为培育企业创新能力以及优化企业创新能力提供政策支持，其政策逻辑主要是选择性导向下的强激励逻辑，体现为对创新型企业的激励、高新技术企业的激励以及具有成长潜力的创业企业的激励。在政策执行过程中，强激励导向下的选择性产业政策与科技政策容易衍生出竞争中性偏离等现实问题，即由于规模偏好、产权偏好等容易导致政策寻租，最终容易导致强选择性导向的产业政策与科技政策的激励失败（陈劲等，2021）。共同富裕战略背景下，面向企业创新政策的激励导向应逐步从强选择性走向功能普惠性导向，即弱化对某一特征企业的选择性重点扶持导向，而是转向某一类企业的创新基础设施、知识产权保护制度以及市场营商环境的优化，聚焦产业的共性技术、关键核心技术，基于功能性产业政策与科技政策实现产业发展的知识基础与创新环境的改善，为产业内企业打造普惠性的政策支撑环境，建立大中小企业、国有企业与民营企业创新资源共享、价值共创以及包容普惠发展的竞争中性式创新政策体系。

四、共同富裕战略下深入推进企业创新范式转型的路径

（一）政府层面：构建面向后熊彼特时代的企业创新政策激励体系

后熊彼特时代下，基于企业家、科学家为创新、创意的来源主体被极大程度地颠覆，尤其是整个生产体系的服务化与数字化转型驱动了企业创新体系的重塑，用户、社区以及人民大众参与到企业研发设计与创新流程之中，成为创意的生产者与创新的实践者。相应地，在企业创新范式方面也衍生出诸多基于企业家主体之外的创新范式，包括用户驱动的研发创新、平台用户创新、朴素式创新以及开源社区创新等。在后熊彼特时代的企业创新范式下，政府政策对企业创新战略与创新行为的政策激励导向应逐步向构建面向后熊彼特时代下的企业创新政策体系转变。具体来看，一是政策激励对象需要逐步从强化企业家创新与创业企业家精神导向转向强化社会企业家与共益型企业家精神导向，即政策的着力点应该激励具有创新创业意识的企业家与企业更多地参与到社会创新与共益创新中，对具有良好综合价值创造与共享价值创造导向的企业给予更多的政府注意力以及相

关产业政策与科技政策的支持，支持企业家撬动社会资源合理公平配置以及构建共享与共益型商业生态圈，而非单纯地激励企业优化市场逻辑本位下的企业创新能力。政策的着力点在于强化企业创新的共享能力建设，即充分鼓励企业家参与创新生态圈的创新成果共享，尤其是对于拥有行业性、公共性与共性关键核心技术的核心企业，鼓励以核心企业或者"链主"企业为主导搭建面向大中小企业共享发展的创新生态圈，共同突破诸如行业共同面临的"卡脖子"技术问题等。二是政府需进一步高度重视企业家之外的社会用户与人民大众的创新能力挖掘与培育，一方面强化基于揭榜挂帅机制的研发创新政策实施体系，激活"人民大众"的创新能力，规避基于传统的"帽子"倾向开展相应的创新资源供给，以能力导向、问题导向与目标任务导向重塑科技项目运行与评估的体制机制（陈劲等，2020）。三是面向创新激励政策体系中的产业政策与科技政策需进一步弱化选择性偏好，以竞争中性为原则重塑面向创新的竞争政策与激励政策体系。从传统的规模导向、产权偏好转向营造大中小企业创新公地培育、融通创新组织模式落地以及国有企业与民营企业创新共同体建设体系之中，更好地打造大中小企业创新要素共享与创新环境优化的功能性与普惠性创新政策体系，激励大企业、国有企业等核心企业积极参与创新共享生态圈建设，尤其是对于具有公共属性的混合型组织而言，需要重点激励混合型组织聚焦产业内的共性技术研发、具有公共属性的公共创新活动以及打造产业创新公地，更好地推动具有公共属性与全民所有的创新要素真正聚焦到共同富裕战略视野下的创新价值共享分配体系之中，实现"国民"共进与大中小企业共享发展的创新生态圈（陈劲等，2021）。

（二）社会层面：构建面向后熊彼特时代下企业家精神的涌现与成长社会平台

从企业创新的社会环境来看，不管是创意灵感的激发还是企业创新过程中的融资支持与风险降低都离不开社会性利益相关方的支持。尤其是从企业家精神涌现与企业家成长的社会条件来看，良好的社会舆论环境与社会地位赋能是营造企业家精神不断涌现以及支持企业家成长的重要社会条件（阳镇等，2021）。在共同富裕战略背景下，整个企业创新范式需要从前熊彼特范式向后熊彼特范式转型，这就意味着支持具有社会情怀、意义导向以及综合价值共享共益目标的企业家精神涌现显得尤为重要。因此，一方面，整个社会舆论与社会文化氛围需要破除经济利益至上或者创新的经济效益至上的新古典经济学逻辑，更好地营造企业家参与社会创新与社会创业、开展企业社会责任创新以及契合国家战略意义的创新创业文化氛围，对更具社会责任感以及更具国家战略视野的创业企业家给予更多的社会关注与社会平台支撑，形成社群化的支持机制为社会企业家精神与共益型企业家精神的涌现提供舆论平台，为社会企业家与共益型企业家提供更大范围的社会赋能支撑（陈劲等，2021）。另一方面，社会性利益相关方包括社区、用户以及消费者等，要立足责任型消费与责任型投资理念，更好地倒逼传统经济利益至上的企业更好地嵌入可持续创新与社会责任理念，实现经济导向型的企业创新向责任型创新转型（阳镇等，2020）。企业家地位是驱动企业从事创新创业活动的重要因素，后熊彼特时代需要为企业家综合社会地位的提升提供更多的平台支持，不管是以政府为主体搭建的企业家价值共创与分享交流平台，还是以社会类的研究机构及社会组织为主体搭建的研究类平台，需要更多地撬动企业家参与到相应的平台之中，为企业家综合社会地位的改善提供完善的参与平台。

（三）企业层面：构建面向后熊彼特时代下企业价值共创与共赢的商业生态圈

从企业层面来看，共同富裕战略下的企业创新范式走向后熊彼特时代，后熊彼特时代下的企业创新环境更强调企业间的价值共创与共生共赢逻辑，并且在价值分配上更加强调综合价值的共创与共享。相应地，传统企业之间的零和博弈逻辑或者竞合逻辑主导将被逐步扭转，尤其是对于大企业与中小企业之间的竞争，其不管是市场竞争还是资源竞争，更加强调大企业成为产业链的链主并打造上下游中小企业的商业生态圈，生态圈从立足竞合逻辑下纯商业生态圈转向价值共创与共生共享的共益型商业生态圈（肖红军，2015）。生态圈内的主体形成"你中有我，我中有你"的互嵌式格局，各类主体之间不仅是单纯的市场交易关系，更是合作伙伴与共创关系，立足商业生态圈形成价值共同体与创新共同体。因此，后熊彼特时代下的企业创新转型的路径着力点在于：一方面，持续发挥创新型企业以及大型企业在整个创新生态系统以及商业生态系统中的核心中枢地位，通过搭建商业生态交互、共创界面以及创新合作系统，吸纳更广泛的各类创新主体包括中小微企业的参与，发挥大企业持续对中小企业的赋能迭代效应，如在当前数字化背景下，强化以数字龙头企业为核心的数字创新生态系统对行业内或者跨界领域的中小企业的赋能效应，深度推动行业的数字化转型以实现产业数字化，更好地实现数字情境下的大中小企业的创新价值共创与共享。在价值分配上，以商业生态圈中的主要生态位发挥对生态系统的价值治理功能，即立足共享与共益导向的价值分配机制，更好地激励各类主体参与价值共创与创新，实现商业生态圈向共益生态圈的转型（肖红军和阳镇，2018）。另一方面，国有企业与民营企业需要持续深化创新共同体建设，具体可以依托混合所有制改革实现国有企业与民营企业创新要素之间的优势互补，依托混合所有制企业或者国有企业打造面向产业链的创新公地，积极在产业共性技术研发、产业关键核心技术等方面取得公共创新效应，并推动具有共性意义的技术创新成果被整个产业链内的主体共享。在价值分配层面基于股权比例为基础实现更大程度的价值共享，在国有企业与民营企业之间真正构建要素流动与价值共创的混合所有制企业。

第九章　面向科技自立自强的
产业政策重塑[*]

　　中华人民共和国成立 70 余年来，我国从工业基础薄弱的落后农业国发展成为一个具备第一、第二、第三产业协同发展的完整产业体系的现代化工业大国，并且工业发展进程已经步入工业化后期阶段。在产业的转型与创新发展过程中，我国形成了完备的面向工业体系的产业技术政策体系，科技创新战略逐步从以重工业主导的"举国体制"科技创新向科教兴国战略、创新型国家战略与创新驱动发展战略系统性转变，有效实现了产业政策与创新政策之间的相互协同，基于产业技术政策提升产业创新发展能力以及企业技术创新能力，促进产业内的创新主体开展技术创新以实现产业发展的绩效改善。在产业发展的创新绩效层面，我国制造业规模居全球首位，200 多种工业品产量位居世界第一，并建立了世界上最完整的现代工业体系，拥有 39 个工业大类、191 个中类、525 个小类，成为全世界唯一拥有联合国产业分类中全部工业门类的国家。更为关键的是，随着新一轮工业革命席卷全球，移动互联网、大数据、区块链、人工智能等数智技术驱动的数字与智能产业的迅猛发展，尤其是智能化驱动的人工智能与大数据技术为大规模个性化定制提供了良好的契机，重塑了传统制造行业的生产效率，技术驱动下的数字技术的高度扩散性与渗透性，使得传统产业内的劳动生产率与资本有机构成不断提高，数字与智能技术不同于前两次工业革命，其能够以底层通用技术实现对传统产业的高度"赋能效应"，进而实现产业之间的深度融合与发展。与数字信息与智能技术相伴随的数字信息产业也加速发展，平台经济与共享经济成为数字化时代引领新经济形态不断向前演化的重要力量。

　　但不容忽视的现实是，尽管我国建立了面向第一、第二、第三产业协同发展的产业技术政策体系，一定程度上解决了在供给层面产业现代化程度不高、落后产业过剩、产业链之间协同度差以及产业内企业创新能力低下等问题，初步建成了世界科技创新大国体系下的完备的产业科技创新政策体系，但是我国产业科技

---

　　* 本章发表于《经济学家》2021 年第 2 期，有修改。

发展过程中依然面临两大突出问题：第一大突出问题是产业内的高端装备制造能力严重不足，在制造业中呈现出"大而不强"，尤其是关键零配件、核心零部件的产业生产能力严重缺失，产业发展缺乏自主创新能力，距离产业层面的高质量发展目标尚存在巨大差距；第二大突出问题是产业发展的关键核心技术严重匮乏，尤其是面向产业共性技术的基础研究与应用研究的整体协同度不足，产业链、供应链、创新链以及价值链尚未形成协同与融合效应，关键产业、产业链中的大型龙头企业关键核心技术的技术创新能力亟待进一步提升，关键核心技术的对外依存度依然偏高，整体上存在大而不强的"虚胖"问题。严重制约了我国产业链与价值链的安全性，产业关键核心技术的"卡脖子"问题也成为制约我国产业链迈向全球价值链高端，乃至制约我国产业高质量发展与迈向世界科技创新强国的巨大障碍。面对国际科技竞争与国际关系新形势以及国内科技创新的重大现实问题，2020 年 12 月，中央政治局召开会议分析研究 2021 年经济工作指出要整体推进改革开放，强化国家战略科技力量，增强产业链、供应链自主可控能力，形成强大的国内市场。基于此，如何优化当前科技创新的体制机制，构建新发展格局下的产业链、价值链、供应链与创新链系统协同与整合，以产业技术政策为重要政策抓手，系统推进产业高质量发展以及培育基于创新型企业与世界一流企业主导的产业创新生态系统，成为未来"十四五"时期实现我国高质量发展目标的重大任务，也成为 2050 年全面建成世界科技创新强国的必然选择。

一、产业政策与科技政策研究的逻辑主线

（一）驱动产业高质量发展的产业政策

从驱动产业高质量发展的政策供给来看，沿着不同的经济学理论流派存在不同的政策驱动产业创新与发展的政策供给思路。新古典经济学是产业政策研究的基础性理论学派，其关于市场资源配置的有效性与市场失灵理论直接衍生出产业政策存在的合法性与合效性问题。由于市场自动出清与市场失灵是一个争论不休的学术话题，产业政策的合法性与正当性长期以来在学界存在争议，前者主要涉及产业政策能否成为选择与激励一国产业发展的主导性政策体系，其更多地涉及产业发展能否被政府政策规划布局指引，通过政府手段实现产业发展的主导产业甄别、产业分布的空间布局、产业内企业进入的财税激励以及行政管制放松等，最终达到基于政府主导的产业政策体系，其背后的争议性涉及政府参与或者主导产业发展的合法性问题。但从产业政策的合法性取向来看，对产业政策运用最为

明显且成功的主要科技强国日本在"二战"后凭借产业政策对优势产业的甄别，实现了产业结构转型升级，助力整个日本经济在"二战"后跃迁为世界科技强国，创造了世界经济增长过程中的"东亚奇迹"。目前对产业政策的研究大致沿着产业政策的分类、产业政策的有效性以及产业政策的作用边界等问题展开。

从产业政策的类型来看，产业政策的分类方式与内容多种多样，从政府对产业发展干预的程度差异与产业政策的目标导向异质性，学界一般将产业政策分为选择性产业政策和功能性产业政策，选择性产业政策的理论基础是经济"赶超理论"或者产业"赶超理论"，后发国家集中经济与社会资源对某些产业尤其是战略性产业或者高新技术产业提供各种政策与资源的倾斜式扶持，以期短期内实现产业孵化、产业布局与产业的快速发展。功能性产业政策主要是为产业发展提供合意的制度环境与营商环境，提升政府与市场在产业发展与企业创新过程中的配置资源的效率与公共治理能力，进而为产业内的创新主体提供普惠式的制度环境。从产业政策实践来看，主要体现为提供产业共性技术、产业成果转化平台、产权保护制度、产业技术人才激励机制以及系列产业创新创业培育与产业公共创新空间等多种类型。按照产业政策的具体内容类型，其一般分为产业组织政策、产业结构政策与产业发展政策。世界银行将产业政策系统区分为纵向产业政策、水平产业政策与新产业政策，每一类型的产业政策的政策聚焦点、激励导向、作用机制以及面临的缺陷都存在较大的差异性。

从产业政策的有效性及作用边界的研究来看，目前学界对产业政策的有效性问题存在两派观点：一派是产业政策无效论。产业政策无效论的主要经济学理论依托仍然是立足于新古典经济学，新古典经济学认为产业政策无效的基本前提假设在于市场机制能够自动出清，市场机制是最具效率的资源分配机制。从政府行为的视角来看，作为公共场域下的"社会人"与市场经济场域下的"经济人"，政府在制定产业政策的过程中，由于认知能力的局限性、社会目标与经济目标的平衡性以及其他特殊的政治因素等，其所制定的产业政策不仅是一个纯经济导向的经济政策，还是一个内嵌于社会与政治体系下的综合性政策。政府的"经济人"属性导致其仍然存在自身利益最大化的倾向，容易产生利益集团的"规制俘获"，加剧了新古典经济学中的政府失灵，产业政策甚至在制度不健全的国家中沦为企业非市场战略下的寻租工具，最终导致被选择支持或鼓励发展的相应产业呈现出创新的低效率甚至严重的产能过剩。另一派是产业政策有效论。产业政策基于政府在公共信息与公共资源的优势地位，为市场中的微观主体提供充分的公共资源与公共信息。尤其是在面向新兴技术创新领域中的巨大不确定性，市场中的企业家往往难以有足够的风险承担能力，需要政府通过公共财政资源支撑具有高度不确定性、创新周期长的技术创新活动，基于政府补贴、税收优惠以及金融支持等手段降低市场微观主体的不确定性风险，提高微观市场主体的技术创新能力，并且后发国家基于经济赶超的现实需要，需要通过政府主动识别相应的比较优势来发挥后发国家的"后发优势"，尤其是基于政府的产业政策其作为一种公共需要也能开辟新的市场。

（二）驱动产业高质量发展的科技与创新政策

演化经济学与创新经济学理论则倡导科技与创新政策对产业创新生态系统建设以及产业高质量发展的重要作用，创新经济学认为技术创新是一国企业、产业与国家之间竞争的关键要素，一国科技创新与企业技术创新能否占据制高点决定了一国产业与微观企业参与国际竞争的主动权。围绕如何驱动产业技术创新得到了创新经济学与技术创新管理学等领域学者的大量研究：第一种模式是供给推动型技术创新，即认为新产业的出现是由于新技术的发明、新科学知识的发现或者市场投资与研发机构的新应用导致的结果，技术的供给与市场投资供给为新产业的出现提供了技术支持与创新资金支持；第二种模式是需求驱动型技术创新，即技术创新本质上是企业的一种风险性逐利活动，企业家承担不确定性下的经济行为，企业出于追逐市场利润的动机或者颠覆某一产业的动机导致产业内的研发创新活动不断演化，由此促进产业的发展；第三种模式是兼具市场需求驱动与供给推动双重驱动论，认为在产业发展的不同阶段，基于技术供给推动和基于市场需求驱动之间相互补充，并对产业的发展演化产生协同互补效应，并且不同阶段两者体现的功能效应呈现出较大的异质性。从科技政策类型来看，主要存在科学政策、技术政策与科研条件与环境政策等多种类型。从科技政策的实践发展来看，早在 1945 年 7 月，Bush 的《科学：没有止境的边疆》对现代科技政策进行了阐释，其中以 Arrow 为代表的经济学家基于政府主导的科技政策行为建立了理论框架。20 世纪 70 年代以来科技政策在 OECD 国家开始得到重视，OECD 发布的《科技和创新的数字化：关键发展与政策》定义了创新政策的议程，提出国家政策应当考虑如何发挥科学与技术的潜力，而不只是依赖宏观经济政策解决失业与增长率问题。实际上，以日本和韩国为代表的亚洲国家高度重视科技政策在产业发展过程中的应用，政府通过制定科技政策介入产业内的不同产业组织的研发创新活动，实现产业技术创新与产业科技人才供给。

基于此，不管是从新古典经济学或者演化经济学与创新经济学的视角来看，推动一国或者区域产业创新发展过程中的产业技术政策便是实现产业政策与科技与创新政策之间的有效融合，产业政策与科技政策进一步地融合形成产业技术政策，产业技术政策以产业技术为直接作用对象，从技术创新的视角通过一系列的科技政策对产业发展过程中的技术预见、技术选择、技术创新投入、技术成果转化以及技术扩散等行为实施指导、选择、促进与控制。在具体的产业技术政策实践中，产业技术政策大致包括法律制度的建设（知识产权保护政策）、研究开发政策、技术转移政策以及技术引进政策等多种类型表现。在驱动产业创新发展中，通过设计面向产业链与创新链之间的政策工具如创新主体研发创新投入、产业共性技术研发体系建设、创新成果转化与扩散以及创新人才与制度等产业技术政策体系等实现产业发展过程中的技术供给、资源与人才供给以及制度保障，为产业内的各类所有制企业提供创新要素与资源支持。

二、"双循环"新发展格局下我国产业技术政策面临的突出问题

"双循环"新发展格局下，我国科技创新战略需逐步依靠国内大循环为主体的产业链、供应链、创新链、价值链四链协同打造产业创新生态系统，产业技术政策作为支撑产业创新发展的重要抓手，也是有效发挥有为政府与有效市场的重要政策工具，系统厘清新发展格局下我国产业技术政策在政策功能定位、政策内容体系以及政策实施过程与目标呈现的突出问题，有助于"十四五"时期系统优化我国的产业技术政策，以全新的政策视野与政策内容工具箱支撑我国建设世界科技强国，最终迈向科技自立自强。

（一）政策的功能定位：产业技术政策的强选择性与边界泛滥

从产业技术政策的功能定位来看，产业技术政策作用的是产业技术创新主体，产业内的技术创新主体主要是各类微观企业以及与产业创新生态系统相关联的其他组织。实质上，从产业技术政策的形成过程来看，产业技术政策的出发点是政府根据产业赶超或者产业扶持与孵化培育的特定产业目标，系统考察某一产业的初始发展状态以及产业内的创新支撑程度，并通过增强产业内的企业创新能力进而实现产业整体层面的产业绩效。因此，产业技术政策的功能定位必然存在选择性产业技术政策与功能性产业技术政策。其中，选择性产业技术政策主要是选择符合未来产业发展方向的具体产业领域、符合引领未来产业发展的关键核心技术突破或者共性技术研发，对特定产业（战略性新兴产业、未来产业等）、某一特定技术创新或者技术涌现采取强干预与强激励的政策工具组合（产业技术开发、技术引进、技术研发组织）以激励产业内的各类创新主体的创新以及促进产业共性技术的扩散。功能性的产业技术政策的主要目标并不是选择特定的产业创新发展，而是为产业内的创新主体提供一个更为完善的技术创新环境，具体包括

产业内的法律环境、信息环境、人才环境以及营商环境等。但是从目前的产业技术政策的功能定位来看，依然是基于强干预性的选择性产业技术政策为主，以聚焦某一特定产业的创新能力提升为目标，通过政府采购、创新补贴以及税收优惠等财税政策实现产业内创新主体的创新能力孵化与催化。政府实施产业技术政策的手段依然主要停留在科技创新补贴，追求产业的规模效应而非创新质量。尤其是政府面向高新技术产业与战略性新兴产业出台了大量的产业技术政策，各部委与地方政府出台了各类产业指导目录、产业结构调整目录、产业发展规划、有限发展的高技术产业化重点领域指南等系列产业技术政策文本，高密集度的产业技术政策导致产业技术政策作用的范围泛化。

实际上，产业技术政策的有效实施依赖于政府对于未来产业以及技术预见的前瞻性判断与分析能力。从新一轮科技革命的技术涌现过程来看，不同于第一次工业革命与第二次工业革命的技术集中性与技术关联领域单一性，前两次工业革命的主导技术与主导产业主要集中在制造业领域，以政府为政策制定与实施主体对特定产业的甄选与识别难度相对较低，以选择性产业技术政策主导的政策功能导向能够迅速集中创新资源实现特定产业的扶持与创新发展。但是新一轮科技革命下的主导产业呈现出群涌性特点，即在数字化、信息化、网络化以及智能化为特征的数字与智能技术驱动下的各类产业的边界日益模糊，产业之间呈现出全面融合的发展趋势，因此基于选择性产业技术政策导向难以有效识别出究竟哪一类产业是未来的主导产业以及新兴产业，并且支撑产业发展的颠覆性技术更加难以预测，传统政府依赖既有的识别路线难以有效甄选先导技术。更为关键的是，选择性产业技术政策可能带来产业创新资源的错配与误配，导致产业创新生态系统内的创新扭曲。从我国国家高新技术产业开发区的数量分布来看，从 1995 年的52 个增加到 2016 年的 146 个。为了鼓励中西部地区和东北地区的高新技术产业发展，2004 年之后，中央政府对国家高新技术产业开发区的审核批准优先向中西部地区和东北地区倾斜，这导致 2004 年之后中西部地区和东北地区的高新技术产业开发区的数量增长并非按照地区产业与创新驱动发展的资源禀赋以及产业发展规律，一定程度上造成了创新资源的错配与误配。

（二）政策内容体系：产业共性技术政策对产业创新生态系统的支撑力度不足

产业共性技术由于具备通用性、共享性、扩散性以及平台属性，能够在整个产业技术创新链以及产业价值链中发挥基础性的支撑作用，对产业创新生态系统的升级与演化具有重要的基础性支撑效应。追溯面向产业共性技术的产业技术政策，在《国家中长期科学和技术发展规划纲要（2006—2020 年）》《"十二五"

产业技术创新规划》《产业技术创新能力发展规划（2016—2020年）》《"十三五"国家科技创新规划》《产业关键共性技术发展指南》等产业与科技政策文本中，都明确地将产业共性技术作为产业创新发展过程中的重要支持对象，放置于产业技术政策的重要位置。但是到目前为止，仍然没有专门系统梳理各类产业中的关键性核心共性技术供给，缺乏产业共性技术与"卡脖子"技术的严格区分，即究竟哪些技术属于产业共性关键核心技术、哪些技术存在被"卡脖子"的潜在可能性以及哪些技术由于对外依存度过高已成为发达国家遏制与封锁的技术类型。另外，政府支持的各类产业共性技术政策呈现出碎片化的局面，分布于各类科技计划与产业技术创新规划之中，面向我国产业发展的关键核心技术尤其是"卡脖子"技术的共性技术诸如核心元器件、芯片、基础材料以及设备软件等技术创新能力依然没有得到根本性的提升。

从产业共性技术制度的供给类型来看，目前对产业发展的关键核心技术的预见、识别以及集体攻关的制度设计依然极度匮乏，我国工业和信息化部在2013年发布《产业关键共性技术发展指南（2013年）》确定了落实创新驱动战略下的优先发展产业领域的关键核心技术，包括原材料、装备制造、电子制造、软件信息服务以及通信业和信息化等8大领域的261项技术；在2017年印发的《产业关键共性技术发展指南（2017年）》中，进一步为推动供给侧结构性改革以及增强关键产业链环节和重点产业领域的创新能力，进一步针对原材料工业、装备制造业、电子信息与通信业、消费品工业和节能环保与资源综合利用五大领域提出174项优先发展的产业关键共性技术。但是，针对产业共性技术的系统性制度供给依然极度匮乏，主要表现为针对各主要领域的产业共性技术的"环境面—供给面—需求面"制度供给呈现出极度的碎片化局面。由于产业共性技术的创新研发过程更为复杂，涉及的产业链以及创新链范围更大，既有的针对产业共性技术的政策供给分布在各类产业发展规划以及各类科技规划之中，但是产业共性技术政策的创新政策工具依然单一，缺乏组合形式的针对产业共性技术的创新政策体系，未能实质性形成面向产业共性技术的集体攻关的创新政策合力。从产业共性技术的供给组织模式来看，目前依然是政府主导下的产业共性技术供给模式，缺乏真正意义上的以政府、科研机构、大学以及各类企业混合主导的产业共性技术供给联盟、联合体或者研发组织。尽管2006年以来科技部联合其他部委发布了推动产业技术创新战略联盟构建与发展的各类试点通知以及工作实施办法，但是产业共性技术供给的研发组织模式还处于一个初步探索期，既有的技术创新联盟在联盟合约、联盟治理结构、创新风险分担机制、联盟技术创新成果的分享与利益分配机制以及知识产权归属方面尚未形成成熟的制度安排，极大地限制了产业创新生态系统的发展。

（三）政策的实施目标：产业技术政策的政策实施对公平竞争秩序的偏离

不管是选择性的产业技术政策还是功能性的产业技术政策，其本质都是基于政府主导型的产业创新发展模式，为战略性新兴产业与高新技术产业在基础研究、关键性共性技术以及科技成果转化应用等方面提供制度保障与政策支持，基于政府主导的财政资源配置能力以及顶层设计能力为培育微观企业的自主创新能力以及形成产业创新生态系统提供政策与资源支持。因此，产业技术政策的目标在于促进产业发展过程中的产业链与创新链的协同，为产业链与价值链迈向产业高端化提供创新资源供给，并为产业内创新主体提供一个公平竞争的政策与市场环境。但是从既有的产业技术政策的实施效果来看，基于政府主导的产业技术政策依然受到强政府管制思维的影响，在政策实施过程中导致了大量的由于政府与市场关系定位不清晰产生政策价值取向、政策作用对象以及政策作用机制偏离竞争中性，影响甚至破坏了公平竞争的市场环境。

具体来看，目前的产业技术政策存在对公平竞争秩序的偏离现象，其主要体现为：一是受到扶持的产业与既有未被扶持的产业之间的市场竞争呈现出公平竞争的偏离，以强选择性主导的产业技术政策能够为被扶持的产业内的创新资源集聚与创新资源供给提供强政策信号以及市场信号，导致大量的市场主体向被扶持的产业内集聚，甚至部分企业开展业务多元化进入被扶持产业来分得政策的"一杯羹"，导致产业内的竞争以及产业间的竞争在强干预与强补贴的政策导向下竞争失序，部分企业存在以政企寻租"骗补"的情况，最终导致产业技术政策偏离最优创新主体资源供给目标，而未被扶持的产业内企业失去了创新的动力，带来部分产业严重的产能过剩以及产业内创新主体的市场竞争失序。二是在产业技术政策的执行过程中，由于产业赶超的发展目标要求，在扶持型产业技术政策导向下，产业创新补贴以及税收优惠等往往偏向于产业内的大企业以及核心企业，以部分企业优先发展的原则迅速完成产业的对标赶超任务，并且这类企业在获取政府的政策扶持方面也更具优势，包括规模优势与技术优势，如在政府技术采购中，大型企业往往能够获得更多的政府订单，相应地对产业内的其他中小企业以及潜在进入者造成资源挤占，产业技术政策对产业内的中小企业之间的技术创新竞争秩序产生偏离效应，规模偏好导致其偏离了市场化制度不断完善下对市场公平竞争的本质追求。三是由于我国特殊的产权制度体系，国有企业与民营企业在获取政策支持以及实际获得政策优惠等方面存在显著的差异性，产业技术政策在实施过程中存在"所有权偏好"，即基于所有权差异形成面向不同类型所有制企业的不平等倾向与行为，降低了潜在的创新效率，并最终破坏了国有企业与民营企业之间的政策扶持机会均等、竞争规则均等以及竞争手段均等。

三、"双循环"新发展格局下我国产业技术政策的系统性转型

（一）构建选择性与功能性结合的产业技术创新政策双元动态平衡体系

基于强选择主导的产业技术政策日益难以适应新发展格局下的产业高质量发展要求。强选择性的产业技术政策在执行过程中呈现出产业发展的强选择性与创新主体的强选择性与强干预性。基于强选择性的产业技术政策其手段往往是行政手段主导，产业技术政策直接作用于微观市场企业而非产业创新环境，并且带有较高的产权偏好属性与规模偏好属性，强选择性的产业政策往往导致大型企业、国有企业获益较大，而中小企业与民营企业则由于天然的弱政治关联性难以从中获益，造成产业发展过程中的创新资源错配与误配，甚至形成"政府不合理干预→创造和放大市场失灵领域→政府强化干预→创造和放大更多的市场失灵领域"恶循环。同时，针对当前我国产业发展过程中的关键核心技术（非"卡脖子"技术）攻关的短板效应以及微观企业自主创新能力的薄弱环节，依然需要清晰界定政府与市场在面向高新技术产业与战略性新兴产业发展过程中的政策作用边界。政府需要清晰认识到市场在产业发展过程中起到资源配置的决定性作用，决定产业创新能力的本质因素依然是微观市场的自主创新能力，因此市场机制依然是产业技术政策实施过程中不可忽视的关键性因素。基于此，需要弱化政府行政资源与公共财政资源主导的选择性产业科技政策的强选择性、强干预与强激励性功能，如对一些已经具有高度市场竞争性的高新技术开发区、科技园区内产业的各类创新补贴政策、高新技术企业认定等选择性产业政策需要重点调整，尤其是弱化政府直接基于财政补贴定向支持产业内某些企业的激励思路，强化产业发展过程中的知识产权保护制度、科技成果转化制度等创新制度环境建设和科技人才激励政策与企业科技创新融资体系建设等功能性产业技术政策，强化支撑产业发展的基础创新能力建设工程支持力度，强化共享技术研发创新平台与新型研发机构为载体的创新平台建设，从而降低产业创新生态系统内的创新主体的创新风险与交易成本。

但是，弱化产业技术政策强选择性并不意味着彻底抛弃选择性产业政策，选择性产业政策的运用与实施需要结合产业成长的周期、产业技术预见的复杂程度

以及产业内创新主体的创新能力等多重因素并予以综合考量，建立选择性产业技术政策的动态评估机制以及动态退出机制，对于某些具有国家间竞争的战略性产业、产业链安全性的产业共性技术以及市场配置创新资源无效的产业，依然需要政府通过强选择性产业技术政策推动产业内的创新主体孵化与培育、产业共性技术供给以及产业创新生态系统优化。尤其是当前我国部分产业仍然处于"赶超阶段"，部分未来产业和战略性新兴产业的培育依然需要选择性产业政策发挥政府弥补市场主体创新成本过高与市场风险过大的问题，解决产业内创新主体创新意愿与创新动力薄弱的"市场失灵"，最终以构建选择性与功能性结合的产业技术创新政策双元平衡体系支撑"双循环"新发展格局下我国产业的高质量发展。

（二）建立健全面向"卡脖子"技术的产业共性技术创新支撑体系

在"双循环"新发展格局下，基于传统产业链、价值链与创新链高度嵌入全球产业链、价值链与创新链的产业创新发展模式发生了相应调整，我国产业链在以"外循环"为主导的发展思路下，产业发展的关键技术高度依赖全球开放式创新模式下的外部研发创新主体的技术供给，基于成本最小化的原则忽视了产业链发展过程中具有自主创新能力的产业生态系统建设。外循环主导的全球开放式创新范式下，产业发展过程中的技术创新模式依赖外向型开放式创新模式，使得产业内的龙头企业忽视自身的内生能力建设，在部分关键产业与关键核心技术领域缺乏积累能力，长此以往导致产业链在嵌入全球价值链的过程中陷入"低端锁定"困境，并且创新链建设迟缓，创新链对产业链的再造支持能力不足。产业发展过程中的部分关键核心技术对外依存度偏高，在近年来中美贸易摩擦加剧的情景下，一系列制约产业迈向全球价值链中高端的"卡脖子"技术问题凸显。因此，在"双循环"新发展格局下，内循环主导的全新创新生态系统建设要求政府在设计产业技术政策的过程中改变以技术换市场、以补贴换技术投资等旧有模式，而是以产业基础设施工程建设与能力提升、产业共性技术供给等制度优化为目标开展产业技术政策设计。

基于此，我国产业技术创新逐步需要摆脱开放式创新下的过度依赖外部式技术供给，转向基于产业共性技术创新能力提升与企业自主创新能力提升两大创新工程推动我国产业链的科技安全与稳定性。在制约战略性新兴产业发展的"卡脖子"技术破解中，需要着重区分应用性的共性技术研究与基础性的共性技术研究两种类型下的不同产业技术政策供给思路。在针对应用性的产业共性技术的政策供给中，需要强化环境层面与供给层面的产业共性技术创新政策，组合运用产业技术设施建设、产业公共服务平台以及系列法律法规与税收优惠等供给与环境层面的产业政策工具；在产业基础性共性技术研究方面，则需要着重强化需求层面的产业政策供给思路，发挥政府在产业共性的基础性研究领域中的主导配置权，加大政府财政资源对共性技术涉及的基础学科的支持力度，提高 R&D 经费在基础研究领域中的投入比例，支持面向产业共性基础性技术研究的新型研发机构，并以政府采购等需求层面的产业技术政策为共性技术研发与公益性服务提供财政资源支持。

（三）以竞争中性为原则重塑公平竞争的产业技术创新政策体系

长期以来，以政府主导的产业技术政策具有强所有权偏好与强规模偏好，即国有企业与大企业优先造成了国内不同所有制企业与不同规模企业的竞争失序，导致大量的企业改变了其创新路径追求政企关联与政企寻租，造成创新资源的配置扭曲，严重破坏了产业发展过程中的公平竞争秩序，使产业内不同创新主体之间的创新竞争强度偏离市场化下的最优竞争状态，破坏了企业创新的可持续意愿与创新能力建设。长期的强选择性政策实施导致大量的企业采取一系列并不能真正提升技术创新能力的活动去获得相应的财政补贴与税收优惠，拉大了潜在创新产出与实际创新产出的偏差，导致我国的产业发展呈现出"大而不强"的局面，创新水平粗放成为制约我国产业链迈向中高端的巨大障碍。从这个意义上，制定以公平竞争导向为主要目标的产业技术政策成为"双循环"新发展格局下提高我国产业整体创新能力并迈向产业高质量发展的必由之路，基于此，"竞争中性"成为未来推进我国产业高质量发展过程中产业技术政策设计的必然选择，将竞争政策放置在产业技术政策设计过程中的优先地位。

实质上，"竞争中性"最早在 1993 年澳大利亚的《国家竞争政策审查》中提出，在 1996 年的《联邦竞争中立政策声明》中，将"竞争中性"定义为政府（主要指政府具有所有权的企业）在参与重大商业活动中，政府不能凭借自身的身份，利用立法或者财政方面的权力，获得比私人企业竞争者更多的竞争优势，但是在非营利、非商业等公益性活动中并不适用此原则。经济合作与发展组织（OECD）进一步阐释了竞争中性的主要内容与标准，竞争中性类型包括公共服务义务、税收中性、监管中性、债务和补贴中性、政府采购中性等多种类型。构建以竞争中性为原则的产业技术政策需要着重从三大层面发力：一是对当前既有的产业技术政策中违背竞争中性原则的系列选择性产业政策予以系统分类、评估与清理，对有损公平竞争如存在明显的国有企业优先、大企业优先的倾斜式产业技术政策在合理的期限内予以清理退出，但是这一过程需要采取渐进式退出的思路，避免由于行政手段的"一刀切"对微观创新主体带来既有利益损害。二是加快公平竞争导向的竞争性产业技术政策体系建设，积极借鉴欧美发达国家在市场化进程中构建公平竞争产业技术政策的先进经验，加快建设符合我国国情、产情、企情的公平竞争政策体系，强化《中华人民共和国反垄断法》在微观主体市场竞争过程中的执法强度，保持反垄断机构审查的独立性与专业性，尤其是在数字化平台经济时代，针对新经济领域的产业竞争需要加快《中华人民共和国反垄断法》的制度创新与范畴应用，统筹建设传统产业与新业态中的公平竞争政策体系。三是在微观层面以当前混合所有制改革为依托，强化各类国有企业在混改交叉持股中的竞争中性原则，探索建设国有资本投资与资本运营公司的新型国有资本管理体系，逐步解决国有企业与民营企业在参与市场竞争过程中的差别化待遇问题，以新一轮混合所有制改革推动国有企业与民营企业实现创新链、产业链之间的"国民共进"。

实证检验篇

理解迈向科技自立自强的能力基础

第十章　提升企业双元创新能力：
社会信任的视角[*]

创新不仅是企业竞争优势的来源，还是国家核心竞争力的关键。党的十八大以来，党中央高度重视创新驱动发展战略，并提出了建设创新型国家的战略路线图，科技创新成为国家发展全局的重要布局。党的二十大报告进一步要求"强化国家战略科技力量""加快实现高水平科技自立自强"[①]。从现实情况来看，自步入新发展阶段以来，我国整体层面的创新能力不断攀升，2021年全球创新指数排名中我国位列第十一位，处于新兴经济体与发展中国家的最佳水平。党的十八大吹响了经济高质量发展的行动号角，宏观经济层面已经整体上步入全面转型的改革深化期，具体表现为经济增速由高速增长转变为中高速增长，增长动能由传统要素驱动转向创新要素驱动。在微观层面，企业作为社会经济活动的主体，是创新的重要主体，其创新绩效对于提升企业核心竞争力乃至国家经济发展质量具有重要意义。从我国企业实际创新能力来看，不少企业依然处于传统要素驱动的增长模式之中，真正意义上的创新型企业相对较少（阳镇，2023）。究其原因，从制度环境来看，虽然我国的科研体系日益完备，科研队伍不断壮大，但仍然存在制度环境的不足之处，包括正式制度环境中的市场化、法治化对企业创新能力培育与激励效应不足，以及非正式制度环境中的文化包容性、信任环境异质性，使得在整体层面我国企业创新模式与创新能力千差万别。

更为关键的是，双元学习与双元创新理论自提出以来就受到学者的高度重视，双元创新理论将创新活动分为探索式创新与利用式创新，前者聚焦于长远导向不确定性更大的创新活动，致力于寻找全新的技术知识与相应的市场领域，后者则侧重于对现有技术的容量扩充，实现现有基础知识的迭代升级，面临的不确定性相对较小（March，1991）。这两种创新活动并非相互割裂的关系，而是相辅

---

* 本章发表于《科学学与科学技术管理》2023年第6期，有修改。

① 习近平. 高举中国特色社会主义伟大旗帜为全面建设社会主义现代化国家而团结奋斗——在中国共产党第二十次全国代表大会上的报告［M］. 北京：人民出版社，2022：35.

相成的，企业如何在现有资源的约束下平衡好利用式与探索式两类创新，成为企业创新过程中面临的重要现实问题。但不管是探索式创新还是利用式创新，总归是企业从事风险活动的市场行为，需要投入大量的物质资源、人力资源和组织资源等（陈劲等，2022）。因此，如何有效平衡转型过程中的两类创新活动，实现真正意义上的双元创新驱动发展，是我国各类企业目前亟待解决的重要与现实问题。

从既有驱动企业创新的影响因素的研究来看，目前的研究主要集中于委托代理视角、高管特征视角、制度环境视角等。不管是公司治理还是高管特征，其本质上都属于企业内部治理驱动企业创新的战略选择与实施过程。制度环境视角的研究聚焦于宏观层面的市场交易成本、司法保护等，有关非正式制度中的宗教、文化与信任等认知性要素对企业创新的影响研究有待深入。我国作为一个后发国家，与西方发达国家最根本的区别便是独特的制度环境，包括政府能力塑造"有为政府"的市场化制度，以及宗教、风俗、文化等纷繁复杂的非正式制度环境。Allen等（2005）认为中国改革开放以来经济的高速增长难以完全从正式制度中获得解释，非正式制度在中国经济发展中也发挥了重要作用。当地区间法律制度存在较大差异时，非正式制度是法律保护的重要替代机制（Ang et al.，2009）。因此，正是这种独特的制度环境使我国企业的创新战略选择与创新过程不同于发达国家的创新实践，制度成为解释我国企业创新之路别具一格的重要因素，特别是非正式制度。从目前非正式制度与企业行为的研究来看，围绕非正式制度（如风俗、文化、社会信任等）对公司治理影响的研究开始涌现，初步证实了非正式制度对企业行为（风险承担、企业融资行为）的影响（申丹琳，2019；贺京同等，2015；钱先航和曹春方，2013），为本章将非正式制度引入企业创新行为的研究框架奠定了理论基础。中国长期受到小农经济和传统儒家文化的影响，中国社会信任与西方国家社会信任存在较大差别，这是因为西方国家的征信体系较为完善，人际信任感更强，而中国社会信任呈现出二元分化格局，即存在血缘关系的家族成员之间存在较高信任，但对存在地缘关系的其他人和陌生人之间的信任感呈现一种渐弱的波纹差序格局（张维迎和柯荣住，2002）。信任是经济交换产生的基础，信任缺失会产生额外的经济运行成本。实质上，社会信任作为一种重要的非正式制度，被认为是除物质资本和人力资本外，促进经济发展和社会进步的重要因素，被视为宏观经济运行与微观企业市场活动中的"润滑剂"（张维迎和柯荣住，2002）。目前有关社会信任的研究主要集中在宏观经济发展和微观公司治理方面，从宏观经济发展来看，社会信任将推动金融市场完善（Guiso et al.，2009）、促进经济增长（吕朝凤和陈汉鹏，2019）；从微观公司治理来看，社会信任将在审计契约（Jha and Chen，2015）、高管薪酬等方面发挥公司治理作用（贾凡胜等，2017）。虽然有文献开始关注非正式制度中的文化环境（方言多样性、文化包容性）对企业创新的影响，却少有研究关注社会信任对企业创新的影响。

　　实质上，企业创新活动纷繁复杂、类型多样，包括颠覆式创新与渐进式创新、探索式创新与利用式创新。就企业双元创新而言，探索式创新是一种激进的破旧立新行为，利用式创新则是一种渐进的推陈出新行为，基于探索式创新与利用式创新的权衡问题成为企业抉择创新战略的不可回避的问题。因此，一方面，本章基于双元创新理论与制度经济学理论实证检验非正式制度（社会信任）对企业双元创新（探索式创新与利用式创新）的影响，探索基于我国制度环境下企业更倾向于选择何种创新类型更有助于企业实现真正意义上的可持续创新之路，实现迈向更高阶的创新驱动发展。另一方面，本章进一步实证检验社会信任驱动双元创新的内在机理，并探讨社会信任对企业双元创新的异质性影响，厘清社会信任作为一种非正式制度环境对企业双元创新的内在机理与情境异质性。基于此，本章的主要贡献体现为三大层面：第一，基于非正式制度与正式制度的动态协同共进视角，为研究新常态下影响我国企业创新活动的驱动因素，提供新的研究视角与经验证据；第二，拓展了非正式制度对企业创新类型的研究，基于双元创新理论证实了社会信任这一非正式制度在企业双元创新中发挥的异质性作用，弥补了从整体研究企业创新绩效的不足；第三，在实践层面，本章丰富了社会信任对企业创新战略选择的价值效应研究，为我国企业在当前信任环境下选择合意于企业自身创新战略，即基于"破旧立新"的探索式创新还是基于"推陈出新"的利用式创新策略提供实践启示。

一、理论分析与研究假设

（一）社会信任与双元创新

　　制度经济学与新制度主义理论都认为，基于正式制度与非正式制度构成的制度环境是决定微观企业行为的重要因素。法律、法规等正式制度是施加于行为主体的外在强制性或规范性约束，而社会习俗、行为规范与道德伦理等非正式制度则潜移默化地转化为行为主体的内在约束（Helmke and Levitsky，2004）。与制度建设较为完善的西方国家相比，作为经济转轨中的发展中国家，其社会规范、宗教、风俗等非正式制度因素能够作为正式制度的补充机制，进而对资源配置和企业行为产生影响。特别是社会信任作为非正式制度的重要组成部分，可以引导人们的行为遵循大多数人认可的社会规范，并将其内化为诚实守信的价值观。从企业层面而言，社会信任也将影响企业高管和员工的行为规范，减少自私的机会主义行为，更加信任交易对手，缓解了银行等债权人对企业债务违约的担忧（杨国超和盘宇章，2019）。创新作为一项风险与收益并存的战略行为，企业是否开展创新活动受到诸多因素的制约，其中核心因素是委托代理问题和融资约束。基于社会信任的交易不仅可以降低事前信息收集成本，还可以降低事后监督成本，缓解行为主体之间的信息不对称程度，提升企业的创新意愿。

社会信任主要通过以下两种途径提升企业创新活动：首先，有助于企业拓展融资渠道，降低融资成本，缓解融资约束。创新活动投资周期长、投入资金大的特点，对企业财务能力提出了更高的要求。大部分企业无法通过自有资金来保证创新投入，更多的是通过多种渠道进行融资，因而融资约束问题直接影响企业创新（林志帆和刘诗源，2017）。在社会信任度较高的地区，外部投资者能够及时了解到创新项目的进展，极大地降低信息不对称程度，提高企业创新能力（凌鸿程和孙怡龙，2019）。社会信任作为一种"软关系"，使企业与金融机构的关系更为融洽，民营企业的资金借贷更加容易（钱先航和曹春方，2013）、借贷期限更长、借款成本更低（张敦力等，2012）。这是因为，社会信任提高了行为主体之间的诚信意识，债务违约风险更低，提高了金融机构的贷款意愿，缓解了企业融资约束。而且社会信任增进了供应链上下游之间的亲密关系，在社会信任程度较高的地区，企业也更加容易获得商业信用（Wu et al.，2014），从而为企业参与创新活动提供了财务保障。社会信任除了能够扩大企业融资渠道外，还能够降低企业融资成本。信任可能来源于重复博弈，重复博弈的次数越多，失信的成本也就越高，为了获得重复博弈的机会，债券发行主体将做出更为可信的行为，从而降低投资者对发债企业的风险补偿（杨国超和盘宇章，2019）。如果投资者和企业之间能够相互信任，企业可以通过多种渠道以较低的成本进行融资，管理层也能够将更多的财务资金投入创新活动。

其次，有助于企业降低信息不对称，缓解委托代理问题。创新活动较之于企业其他的一般性经营活动而言，具有专业性强、机密性高、周期较长、不确定性大的特点，且创新收益具有明显的滞后性，而投资者对企业创新活动产生的经济收益往往难以估计，故而倾向于低估创新收益。同时创新失败率高的特点，导致股东等企业投资者难以掌握企业创新活动的真实情况，容易将创新过程中的短期业绩下滑归咎于高管的无能和偷懒，无形中增加了企业的监督成本。经理人可能出于职业担忧，产生负向激励，从而倾向于规避高风险的创新活动（Bernstein，2015）。然而社会信任恰好增强了投资者对经理人创新活动的信息，潘越等（2009）的研究发现在社会信任度较高的地区，人们倾向于选择相信而非怀疑他人，倾向于选择合作而非猜疑和算计，提升了个体之间的信息共享程度和共享效率，从而实现社会效率最大化。这就意味着社会信任降低了投资者的监督成本，有助于投资者客观、准确地评价经理人在创新活动中的专业能力和勤勉程度，减少了经理人的职业担忧，提高了企业创新意愿。Manso（2010）的研究发现短期内容忍创新失败风险，长期内给予创新成功丰厚的奖励是激励创新的最有效合约。如果投资者和经理人之间相互信任，投资者不会直接将创新失败直接归结于经理人的无能和偷懒，经理人也具有更多的自由决策空间，投资者和经理人对创新失败的相互包容无疑是一种正向激励，从而提升了企业创新活动。

根据组织双元理论，可以将企业的创新活动划分为探索式创新和利用式创新（March，1991）。毕晓方等（2017）认为探索式创新是指企业借助新知识或新技术，脱离原有技术轨道以迎合未来市场所进行的创新活动；利用式创新是指企业以既有的知识和技术为基础，满足现有市场需求以进一步开拓现有市场所进行的创新活动。利用式创新的成功能够实现企业中短期绩效的提升，而探索式创新的成功能够带来长期绩效红利，有助于企业长远发展。与利用式创新相比，探索式创新具有研发周期更长、资金投入更大、失败风险更高、技术溢出明显、战略进攻性更强的特点。Gibson和Birkinshaw（2004）认为企业应当寻求探索式创新和利用式创新之间的权衡，一方面企业需要进行探索式创新以获得新知识、开发新产品、开拓新市场；另一方面企业需要进行利用式创新整合现有知识、提高产品性能、拓展产品功能。根据前面的分析可知，社会信任一方面有助于企业降低信息不对称，缓解委托代理问题；另一方面有助于企业拓展融资渠道，降低融资成本，缓解融资约束问题。在社会信任环境下，采取探索式创新能够开辟新市场，形成新的竞争力，有助于企业长期发展；而采取利用式创新能够进一步满足客户需求，提升客户黏性，有助于改善企业短期绩效。既然利润作为企业追求的最终目标，那么企业在信任环境中，不仅有助于提高探索式创新还有助于提高利用式创新。因此，本章提出如下研究假设：

H1a：在其他条件相同的情况下，企业所处的社会信任环境越好，其探索式创新水平越高。

H1b：在其他条件相同的情况下，企业所处的社会信任环境越好，其利用式创新水平越高。

（二）产权性质的调节作用

我国是社会主义市场经济体制，较之于西方国家的产权制度而言，其特殊性在于基于公有制为主体的社会主义经济中存在着大量的国有企业和非国有企业，它们在诸多方面表现出明显的差异，在融资约束方面也是如此。创新活动的投资周期较长、投资风险较大，良好的物质基础是企业实施创新战略的关键，因此在研究企业创新时，不得不考虑产权性质的影响。一方面，企业与银行之间存在信息不对称，在非国有企业更容易出现"惜贷""慎贷"问题；另一方面，政府在信贷资源的配置方面仍然具有决定性的影响，更容易从金融机构获得贷款（盛明泉等，2012）。较之于民营企业，国有企业由于委托代理链条过长，监督约束机制相对不健全，其在内部运营管理过程中缺乏足够的创业企业家精神，导致企业管理制度僵化，激励机制不够完善，国有企业领导的任命和晋升受到上级领导的主导，这就导致国有企业领导更加关心企业短期绩效以及短期的政绩，对于这种投资周期更长、风险更大的创新活动不太重视，特别是对于具有周期较长与不确定性更高的探索式创新活动。李莉等（2018）认为国有企业的领导更容易出现短视行为，因此国有企业的创新行为要弱于非国有企业。同时国有企业具有政府背景，通常有政府作为隐性担保，这使得投资者相信即使企业出现了经营风险，政府也会进行兜底保证，从而导致投资者形成"刚性兑付预期"（杨国超和盘宇章，2019）。这种"刚性兑付预期"导致基于社会信任的融资功能有所削弱，降低了社会信任缓解企业融资约束的作用。综合上述分析，社会信任对两类创新活动的促进作用在非国有企业中更加显著。因此，本章提出如下研究假设：

H2a：在其他条件相同的情况下，非国有企业产权正向调节社会信任与企业探索式创新之间的关系，即社会信任对企业探索式创新的促进作用在非国有企业中更显著。

H2b：在其他条件相同的情况下，非国有企业产权正向调节社会信任与企业利用式创新之间的关系，即社会信任对企业利用式创新的促进作用在非国有企业中更显著。

（三）正式制度的调节作用

法律等正式制度是保护个体利益的重要外部环境。我国正处于市场化转型阶段，包括法律在内的正式制度也在不断完善中；同时我国区域之间市场化进程不同步，东西部地区法律制度和执法环境存在较大差异，这使得不同地区间的正式制度存在较大差异。已有研究证实了正式制度对企业创新的激励作用（Ang et al.，2014），法律作为一种正式制度，可以保护投资者的合法权益，约束经理人的短视行为，提高了企业创新意愿（韩美妮和王福胜，2016）。同时，社会信任等非正式制度作为一种社会合法性机制，能够对企业创新投入及全要素生产率产生显著的正向影响（凌鸿程和孙怡龙，2019；阳镇和陈劲，2021）。制度经济学家认为，正式制度和非正式制度是整个制度体系的重要组成部分，都将对个体的行为决策产生重要影响。那么，非正式制度与正式制度在提高企业双元创新方面究竟是发挥互补作用，还是发挥替代作用？

实质上，正式制度和非正式制度的关系存在两种情况：一方面，非正式制度有助于培育正式制度实施的环境，而正式制度的事前威慑和事后惩罚也为非正式制度作用的发挥提供了保障，即非正式制度与正式制度的完善过程为相互依赖的螺旋式上升过程（互补关系）。陈冬华等（2013）认为正式制度和非正式制度在改善公司治理水平中存在一定的互补关系，共同推进了公司治理的进步，最终实现"1+1>2"的效果。另一方面，正式制度和非正式制度发挥治理功能时各自互不干扰、互不依赖，同时它们的完善进化过程也是相互独立的上升过程（替代关系）。如果正式制度较为健全，那么个体的行为决策将更加依赖于正式制度，从而导致非正式制度的作用下降；反之如果正式制度无法保障社会体制的运行，那么个体往往会寻求更低层次的非正式制度。徐细雄和李万利（2019）认为当正式制度不够完善时，非正式制度作为一种隐性的制度替代正式制度的不足。综合上述分析，社会信任与正式制度之间有可能是互补关系，也有可能是替代关系。因此，本章提出如下研究假设：

H3a：在其他条件相同的情况下，正式制度正向调节社会信任与企业双元创新之间的关系，即社会信任对企业双元创新的促进作用在正式制度较好地区的企业中更显著（互补关系）。

H3b：在其他条件相同的情况下，正式制度负向调节社会信任与企业双元创新之间的关系，即社会信任对企业双元创新的促进作用在正式制度较差地区的企业中更显著（替代关系）。

二、研究设计

（一）样本选择与来源

本章实证部分的数据主要来源于三部分：第一部分是2012年世界银行中国制造业企业调查数据。虽然有学者使用上市公司研发支出资本化和费用化来度量企业双元创新行为，但可能受外包、财务信息舞弊等因素的影响，而且度量准确性有待提高。目前2012年世界银行调查数据库为研究企业双元创新提供了较为可靠的数据样本，该数据调查时间为2011年12月至2013年2月，调查方法根据企业注册域名进行分层随机抽样，调查范围涵盖了中国东部、中部、西部三大区域12个省（区、市）25座城市，调查行业涉及食品制造业、金属制品业、交通运输设备制造业、精密仪器制造业等 20 多个行业，调查内容包括企业基本信息、客户与供应商、创新与技术、金融服务等多个方面。第二部分是社会信任数据，来源于《CEI 蓝皮书：2012 年中国城市商业信用环境指数》。第三部分是法律制度数据，来源于《中国分省份市场化指数报告（2018）》中的 2012 年数据（王小鲁等，2019）。为了更好地展开研究，本章删除了服务业样本、信息缺失、未回答或回答不清楚的样本。筛选后样本最终包含了 1479 家企业，占调查样本制造业的 86.6%。

（二）变量定义

1. 被解释变量

企业双元创新：探索式创新（EI）和利用式创新（DI）。虽然有些学者基于会计核算方法使用上市公司研发活动中的费用化支出和资本化支出来研究企业双元创新，但费用化支出和资本化支出可能受外包、财务信息舞弊等因素的影响，同时存在统计不全面、数据错误缺失的问题。基于此，本章借鉴 Benner 和 Tushman（2003）的做法，把企业技术创新行为作为标准：将开发新产品或服务归为探索式创新，存在探索式创新行为定义为 1，否则定义为 0；将产品工艺改进、质量控制改进、添加产品功能和降低生产成本归为利用式创新，存在该行为定义为 1，否则定义为 0，最后进行加总求和，数值越大说明企业利用式创新行为越丰富。

2. 解释变量

社会信任（Trust）：参照钱先航和曹春方（2013）的做法，把中国管理科学研究院编制的"中国城市商业信用环境指数"作为企业所处的城市信任环境。考虑到世界银行调查的会计年度是 2012 年，本章把 2012 年的信用环境指数作为城市社会信任的代理变量。

3. 调节变量

产权性质（POE）和正式制度（Regime）。借鉴林志帆和刘诗源（2017）的做法，如果国有资本持有比重大于 0 则定义为国有企业，否则定义为非国有企业。参考目前大多数有关制度文献，把王小鲁等（2019）的法律制度环境指数（2012 年数据）作为正式制度的代理变量。

4. 控制变量

根据已有文献，本章把研发投入（RD）、企业规模（Size）、企业年龄（Age）、高管性别（Gender）、成长能力（Growth）、出口状态（Export）、融资约束（FC）、国际认证（Certifi）、信息化程度（Infor）等指标作为控制变量，并加入行业虚拟变量以控制行业固定效应①。各变量的具体定义如表 10-1 所示。

表 10-1　变量选择与定义

变量类型	变量名称	变量符号	问卷题号	变量定义
被解释变量	探索式创新	EI	CNo14e	开发新产品或新服务定义为 1，否则定义为 0
	利用式创新	DI	CNo14a	产品工艺改进定义为 1，否则定义为 0
			CNo14b	质量控制改进定义为 1，否则定义为 0
			CNo14f	添加产品功能定义为 1，否则定义为 0
			CNo14g	降低生产成本定义为 1，否则定义为 0
				最后加总求和
解释变量	社会信任	Trust	—	《CEI 蓝皮书：2012 年中国城市商业信用环境指数》
调节变量	产权性质	POE	B2c	国有资本比重为 0% 定义为 0，否则定义为 1
	正式制度	Regime	—	《中国分省份市场化指数报告（2018）》
控制变量	研发投入	RD	CNo3	进行研发活动定义为 1，否则定义为 0
	企业规模	Size	L1	Ln（员工人数）
	企业年龄	Age	B5	Ln（2012-企业成立年份）
	高管性别	Gender	B7a	高管性别为女定义为 1，否则定义为 0
	成长能力	Growth	D2、N3	Ln（2011 年销售额/2009 年销售额）/2
	出口状态	Export	E1	主要产品销往海外定义为 1，否则定义为 0
	融资约束	FC	K7	企业没有透支账户定义为 1，否则定义为 0
	国际认证	Certifi	B8	有国际质量认证定义为 1，否则定义为 0
	信息化程度	Infor	CNo8	工作中使用电脑的员工比例
	行业哑变量	Ind	A4a	行业虚拟变量

（三）模型设定

借鉴钱先航和曹春方（2013）、凌鸿程和孙怡龙（2019）的做法，采用 OLS 的方法检验社会信任与企业创新的关系。为了检验前文提出的假设 H1a 和假设 H1b，社会信任对探索式创新和利用式创新的正向促进作用，构建模型（10-1）和模型（10-2）：

$$EI = \alpha_0 + \alpha_1 Trust + \sum \alpha_j Control + \sum Ind + \varepsilon \qquad (10-1)$$

①　根据 OECD 技术密集度将本章涉及的行业分为低技术、中低技术、中高技术和高技术四个行业，并据此设置了 3 个行业哑变量。

$$DI = \alpha_0 + \alpha_1 Trust + \sum \alpha_j Control + \sum Ind + \varepsilon \qquad (10\text{-}2)$$

分别以探索式创新（EI）和利用式创新（DI）为被解释变量进行回归处理，主要解释变量是城市社会信任环境（Trust）。由于被解释变量探索式创新（EI）为 0~1 变量，故采用 Logit 计量回归模型；由于被解释变量利用式创新（DI）是 0~4 的整数，反映的是企业利用式创新的程度，故采用有序 Logit 计量回归模型。为了减少异方差的影响，在回归中使用稳健标准误进行分析。若系数 β_1 显著为正，则支持了假设 H1a 和假设 H1b，即企业所处社会信任水平越高，企业的探索式创新和利用式创新水平越高。

为了检验假设 H2a 和假设 H2b，即社会信任对探索式创新和利用式创新的促进作用在非国有企业中更加明显，构建模型（10-3）和模型（10-4）：

$$EI = \beta_0 + \beta_1 Trust + \beta_2 Trust \times POE + \beta_3 POE + \sum \beta_j Control + \sum Ind + \varepsilon \qquad (10\text{-}3)$$

$$DI = \beta_0 + \beta_1 Trust + \beta_2 Trust \times POE + \beta_3 POE + \sum \beta_j Control + \sum Ind + \varepsilon \qquad (10\text{-}4)$$

在模型（10-3）和模型（10-4）中加入了社会信任（Trust）与产权性质（POE）的交互项，预期交互项的回归系数 $\beta_2 > 0$。

为了检验假设 H3a 和假设 H3b，即正式制度在社会信任与探索式创新和利用式创新之间的调节效应，加入了社会信任（Trust）与正式制度（Regime）的交互项，构建模型（10-5）和模型（10-6）：

$$EI = \gamma_0 + \gamma_1 Trust + \gamma_2 Trust \times Regime + \gamma_3 Regime + \sum \gamma_j Control + \sum Ind + \varepsilon \qquad (10\text{-}5)$$

$$DI = \gamma_0 + \gamma_1 Trust + \gamma_2 Trust \times Regime + \gamma_3 Regime + \sum \gamma_j Control + \sum Ind + \varepsilon \qquad (10\text{-}6)$$

三、实证结果与经济解释

（一）描述性统计分析

表 10-2 为描述性统计结果。在研究样本中，企业探索式创新和利用式创新的差异较大，均值分别为 0.522 和 2.335，标准差分别为 0.500 和 1.486；社会信任指标的最大值为 86.606，最小值为 63.087，标准差为 3.855，说明各地区之间的信任环境存在较大差异，这有助于考察不同信任环境下的企业双元创新；研发

投入的中位数为 0.000，说明样本的研发投入偏低，超过一半的企业研发投入为零，为我国研发投入不足问题提供了初步证据；产权性质的均值为 0.953，说明样本中超过95%的企业是非国有企业；正式制度的最大值为 13.100，最小值为1.840，说明各地区之间的正式制度存在较大差异；其他变量的描述性统计结果与前人的研究基本一致。

表 10-2　主要变量描述性统计结果

变量	观测值	均值	标准差	最小值	中位数	最大值
EI	1479	0.522	0.500	0.000	1.000	1.000
DI	1479	2.335	1.486	0.000	2.000	4.000
Trust	1479	70.074	3.855	63.087	69.728	86.606
RD	1479	0.421	0.494	0.000	0.000	1.000
Size	1479	4.408	1.255	1.792	4.382	8.158
Age	1479	2.432	0.482	1.099	2.398	3.714
Gender	1479	0.080	0.272	0.000	0.000	1.000
Growth	1479	8.545	0.862	6.658	8.458	11.315
Export	1479	0.089	0.285	0.000	0.000	1.000
FC	1479	0.671	0.470	0.000	1.000	1.000
Certifi	1479	0.705	0.456	0.000	1.000	1.000
Infor	1479	0.266	0.199	0.020	0.200	1.000
POE	1479	0.953	0.212	0.000	1.000	1.000
Regime	1479	7.133	4.069	1.840	7.540	13.100

（二）多元回归分析

表 10-3 的第（1）列和第（2）列分别是探索式创新和利用式创新的基准回归结果，可以看出，在控制其他影响因素及行业固定效应后，社会信任对不同创新模式的促进作用存在差异：社会信任与企业探索式创新的回归系数为 0.211，在 1% 水平下显著；与企业利用式创新的回归系数为 0.123，在 5% 水平下显著。这就说明地区社会信任有助于企业双元创新，特别是企业探索式创新，验证了理论假设 H1a 和假设 H1b。在社会信任环境下，企业渴望实现创新发展。这一结果表明：技术创新作为企业生存发展的内在驱动力，在市场竞争日益剧烈的今天，企业想要实现"弯道超车"，在信任环境下选择"破旧立新"的探索式创新，未必不是一次"破釜沉舟"的尝试。企业生存发展必须依赖不断创新，但创新不

是"一蹴而就"的活动，也存在研发失败的风险。因此企业在面临风险与收益的博弈时，信任环境下选择"推陈出新"的利用式创新，未尝不是一种稳中求进的策略。

表 10-3　实证检验结果

变量	基准回归		加入产权性质调节变量		加入正式制度调节变量	
	（1）	（2）	（3）	（4）	（5）	（6）
	探索式	利用式	探索式	利用式	探索式	利用式
Trust	0.211*** (3.474)	0.123** (2.313)	0.162** (2.560)	0.108** (1.963)	0.299*** (4.823)	0.187*** (3.426)
POE	—	—	0.276*** (4.528)	0.050 (1.418)	—	—
Regine	—	—	—	—	0.497*** (7.707)	0.414*** (8.005)
Trust×POE	—	—	0.173* (1.657)	0.067 (0.765)	—	—
Trust×Regime	—	—	—	—	−0.175** (−2.304)	−0.087 (−1.494)
RD	1.335*** (10.565)	1.494*** (13.225)	1.301*** (10.177)	1.485*** (13.053)	1.429*** (10.988)	1.568*** (13.556)
Size	0.050 (0.735)	0.137** (2.384)	0.061 (0.887)	0.138** (2.402)	0.031 (0.449)	0.129** (2.198)
Age	0.017 (0.145)	0.159 (1.523)	0.025 (0.214)	0.162 (1.556)	0.047 (0.380)	0.172 (1.626)
Gender	0.465** (2.217)	0.288 (1.544)	0.463** (2.187)	0.287 (1.526)	0.566*** (2.605)	0.358* (1.898)
Growth	0.169 (1.630)	0.119 (1.456)	0.180* (1.707)	0.120 (1.463)	0.226** (2.118)	0.157* (1.847)
Export	0.305 (1.489)	0.248 (1.299)	0.259 (1.267)	0.239 (1.250)	0.283 (1.366)	0.200 (1.040)
FC	−0.340** (−2.567)	−0.201* (−1.788)	−0.300** (−2.248)	−0.192* (−1.696)	−0.390*** (−2.888)	−0.194* (−1.738)
Certifi	0.247* (1.799)	0.556*** (4.513)	0.289** (2.099)	0.565*** (4.551)	0.180 (1.304)	0.517*** (4.230)
Infor	−0.335 (−1.108)	−0.872*** (−3.400)	−0.088 (−0.281)	−0.819*** (−3.091)	−0.367 (−1.180)	−0.929*** (−3.510)

续表

变量	基准回归		加入产权性质调节变量		加入正式制度调节变量	
	(1)	(2)	(3)	(4)	(5)	(6)
	探索式	利用式	探索式	利用式	探索式	利用式
_cons	−2.127*** (−2.776)	—	−2.418*** (−3.097)	—	−2.420*** (−3.069)	—
行业特征	控制	控制	控制	控制	控制	控制
Chi^2	226.885	410.229	249.172	434.213	242.779	426.893
Pseudo R^2	0.129	0.091	0.136	0.092	0.160	0.106
N	1479	1479	1479	1479	1479	1479

注：括号内为经异方差调整后的 z 值；***、**、*分别表示在1%、5%、10%下的统计显著水平，下同。

表 10-3 的第（3）列和第（4）列是加入了产权性质调节变量的回归结果，从模型的 Pseudo R^2 来看均有所提高。第（3）列交互项的回归系数为0.173，在10%水平下显著，表明产权性质正向调节了社会信任对企业探索式创新的影响，即社会信任对探索式创新的促进作用在非国有企业中更加明显，证实了理论假设 H2a。非国有企业所处的竞争环境更加激烈，普遍存在"融资难、融资贵"的问题，社会信任这一非正式制度的存在缓解了非国有企业融资约束，更有可能在社会信任环境下筹措到资金进行探索式创新，实现企业高质量创新发展。国有企业在一定程度上具有政府背景，在融资市场上存在隐性担保，相对而言融资约束不再是刚性约束。而且国有企业存在多重委托代理关系，从事创新活动的积极性不高，是否进行"破旧立新"的探索式创新行为并不依赖于社会信任衍生出来的融资能力。在利用式创新方面，第（4）列的回归系数虽然不显著但依然为正，表明产权性质对社会信任与企业利用式创新的关系没有影响，与理论假设 H2b 不符。出现这种情况的原因是，利用式创新作为一种稳中求进的渐进式创新，无论是国有企业还是非国有企业都普遍存在。而且与探索式创新相比，利用式创新专业性相对较弱、机密性相对较低，资金供求信息不对称问题相对较小，由此导致的委托代理问题相对更小，更容易受到资本市场的青睐，因此社会信任对企业是否进行利用式创新的影响在国有企业和非国有企业中不存在差异。

表 10-3 的第（5）列和第（6）列是加入了正式制度调节变量的回归结果。第（5）列结果显示，社会信任与正式制度交互项的回归系数为−0.175，在5%水平下显著，表明正式制度负向调节社会信任与企业探索式创新之间的关系，即

社会信任这种非正式制度与法律这种正式制度在促进企业探索式创新方面表现为替代而非互补关系，非正式制度在促进企业探索式创新中实现了对正式制度的有效替代，验证了理论假设 H3a。在正式制度较为完善的地区，对投资者的保护更强、债务违约风险更低，从而使得资本市场的资源配置更为有效，社会信任这种"软关系"难以发挥作用。在正式制度较差的地区，投资者的权益得不到充分保护，而且信息传播途径较少，资金供求匹配程度较低，常常导致资本市场的资源错配，企业面临的融资约束问题更为严峻，此时社会信任有可能成为调节资本市场的"润滑剂"，从而发挥替代作用帮助企业提高融资能力，进行难度更大的探索式创新。在利用式创新方面，第（6）列的回归系数虽然为负，但不显著，表明社会信任这种非正式制度与法律这种正式制度在促进企业利用式创新方面并不存在显著的替代关系或互补关系。出现这种情况的原因是，利用式创新确定性强、投资风险小，信息相对透明，不存在严重的委托代理问题，更容易被投资者理解和接受，更不容易受到融资能力的制约，因此企业利用式创新更不容易受到正式制度和非正式制度交互作用的影响。此外，法律制度的回归系数均显著为正，说明完善的法律制度有助于提升企业探索式创新和利用式创新。

在控制变量方面：研发投入（RD）的回归系数在双元创新中均显著为正，说明企业研发投入是实现企业创新的重要因素；企业规模（Size）的回归系数仅在利用式创新中显著为正，说明大规模企业倾向于进行利用式创新；高管性别（Gender）的回归系数在探索式创新中显著为正，说明女性高管倾向于进行探索式创新，可能的原因是进入管理层的中国职场女性必然要比男性付出更多的辛苦和努力，具有更加坚毅和刚强的性格以及较强的风险承担意识（李彬等，2017）；融资约束（FC）的回归系数在双元创新中均显著为负，说明不管是探索式创新还是利用式创新，资金都是重要约束；国际认证（Certifi）的回归系数在双元创新中基本均显著为正，说明质量认证能够规范企业创新过程，有助于提升企业形象和声誉，从而推动了企业双元创新；信息化程度（Infor）的回归系数仅在利用式创新中显著为负，说明信息化建设降低了企业利用式创新，可能的原因是中国的企业管理能力与西方发达国家相比还存在一定的差距，在企业管理能力存在缺陷的情况下，企业无法有效协调和整合各种资源，难以在不同资源之间获得协同效应，甚至有可能在资源调度过程中出现相互干扰的情况，最终体现为抑制效应（董祺，2013）。

（三）稳健性检验

1. 变更计量方法

为了进一步检验研究结论的可靠性，本章分别使用 Probit 和 Tobit 计量回归模型对企业探索式创新及企业利用式创新进行稳健性检验。具体检验结果如表 10-4 所示。在基准回归结果中，社会信任的回归系数分别为 0.126 和 0.157，分别在 1% 和 5% 水平下显著，表明社会信任促进了企业双元创新行为，验证了假设 H1a 和假设 H1b。在加入产权性质调节变量后，社会信任与产权性质的交互项存在异质性，即对于探索式创新交互项的回归系数在 10% 水平下显著为正，对于利用式创新交互项则不显著，表明产权性质仅在社会信任与企业探索式创新中起调节作用。加入正式制度调节变量，社会信任与正式制度交互项的回归系数仅在探索式创新中显著，表明非正式制度对正式制度的有效替代仅在探索式创新方面。研究结论与前文一致，证实了研究结论的可靠性。

表 10-4 变更计量方法检验结果

变量	基准回归		加入产权性质调节变量		加入正式制度调节变量	
	(1)	(2)	(3)	(4)	(5)	(6)
	探索式	利用式	探索式	利用式	探索式	利用式
Trust	0.126*** (3.462)	0.157** (2.323)	0.095** (2.480)	0.139* (1.960)	0.175*** (4.724)	0.234*** (3.446)
POE	—	—	0.174*** (4.620)	0.034 (0.701)	—	—
Regime	—	—	—	—	0.293*** (7.750)	0.552*** (8.130)
Trust×POE	—	—	0.113* (1.700)	0.090 (0.708)	—	—
Trust×Regime	—	—	—	—	−0.100** (−2.182)	−0.095 (−1.262)
RD	0.822*** (10.724)	2.004*** (13.287)	0.800*** (10.354)	1.999*** (13.138)	0.866*** (11.133)	2.018*** (13.721)
Size	0.031 (0.744)	0.199*** (2.630)	0.039 (0.921)	0.199*** (2.633)	0.019 (0.450)	0.180** (2.416)
Age	0.015 (0.207)	0.192 (1.419)	0.018 (0.246)	0.195 (1.439)	0.032 (0.423)	0.209 (1.572)
Gender	0.292** (2.280)	0.365 (1.472)	0.290** (2.254)	0.369 (1.482)	0.352*** (2.710)	0.449* (1.881)
Growth	0.102 (1.633)	0.150 (1.391)	0.107* (1.691)	0.150 (1.395)	0.135** (2.121)	0.191* (1.774)

续表

变量	基准回归		加入产权性质调节变量		加入正式制度调节变量	
	（1）	（2）	（3）	（4）	（5）	（6）
	探索式	利用式	探索式	利用式	探索式	利用式
Export	0.185	0.245	0.155	0.241	0.173	0.197
	（1.485）	（0.968）	（1.250）	（0.951）	（1.379）	（0.800）
FC	−0.207***	−0.186	−0.184**	−0.182	−0.227***	−0.197
	（−2.593）	（−1.258）	（−2.284）	（−1.226）	（−2.792）	（−1.379）
Certifi	0.145*	0.775***	0.171**	0.778***	0.108	0.701***
	（1.754）	（4.890）	（2.062）	（4.868）	（1.292）	（4.576）
Infor	−0.194	−1.127***	−0.041	−1.101***	−0.202	−1.141***
	（−1.065）	（−3.466）	（−0.217）	（−3.273）	（−1.091）	（−3.568）
_cons	−1.312***	−0.998	−1.473***	−1.027	−1.475***	−1.128
	（−2.840）	（−1.268）	（−3.147）	（−1.298）	（−3.140）	（−1.429）
行业特征	控制	控制	控制	控制	控制	控制
Chi^2	245.345	31.101	270.729	28.254	275.859	29.094
Pse. R^2	0.129	0.083	0.137	0.083	0.159	0.097
N	1479	1479	1479	1479	1479	1479

注：括号内为经异方差调整后的 z 值或 t 值，下同。

2. 内生性检验

考虑到社会信任与企业双元创新之间可能存在的内生性问题，本章参考凌鸿程和孙怡龙（2019）的做法，使用2011年各省区市每万人无偿献血率作为社会信任的工具变量。使用2011年数据的原因一是囿于数据获取的制约，二是可以进一步缓解内生性问题。一般而言，无偿献血率可以衡量一个地区的互助程度，互助程度可以反映地区的社会信任水平，而且无偿献血率与企业创新之间并不存在直接的联系，可以作为社会信任影响企业创新的有效工具变量。内生性检验结果如表10-5所示：第一阶段回归结果表明，无偿献血率与社会信任水平正相关，且在1%水平下显著；第二阶段回归结果表明，在考虑可能存在的反向因果关系后，社会信任对企业双元创新（DI 和 EI）的促进作用依然显著，进一步验证了研究结论的可靠性。

表 10-5 内生性检验结果

变量	第一阶段	第二阶段	
	(1)	(2)	(3)
	社会信任	探索式	利用式
Blood	0.080***	—	—
	(9.660)		
Trust	—	0.180***	0.106*
		(2.667)	(1.957)
RD	0.816***	1.478***	1.584***
	(4.079)	(11.133)	(13.388)
Size	0.001	0.032	0.125**
	(0.006)	(0.463)	(2.159)
Age	−0.228	0.001	0.148
	(−1.252)	(0.008)	(1.413)
Gender	0.896***	0.633***	0.392**
	(2.803)	(2.951)	(2.074)
Growth	0.024	0.209**	0.144*
	(0.144)	(2.050)	(1.748)
Export	0.536*	0.382*	0.291
	(1.777)	(1.865)	(1.519)
FC	0.539***	−0.191	−0.113
	(2.599)	(−1.404)	(−0.945)
Certifi	0.786***	0.348**	0.619***
	(3.768)	(2.513)	(5.002)
Infor	1.508***	−0.024	−0.709***
	(3.163)	(−0.077)	(−2.699)
_cons	60.648***	−2.702***	—
	(43.378)	(−3.551)	
行业特征	控制	控制	控制
F/Chi^2	12.778	227.212	394.590
Adj. R^2/Pse. R^2	0.218	0.126	0.091
N	1479	1479	1479

（四）影响机制分析

为进一步分析为何社会信任能够对企业的双元创新行为带来正向激励效应，即探究社会信任影响双元创新行为的内在机理。实质上，由于不管是探索式创新还是利用式创新，其本质上都属于企业的一种风险性投入行为，这一过程中需要较为宽松的融资环境的支持（申丹琳，2019；杨国超和盘宇章，2019）。社会信任这一特殊的非正式制度恰好在某种意义上提供了商业信用，缓解了企业融资约束。基于此，本章使用"企业是否透支信贷额度"这一问卷题项为因变量，基于 Logit 模型进一步考察社会信任对企业融资约束的影响。在考察社会信任通过缓解融资约束促进双元创新时，分两种情况进行探讨：一种情况是企业不存在创新活动，那么社会信任对缓解融资约束不那么重要；相反如果企业存在创新活动，那么社会信任对于缓解融资约束的作用将是显著的。基于这一思路，回归结果如表 10-6 所示，模型（1）和模型（3）结果表明，在企业存在创新活动的情况下，社会信任显著缓解了企业融资约束，均通过了 1% 水平的显著性检验，这就意味着社会信任能够显著地降低企业的融资约束，改善企业的融资环境，为企业开展双元创新提供更加友好的金融资源支持。模型（2）和模型（4）结果表明，当企业不存在创新活动时，社会信任对于缓解融资约束的作用并不显著。

表 10-6　融资约束机制检验

变量	融资约束		融资约束	
	（1）	（2）	（3）	（4）
	EI>0	EI=0	DI>0	DI=0
Trust	−0.378 ***	0.002	−0.249 ***	0.253
	（−4.687）	（0.023）	（−3.746）	（1.302）
Size	0.255 **	0.389 ***	0.200 **	1.477 ***
	（2.392）	（3.592）	（2.528）	（4.261）
Age	0.562 ***	−0.292	0.211	0.106
	（3.236）	（−1.507）	（1.581）	（0.257）
Gender	0.161	1.185 ***	0.419 *	1.444 **
	（0.565）	（3.246）	（1.701）	（2.322）
Growth	−0.036	0.078	0.113	−0.294
	（−0.233）	（0.477）	（0.964）	（−0.629）

续表

变量	融资约束		融资约束	
	（1）	（2）	（3）	（4）
	EI＞0	EI＝0	DI＞0	DI＝0
Export	−0.170	−0.898**	−0.456*	0.060
	（−0.642）	（−1.997）	（−1.907）	（0.102）
Certifi	1.009***	0.339	0.795***	−0.145
	（4.584）	（1.478）	（4.601）	（−0.298）
Infor	−0.940**	−1.054**	−1.756***	2.083*
	（−2.132）	（−2.194）	（−4.871）	（1.799）
_cons	−2.994***	−2.376**	−2.981***	−5.367*
	（−2.659）	（−1.976）	（−3.471）	（−1.757）
行业特征	控制	控制	控制	控制
Chi^2	88.996	50.047	95.609	51.499
Pse. R^2	0.105	0.072	0.074	0.343
N	772	707	1253	226

注：括号内为经异方差调整后的 z 值或 t 值，下同。

虽然双元创新理论认为，不管是探索式创新还是利用式创新，都需要大量的研发投入。但探索式创新是一种周期性更长、不确定性更大的创新活动，与利用式创新相比需要更多的研发投入。社会信任这一非正式制度在某种意义上降低投资者的沟通成本，缓解了信息不对称问题，而且信任环境下投资者对管理者创新失败的宽容度更大，因此管理者在社会信任度较高的环境下将通过增加研发投入促进企业双元创新活动。因此，本章进一步基于研发投入的视角解释为何社会信任最终促进了双元创新行为。基于数据的可得性，本章以"过去3年里，企业是否进行过研究与开发活动"这一问题为因变量，检验社会信任对企业研发投入的影响。基本思路与前文一致，回归结果如表10-7所示。模型（1）和模型（3）的结果表明，在企业有创新活动的情况下，社会信任对企业研发投入产生显著的正向影响，通过了1%水平的显著性检验，意味着社会信任缓解了信息不对称问题，提高了企业研发投入，即社会信任提高投资者和管理者之间的相互认同感，基于对管理者的信任，投资者对企业的创新活动更加理解，同时对创新活动中的风险也更为宽容，所以管理者有更强的意愿参与高风险的创新活动。模型（2）和模型（4）结果表明，当企业不存在创新成果时，社会信任对研发投入的影响并不显著。

表10-7 研发投入机制检验

变量	研发投入		研发投入	
	（1）	（2）	（3）	（4）
	EI>0	EI=0	DI>0	DI=0
Trust	0.238***	0.071	0.172***	0.145
	(2.576)	(0.875)	(2.617)	(0.794)
Size	0.137	−0.028	−0.022	0.220
	(1.375)	(−0.227)	(−0.267)	(1.275)
Age	−0.201	0.244	0.055	−0.205
	(−1.116)	(1.361)	(0.420)	(−0.527)
Gender	−0.495	0.068	0.178	−1.135
	(−1.099)	(0.247)	(0.780)	(−1.385)
Growth	0.555***	0.727***	0.799***	0.325
	(3.852)	(4.120)	(6.446)	(1.126)
Export	0.145	0.153	0.163	0.870
	(0.381)	(0.578)	(0.771)	(1.282)
Certifi	0.165	0.344*	0.143	0.283
	(0.736)	(1.819)	(0.956)	(0.607)
Infor	−1.086*	0.358	−0.753**	3.430***
	(−1.765)	(0.805)	(−2.251)	(2.824)
_cons	−5.545***	−6.399***	−6.513***	−6.871***
	(−5.111)	(−5.008)	(−7.316)	(−3.227)
行业特征	控制	控制	控制	控制
Chi^2	52.614	73.292	132.637	27.977
Pse. R^2	0.076	0.087	0.097	0.152
N	772	707	1253	226

为了进一步检验合作研发机制，本章还以"过去3年里，企业与其他公司签约的合作研发活动费用"的自然对数为因变量，进一步检验社会信任对企业合作研发（lnCopRD）的影响。中介效应三步法的回归结果如表10-8所示，模型（1）和模型（2）的回归结果表明社会信任对企业双元创新活动存在显著的促进作用，但回归结果与表10-3略有区别，这是因为表10-3加入了研发投入（RD）控制变量，以企业合作研发为中介效应的模型继续加入研发投入变量将产生严重的多重共线性问题。模型（3）表明社会信任环境有助于企业展开开放式的合作创新模式，模型（4）和模型（5）社会信任的回归系数与模型（1）和模

型（2）相比下降较大，且企业合作研发对双元创新也存在显著正向影响。这意味着社会信任缓解了企业之间的信息不对称问题，增加了研发团队之间的信任度、忠诚度以及奉献精神。在社会信任环境下，企业技术员工尤其是研发人员更加青睐开放式创新带来的"头脑风暴"，即社会信任通过提高企业合作研发促进企业双元创新行为。

表 10-8　合作研发的中介效应检验

变量	探索式	利用式	合作研发	探索式	利用式
	（1）	（2）	（3）	（4）	（5）
Trust	0.267*** (4.363)	0.196*** (3.637)	0.564*** (3.284)	0.225*** (3.736)	0.145*** (2.660)
lnCopRD				0.091*** (9.629)	0.108*** (13.032)
Size	0.039 (0.573)	0.123** (2.077)	0.029 (0.141)	0.040 (0.583)	0.127** (2.210)
Age	0.016 (0.141)	0.141 (1.358)	0.256 (0.779)	−0.002 (−0.015)	0.134 (1.277)
Gender	0.415* (1.958)	0.281 (1.471)	−0.033 (−0.053)	0.444** (2.122)	0.278 (1.468)
Growth	0.354*** (3.419)	0.335*** (4.040)	2.228*** (7.490)	0.165 (1.591)	0.096 (1.175)
Export	0.371* (1.894)	0.328* (1.743)	0.685 (1.121)	0.330 (1.631)	0.286 (1.497)
FC	−0.680*** (−5.506)	−0.570*** (−5.337)	−3.240*** (−8.716)	−0.428*** (−3.286)	−0.277** (−2.471)
Certifi	0.273** (2.051)	0.534*** (4.485)	0.177 (0.479)	0.277** (2.047)	0.585*** (4.806)
Infor	−0.361 (−1.194)	−0.989*** (−3.895)	0.176 (0.202)	−0.397 (−1.323)	−0.941*** (−3.720)
_cons	−2.817*** (−3.742)	—	−12.046*** (−5.554)	−1.822** (−2.379)	—
行业特征	控制	控制	控制	控制	控制
Chi^2	126.778	209.898	—	197.947	396.781
Pse. R^2/Adj. R^2	0.071	0.051	0.183	0.119	0.089
N	1479	1479	1479	1479	1479

（五）异质性分析

本章接下来进一步考察社会信任对企业双元创新的异质性影响。考虑到企业创新活动与企业规模息息相关，一般而言，中小企业与大型企业的创新侧重点不尽相同，对创新风险的控制与创新失败的容忍度也存在较大区别。基于此，本章以企业规模中位数为临界点，将全样本划分为中位数以下的中小规模企业与中位数以上的大规模企业，分别考察社会信任对探索式创新与利用式创新的影响。回归结果如表10-9所示，从模型（1）和模型（2）可以看出，社会信任对探索式创新的正向影响在大规模企业中更为显著，影响系数为0.255，通过1%水平的显著性检验，但是在小规模企业中仅仅通过了10%水平的显著性检验，且系数为0.164；模型（3）和模型（4）的回归结果表明，社会信任对小规模企业的利用式创新没有通过显著性检验，而大企业中社会信任对利用式创新则通过了1%显著性水平检验，影响系数为0.237。足以说明，社会信任对双元创新行为的影响存在企业规模异质性：不管是对探索式创新还是利用式创新，社会信任对大规模企业的影响均更为显著。这在一定程度上验证了"熊彼特假说"，即与小规模企业相比，大规模企业更具有创新性。对于小规模企业而言，社会信任在10%水平上促进了企业突破式创新，但对利用式创新不存在促进作用。可能的原因是小企业面临着巨大的生存压力，从事研发活动往往需要破釜沉舟的勇气，但这种创新活动往往是被迫的。社会信任作为一种重要的企业资源，也会对小企业的技术创新产生影响，但这种影响与大企业主动寻求创新不同。面对激烈的市场竞争环境，小规模企业可能会具有"破釜沉舟"的勇气通过突破式创新来获得竞争优势，而相对稳妥的利用式创新对于改变市场格局意义不大（崔维军等，2017）。

表 10-9　企业规模异质性检验

变量	探索式创新		利用式创新	
	（1）	（2）	（3）	（4）
	小规模	大规模	小规模	大规模
Trust	0.164[*]	0.255[***]	0.015	0.237[***]
	（1.959）	（2.884）	（0.191）	（3.224）
RD	1.305[***]	1.374[***]	1.357[***]	1.595[***]
	（6.631）	（8.010）	（8.148）	（9.988）
Size	0.109	0.207[*]	0.280[**]	0.189[*]
	（0.773）	（1.771）	（2.471）	（1.951）

续表

变量	探索式创新		利用式创新	
	（1）	（2）	（3）	（4）
	小规模	大规模	小规模	大规模
Age	−0.001	0.020	0.165	0.192
	（−0.006）	（0.121）	（1.031）	（1.377）
Gender	0.653**	0.237	0.258	0.230
	（2.206）	（0.783）	（0.985）	（0.840）
Growth	0.340**	0.009	0.131	0.076
	（2.348）	（0.058）	（1.043）	（0.675）
Export	0.213	0.394	0.654**	0.009
	（0.611）	（1.489）	（2.185）	（0.039）
FC	−0.628***	−0.187	−0.447**	−0.037
	（−2.961）	（−1.078）	（−2.572）	（−0.245）
Certifi	0.057	0.503**	0.469***	0.544***
	（0.315）	（2.273）	（2.970）	（2.779）
Infor	0.354	−1.221***	0.146	−2.008***
	（0.844）	（−2.737）	（0.415）	（−5.596）
_cons	−3.681***	−1.456	—	—
	（−3.188）	（−1.285）		
行业特征	控制	控制	控制	控制
Chi²	105.558	112.389	153.964	239.320
Pse. R²	0.124	0.125	0.071	0.095
N	690	789	690	789

　　考虑到不同行业的创新行为存在较大差异，因此本章根据行业技术特性，将企业进一步划分为低技术行业和高技术行业。参考崔维军等（2017）的研究，将食品、纺织品等共10个行业归入低技术产业，将电子设备制造、精密仪器仪表制造等共3个行业归入高技术产业，进一步考察社会信任对双元创新行为的异质性影响。回归结果表10-10表明，不管是探索式创新还是利用式创新，社会信任仅仅对低技术行业中的创新活动产生显著正向影响。意味着社会信任作为一种非正式制度，主要作用在于驱动低技术行业的探索式创新与利用式创新，这是因为高技术行业的技术创新活动更多依赖企业内在驱动力，这也说明了非正式制度对高技术企业的双元创新行为是有限的。就企业战略层面而言，可能的原因是高技术企业的技术导向更加明显（薛镭等，2011），因此高

技术企业技术创新的原动力来自于企业本身的内在动力，对外部非正式制度环境的依赖不强。然而处于非正式制度完善的环境下，非高技术企业具备了创新活动所需要的资源基础，技术创新意愿显著增强。

表 10-10　行业异质性检验

变量	探索式创新		利用式创新	
	（1）	（2）	（3）	（4）
	低技术	高技术	低技术	高技术
Trust	0.229 ***	0.159	0.151 **	0.073
	（3.012）	（1.515）	（2.276）	（0.764）
RD	1.217 ***	1.563 ***	1.341 ***	1.809 ***
	（7.879）	（6.946）	（10.088）	（8.523）
Size	0.052	0.063	0.172 **	0.074
	（0.649）	（0.487）	（2.484）	（0.698）
Age	0.067	−0.098	0.168	0.119
	（0.449）	（−0.488）	（1.289）	（0.657）
Gender	0.246	1.147 **	0.228	0.436
	（0.986）	（2.545）	（1.024）	（1.177）
Growth	0.212 *	0.077	0.128	0.100
	（1.718）	（0.406）	（1.289）	（0.688）
Export	0.244	0.566	0.187	0.438
	（1.001）	（1.439）	（0.825）	（1.166）
FC	−0.349 **	−0.291	−0.310 **	0.026
	（−2.148）	（−1.252）	（−2.240）	（0.134）
Certifi	0.206	0.353	0.400 ***	0.904 ***
	（1.261）	（1.362）	（2.753）	（3.968）
Infor	−0.453	−0.207	−0.732 **	−1.061 **
	（−1.166）	（−0.407）	（−2.177）	（−2.512）
_cons	−2.449 ***	−1.453	—	—
	（−2.686）	（−1.081）		
行业特征	控制	控制	控制	控制
Chi^2	128.622	98.910	229.489	177.139
Pse. R^2	0.112	0.162	0.079	0.115
N	970	509	970	509

四、研究结论与政策建议

（一）研究结论与局限性

本章使用 2012 年世界银行中国制造业调查数据，运用 Logit 和有序 Logit 计量模型，探讨社会信任对企业双元创新行为的影响，并将产权性质和正式制度作为调节变量进行深入分析。研究发现：第一，社会信任显著促进了企业双元创新行为，特别是对于探索式创新。企业所处的信任水平越高，企业进行探索式创新行为和利用式创新行为的概率越大。第二，产权性质正向调节社会信任与企业探索式创新之间的关系，但对企业利用式创新不存在调节作用。社会信任对企业探索式创新的促进作用在非国有企业中更显著，对企业利用式创新的促进作用在国有企业与非国有企业之间不存在差异。第三，正式制度负向调节社会信任与企业探索式创新之间的关系，但对企业利用式创新不存在调节作用。社会信任有助于弥补正式制度在促进企业探索式创新中的不足，存在替代效应，但这一效应在正式制度促进企业利用式创新中不存在。第四，社会信任对企业双元创新行为的内在机制研究表明，社会信任能够显著地缓解企业的融资约束，改善企业的融资环境，为企业开展双元创新提供更优的融资环境；而且社会信任能够显著增加企业的研发投入，为企业开展双元创新提供资本与团队支持。

但本章的研究依然存在不足之处，主要体现为：第一，本章把社会信任作为一种非正式制度对企业双元创新行为的实证检验仍然属于线性回归，忽视了非正式制度与社会信任的非线性关系，即社会信任对企业创新绩效的影响可能是一种倒"U"形关系。第二，本章仅从外部的正式制度考察了社会信任在促进企业双元创新行为的替代或互补效应，忽视了企业内部的治理制度（如高管股权激励、薪酬激励等）对社会信任作用于企业双元创新中可能存在替代或互补效应。第三，本章使用的数据是世界银行企业调查的截面数据，无法识别社会信任对企业双元创新行为的动态性影响。

（二）研究启示

本章的研究结论对于如何加快建设创新型国家具有重要的理论和实践意义：①从非正式制度的视角拓展了有关社会信任与企业双元创新的研究，即已有研究重点考察社会信任对企业创新绩效的影响（凌鸿程和孙怡龙，2019；孙泽宇和齐保垒，2022），并未区分创新的二元性，忽视了企业在创新过程中采取的创新策略性行为（探索式创新与利用式创新）。②继续深化国有企业改革，通过鼓励非公资本与国有资本融合形成混合所有制企业。由于国有企业与非国有企业运行方式和管理目标的不同，导致社会信任的创新激励效应在非国有企业更显著。因此为了充分激发社会信任的创新激励效应，探索非公资本参与国有资本，有助于从探索式和利用式两个维度提升我国技术创新水平。③厘清了非正式制度与正式制度在企业双元创新中发挥替代效应还是互补效应。在正式制度不完善，无法对企业创新起到激励作用的情况下，社会信任等非正式制度可以替代正式制度独立发挥作用。④完善融资体系，拓宽融资渠道，降低融资成本，积极探索和创新金融工具。社会信任对企业二元创新发挥激励作用的重要机制是缓解融资约束，在融资制度完善的情况下更能充分发挥非正式制度的创新激励效应。⑤在企业创新资源有限的情况下，营造良好的信任环境对于企业获得嵌入性创新资源、实现创新资源互补具有重要意义。企业增加研发投入是实现二元协同创新的重要渠道，社会信任可以成为企业创新资源整合的黏合剂，促进企业与企业之间、企业与研究机构之间的合作创新。

第十一章　提升企业技术创新能力：
产业政策的经验证据[*]

一、引言与文献综述

《中共中央关于制定国民经济和社会发展第十四个五年规划和二〇三五年远景目标的建议》提出，"坚持创新在我国现代化建设全局中的核心地位，把科技自立自强作为国家发展的战略支撑"。由此可以看到，推进微观企业的全面自主创新能力建设、打造面向世界的产业创新生态系统，已经成为新时代建设世界科技创新强国战略的实施导向与重大任务。因此，在微观层面，企业如何转变内部增长动能，即由传统依靠劳动、土地与资本等要素驱动获取竞争优势转向依靠创新要素驱动，实现真正意义上的创新驱动发展之路成为微观企业面临的重大主题。实质上，产业政策在后发国家中由来已久，但目前对产业政策有效性问题尚存在巨大争议（Hatta，2017；江飞涛和李晓萍，2018）。一种观点是产业政策支持论或者有效论。产业政策有效论认为，政府通过对未来产业的前瞻性预见并根据本国的产业发展状况进行战略规划，采用选择性与功能性的产业政策，定向激励或者抑制相应的产业发展。近年来我国供给侧结构性改革中的化解产能过剩，推动传统钢铁、矿业等产业的优化发展便是直接体现。其内在的作用机制在于，政府基于行政手段对市场进行干预，以政府补贴、税收优惠、市场准入、进出口许可和土地优惠等形式对企业行为进行精准调控（Lall，1999，2001；林毅夫，2012；余明桂等，2016）。另一种观点则是产业政策无效论。持这一观点的基础性理论在于，基于熊彼特的企业家理论，企业的创新和利润空间来自不确定性以及企业家精神，而企业家对于不确定性的容忍程度与冒险探索创新创业精神显然不能由政府这一非市场主体直接催生。虽然产业政策的制定者是政府，但是政府

---

　　* 本章发表于《经济评论》2021 年第 2 期，有修改。

缺乏对市场前景的预见性，难以有效识别未来产业发展的技术路径，况且企业技术创新过程本来就面临巨大的不确定性。因此，政府通过产业政策干预企业市场行为只会加剧市场难以有效出清，引发企业以投资换取政府补助的怪圈，造成企业更为严重的过度投资和产能过剩（王克敏等，2017）。从政府行为的视角来看，政府在制定产业政策的过程中，由于认知能力的局限性、社会目标与经济目标的平衡性以及其他特殊的政治因素等，政府所制定的产业政策不仅是一个纯经济导向的经济问题，而且是一个内嵌于社会与政治体系下的综合性问题（Robinson，2010；Chang，2012）。政府在基于个体"经济人"属性下仍然存在自身利益最大化的倾向，容易产生利益集团的"规制俘获"①，加剧政府失灵。在制度不健全的国家中，产业政策沦为企业非市场战略下的寻租工具，最终导致被选择支持或鼓励发展的相应产业呈现出创新的低效率甚至严重的产能过剩（白雪洁和孟辉，2018；夏后学等，2019）。在上述两种产业政策有效性的思路下，既有研究围绕产业政策与企业创新开展了大量的微观检验（黎文靖和李耀淘，2014；黎文靖和郑曼妮，2016；余明桂等，2016；Wang and Zou，2018）。

更为重要的是，学界对产业政策的研究仅仅考虑到中央政府作为行政决策的最高权力机构所制定的产业政策对微观企业行为的影响，研究多从中央产业政策的视角探究其对微观企业创新行为的影响（黎文靖和郑曼妮，2016；余明桂等，2016）。但是，基于我国独特的中央与地方分权关系，产业政策的制定与执行过程也必然与央-地分权这一制度背景息息相关②，仅仅考虑中央产业政策对微观企业行为的影响难以准确地识别产业政策的"有效性"问题（赵婷和陈钊，2019）。实质上，中央政府与地方政府基于产业政策在选择性激励制度与执行过程中呈现出两类情境：一类情境是对于中央支持的产业政策，地方政府根据本地政治环境与产业发展战略导向，制定与中央相匹配的地方产业政策，由此形成"央-地产业政策协同"；另一类情境是对于中央制定的产业政策，地方政府基于自由裁量权，呈现出地方政府支持的产业政策未能在中央政府所支持的产业政策之内，或者中央产业政策未能在地方产业政策之内两种具体情境，形成"央-地

---

① 规制俘获主要是指公共选择学派从政府"规制"视角出发，特别是在转型中的国家，由于市场制度的不健全，利益集团容易利用政治关联关系或寻租关系对政府这一规制制定主体进行干预，进而使其做出的公共政策或相应的制度安排符合利益集团导向，政府部门所制定的规制就失去了竞争中性，追求的目标并非市场价值或公共价值的最大化，偏离了公共资源配置主体的资源配置的最优路线。

② 主要表现为政府在参与市场建设与引导相应产业发展的过程中，中央政府拥有顶层制度设计与政策体系优化的能力，制定并实施五年规划、战略性新兴产业发展规划等产业政策，地方政府会根据本地的产业发展战略导向与地区资源禀赋做出有利于地方产业发展的相应产业规划。这意味着即使中央产业政策重点支持的某一个产业，地方政府也会予以取舍，进行选择性的支持，即地方政府拥有对本地产业发展规划的"自由裁量权"。

产业政策不协同"。由此，基于产业政策协同性的识别框架，进一步检验产业政策与企业创新绩效的内在关系与机理具有重要的理论和现实意义。

　　基于此，本章以 2006～2017 年中国沪深 A 股上市公司为研究样本，分三种情境研究央-地产业政策协同对微观企业创新绩效的具体影响，并进一步考察其作用的微观机理。本章的贡献主要体现在以下几个方面：在理论层面，从我国独特的央-地分权的制度背景，考察中央与地方分权关系下产业政策协同对微观企业创新行为的内在影响机理，丰富了转型中国家判定产业政策有效性与合意性的边界条件，为学界当前面临的产业政策有效性争议提供新的认知基础与经验证据，丰富了现有文献对产业政策作用于企业创新绩效的机理研究。在政策意义与现实启示上，本章创新性地采用产业政策作用于企业创新的三种情境分析框架，有助于政府在未来设计产业政策推动产业体系转型的过程中，重新审视中央产业政策与地方产业政策对企业创新的异质性影响。

二、理论分析与研究假设

（一）产业政策与企业创新

　　目前学界对产业政策与企业创新的影响效应存在两种观点。第一种观点认为产业政策能够促进企业创新绩效。①从企业融资约束的视角来看，由于创新本质上是一个具有较大市场风险和较长市场周期的不确定性企业行为，不同于一般的企业运营管理行为，企业创新需要具备更好的融资环境和资源基础。因此，产业政策通过政府直接性的财政补贴、税收优惠以及信贷优惠为企业创新提供融资支持，且政府会放松对鼓励性产业的银行信贷审批、股票市场 IPO 和再融资资格的审查，将大量资源引向被鼓励产业，进而缓解企业创新活动面临的融资约束（Aghion et al.，2015）。②从研发激励的视角来看，由于技术研发存在知识溢出效应，研发的个体收益会小于社会收益，当研发收益无法弥补个体研发成本时，私人企业便会减少投资，从而造成技术创新的市场失灵（Romer，1990）。因此，产业政策通过政府创新补贴和税收优惠的方式激励被重点选择产业中的企业开展研发活动，尤其是在信号理论下，被激励产业中的企业往往具备了政府的公共信号，产业政策能够进一步为其在市场上获取创新活动所需的公共信息提供合法性基础。因此，产业政策能够有效地激励企业开展研发投入，进而促进企业的创新绩效。③从政府管制的视角来看，产业政策的实施会导致政府行政管制力度的改变，即对被选中支持和鼓励发展的产业将放松行政管制。基于信号理论，市场中会有更多的企业进入这些产业。随着市场准入条件的放松，企业面临的市场竞争加剧，市场竞争程度进一步提高，推动被激励产业内的企业重组兼并，加速淘汰落后企业，进一步优化产业内的创新资源配置，最终促进了企业创新绩效的提升。

第二种视角认为产业政策会抑制企业的创新绩效。由于产业政策鼓励发展和重点支持的产业往往具备更多的政府资源，基于资源诅咒理论，一个地区或部门的资源禀赋会影响其经济增长率、就业水平以及寻租腐败等行为（Brollo et al.，2013）。尽管产业政策会给被鼓励的企业带来更多的信贷优惠、税收支持与财政补贴，但丰富的创新资源也会给企业的创新带来资源诅咒，即企业热衷于通过虚假的创新活动来获取政府的财政资源，而非真正意义上提升创新能力与创新绩效。在具备较强创新资源供给的创新激励环境下，企业缺乏改进、提高创新效率的动力，政府的创新资源没有得到有效的利用，造成研发投入低效甚至无效。在转型中国家，由于市场化制度并不健全，企业往往偏好于通过非市场战略，即寻求与政府之间的政治关联来获取政府补贴和税收优惠，尤其是在我国市场化环境并不充分的转型制度体系下，政府与市场的边界并不十分清晰，政企之间的寻租关系依然广泛存在，政府拥有市场资源的重要配置权（Krueger，1974）。在产业政策的创新资源供给信号下，为建立和维持政治联系，企业可能付出高额的寻租成本，挤占用于创新活动的资源，进而抑制其创新绩效的提升（Chen et al.，2011）。基于上述两种研究视角，本章主要提出以下研究假设：

H1a：在其他条件不变的情景下，中央产业政策会促进被鼓励产业中的企业创新绩效。

H1b：在其他条件不变的情景下，地方产业政策会促进被鼓励产业中的企业创新绩效。

H1c：在其他条件不变的情景下，中央产业政策会抑制被鼓励产业中的企业创新绩效。

H1d：在其他条件不变的情景下，地方产业政策会抑制被鼓励产业中的企业创新绩效。

（二）央-地产业政策协同性与企业创新

面对产业政策有效性的巨大争议，近年来，有学者主张跳出产业政策有效性的分析框架，探究产业政策有效性的边界条件（Rodrik，2009）。杨瑞龙和侯方宇（2019）认为，产业政策具备契约不完全性与外部性，因此有效识别产业政策有效性的条件需要考虑产业政策的制定过程与实施过程，这一过程则需要考虑到我国独特的央-地分权关系中中央政府与地方政府的目标一致性问题，而且产业政策的制定与实施一定程度上就是各方利益博弈的结果。区别于一般发达国家的央-地政府关系，我国的政府体制实质上是一个央-地分权体制，其独特的关系主要体现为：①我国中央政府与地方政府关系结构的基本特征是属地化分级管理和行政逐级发包，或者叫政府内部逐级行政发包，形成"中央政府（国务院）—国家各部委—地方省级政府—地方市级政府—地方县级政府—基层乡镇与社区"层层传导与分解的行政发包格局，在给予地方行政权力的同时又形成了中央政府与地方政府的相对制衡关系。②地方财政分权与行政分权。财政分权意味着自中央与地方实行分税制改革以来，中央政府与地方政府实行两套税收管理制度，中央政府在核定地方财政收支额的基础上，设立了中央政府对地方政府的财政转移支付体系，能够有效弥补经济较落后地区的地方政府财力不足等财政资源缺陷。同时，行政分权与财政分权也并非完全割裂，财政分权一定程度上为地方政府更好地发挥行政决策自主性提供了财政资源基础，地方政府能够更好地基于地方的发展导向与资源禀赋形成有助于实现地方最优发展路线的政策体系与制度实践。孙早和席建成（2015）采用中央与地方、政府与企业两组委托代理关系模型，认为中国产业政策的有效性边界需要考虑中央政府与地方政府之间的目标博弈，以及地区经济发展与市场化环境的异质性，尤其是地方政府在经济增长压力的背景下，其面临着短期经济增长与长期产业升级、创新的两难选择，必然会影响到产业政策的决策制定与相应的实施效果。

因此，从央-地关系视角来看，产业政策的有效性必须考虑中央政府与地方政府两个政策主体的协同程度，其背后则是中央政府与各级地方政府之间的利益博弈程度。同时，从产业政策执行过程来看，无论是中央产业政策还是地方产业政策，其执行过程很大程度上高度依赖地方官员的专业能力与行政执行能力。即使中央在优质的顶层设计能力下能够制定科学的产业政策，但是，由于地方政府官员的信息不完全，其在地方产业政策制定或产业政策落实执行过程中会导致产业政策的变异与扭曲效应（张杰和宣璐，2016）。因此，基于央-地协同视角下的产业政策协同性对于微观企业的创新激励效应显得尤为重要。改革开放之后，中央政府一直强调地方政府在经济社会发展中的作用，并不断下放中央权力，各级地方政府的自主权不断扩大，实现中央与地方的协同治理。我国独特的央-地关系会给产业政策的实施带来异质性的后果，同样，央-地产业政策协同程度的差异性也会给产业转型升级、微观企业创新带来不同的效果。因此，基于央-地产业政策的实施过程，会形成分别作用于地方产业和微观企业发展的资本配置与政策信号两种逻辑链，改变产业内资源供给和微观企业竞争状态，最终影响企业的投融资以及创新决策（见图11-1）。

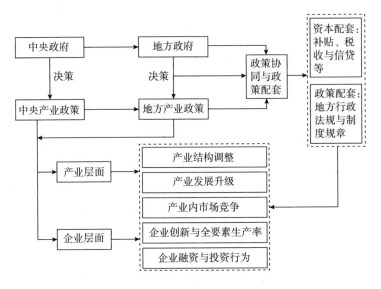

图 11-1 基于央-地关系视角下的产业政策与产业（企业）发展、创新的逻辑框架

由于产业政策可能给企业创新绩效带来正面或者负面效应，因此，政府如何出台相应的产业政策更好地发挥其创新激励效应？从央-地分权关系的视角来看，地方政府基于政策制定的自主权往往会形成"运动式""大水漫灌式"治理模式，两种治理模式下的政策制定难以科学、精细化地实现对支持主导产业的预判与甄选，地方政府制定的产业政策最终难以对企业创新产生预期的正向价值。现有研究表明，从央-地分权关系的视角来看，传统基于地方"运动式"产业政策或中央"主导型"产业政策都难以完全发挥产业政策对于创新的激励效应，政府逐步意识到政策协同的重要性（赵婷和陈钊，2019）。尤其是中国渐进式的制度变革仍然存在较大的执行风险和结果的不确定性，如何保证中央与地方的一致性成为政府规避政策落实过程中不确定性的关键（张杰和宣璐，2016；赵婷和陈钊，2019）。基于资源基础观，央-地产业政策协同能够为企业开展创新活动提供更强有力的资源供给。基于中央财政与地方财政的双重财政资源优势，产业政策能够有效地促进企业的创新投入与创新绩效。同时，根据信号理论，央-地产业政策协同为企业开展创新行为释放更为有力的信号，能够缓解企业融资约束，进而提升企业创新绩效。与产业政策协同相对应，央-地产业政策不协同则会出现两种情景：一是中央支持的产业政策，但地方不支持；二是中央不支持的产业政策，但地方支持。两者分属于地方政府根据自由裁量权发挥自主性的体现。本章认为，相较于央-地产业政策协同的情景，央-地产业政策不协同加大了政策执行过程中的不确定性，难以发挥中央与地方的资源优势，亦难以产生相应的政策合力，不利于企业创新绩效。基于此，本章提出以下研究假设：

H2a：在其他条件不变的情景下，中央和地方都支持的产业政策（政策协同）对企业创新绩效产生正向影响。

H2b：在其他条件不变的情景下，中央支持，但地方不支持的产业政策（政策不协同，但是中央主导）对企业创新绩效产生负向影响。

H2c：在其他条件不变的情景下，中央不支持，但地方支持的产业政策（地方积极性）对企业创新绩效产生负向影响。

进一步地，在考虑产业政策协同对企业创新绩效带来积极影响的情境下，一般而言，政策协同促进企业创新主要存在三种机制。①无论是功能性的产业政策协同还是选择性产业政策协同，中央政府和地方政府为地区产业创新发展提供了特定的稳定政策预期和信号。一方面，被产业政策支持的产业潜在进入者增多，进一步强化产业内的创新竞争，进而激励企业开展面向市场竞争的研发投入，提高企业的创新绩效；另一方面，基于信号理论，政策协同会给产业内的在位企业提供创新的强信号，即激励被重点支持产业内的企业开展技术改造和知识探索。②从产业政策的直接性创新资源供给来看，为实现特定产业的转型升级或者战略性新兴产业的孵化培育、降低企业技术创新的潜在市场风险，被重点支持的特定产业会得到中央与地方选择性产业政策下的直接性创新补贴，被支持的产业内企业会得到中央与地方政府财政政策下的各类补贴，为提高企业创新绩效提供更强的资源基础（余明桂等，2016）。③从央-地政策协同的政策环境视角来看，为支持相关产业的发展，政府会通过税收减免和税收延迟征收等手段为产业内的企业减轻宏观税负压力。同时，被中央与地方支持的产业内企业会得到更强的税收激励，能够享受研发费用的加计扣除、直接性的税收减免等优惠政策支持，有助于其将节省的资本更多地投向创新活动，提高创新的内源融资能力。基于上述分析，本章提出以下机制检验假设：

H3a：在其他条件不变的情景下，企业研发投入在央-地产业政策协同与企业创新绩效之间产生中介作用。

H3b：在其他条件不变的情景下，企业创新补贴在央-地产业政策协同与企业创新绩效之间产生中介作用。

H3c：在其他条件不变的情景下，企业税收优惠在央-地产业政策协同与企业创新绩效之间产生中介作用。

三、实证设计

（一）样本筛选与数据来源

本章的研究样本来自我国 2006~2017 年沪深 A 股上市公司。样本选择条件：①剔除财务数据存在缺失的样本；②剔除金融类、保险类公司，以及 ST 公司。本章还结合中国证券监督管理委员会（以下简称中国证监会）发布的"上市公司行业分类指引 2001"，基于中国研究数据服务平台（CNRDS）的产业政策数据库，人工筛选中央与地方五年规划中重点支持的相关产业政策，与企业所在的行业代码相匹配。之所以把中央与地方政府的"十一五"规划、"十二五"规划和"十三五"规划作为中央政府与地方政府产业政策的文本来源，是因为一方面五年规划本身代表着中央与地方政府未来五年的经济发展方向和目标，统筹着地方的资源配置；另一方面五年规划不同于其他的产业振兴计划等文本，其具有较好的纵向可比性。其他财务数据来源于国泰安数据库（CSMAR），为降低极端值对统计结果的不利影响，本章在数据处理过程中对研究中所涉及的连续变量均采取了 1% 和 99% 分位数缩尾处理（Winsorize）。

（二）主要变量定义

1. 被解释变量——企业创新

现有文献用来衡量企业创新的指标一般包括企业研发支出，企业专利申请数、授权数或引用数，企业新产品销售额。国外很多文献（Bena and Li, 2014；Fang et al., 2018）还使用本期某专利引用数除以匹配专利（同一年同一科技行业）的平均引用次数（所有匹配专利的平均数）来衡量企业创新。考虑到我国的专利尚未有权威可比的引用次数的相关数据，因此，本章选用企业专利申请总量与专利授权总量予以衡量企业的创新绩效。在稳健性检验中，进一步选用最能够代表企业创新质量的发明专利申请总量与授权总量作为替代指标。由于上市公司中并非所有企业都存在专利，本章以 ln（专利总量+1）方式处理。

2. 解释变量——央-地产业政策协同性

现有研究对产业政策的测量主要存在两种方式：第一种是直接基于某一特定的产业发展规划，采用虚拟变量的方式考察被支持前后该产业内企业绩效的变化。第二种是基于文本分析方法，选择特定的产业规划、产业调整目录等政策文本，选择文本中出现的支持某一产业发展的关键词或者为产业发展提供相应支撑性环境的词语以及语义予以定量衡量。本章主要参考宋凌云和王贤彬（2013）、黎文靖和李耀淘（2014）、黎文靖和郑曼妮（2016）的测量方式，根据公司所在行业年度是否处于中央与地方政府的"十一五"规划、"十二五"规划和"十三五"规划支持范围，设置如下虚拟变量：如果五年规划中提到"鼓励""支持""培育发展""改造提升""积极发展""重点发展""大力发展"等字眼的具体产业，则认为该产业分别受到中央与地方产业政策支持，PlcyC 和 Plcy 分别赋值为 1，否则为 0。最后，为进一步衡量产业政策协同性，基于同一年度中央产业政策与地方产业政策的企业，将其定义为央-地产业政策协同（IMPgs）。不协同则体现为两种状况：第一种状况属于中央支持，但地方不支持的产业（IMPg），即该产业属于中央产业政策文本范围中重点支持与鼓励发展的产业类型，但不属于地方产业政策文本中的支持发展对象，认为是央-地产业政策不协同的一种情境；第二种情况是中央不支持，但地方支持的产业（IMPs），即该产业属于地方产业政策文本范围中重点支持与鼓励发展的产业类型，但不属于中央产业政策文本中的支持发展对象，认为是央-地产业政策不协同的另一种情境①。基于此，企业所在年度属于两种产业政策不协同的状况分别赋值为 1，否则为 0。

3. 控制变量

借鉴已有相关文献的做法（黎文靖和郑曼妮，2016；余明桂等 2016；谭劲松等，2017），笔者在计量模型中加入了影响企业创新的控制变量。具体而言，控制变量集包括公司规模、财务杠杆、固定资产比例、盈利能力、企业年龄、产权性质、账面市值比、董事会规模及独立董事比例。此外，本章还控制了年度固定效应和行业固定效应。

基于此，本章的主要变量说明与具体定义如表 11-1 所示。

表 11-1　变量选择与定义

变量类型	变量名称	变量符号	变量定义
被解释变量	专利申请	lnApply	ln（1+专利申请总量）
	专利授权	lnGrant	ln（1+专利授权总量）
	研发投入	RD	研发费用/营业总收入
	政府补贴	Subsidy	100×政府补助/总资产
	实际税率	Taxp	100×(当期所得税费用-递延所得税费用)/(税前会计收益+除坏账准备外的减值准备当年变化量-投资收益+取得投资收益收到的现金)

---

① 实质上，产业政策不协同还存在第三种情境，即中央与地方产业政策文本都不支持与鼓励发展的产业类型，本章在回归过程中也考察了这类情境对企业创新绩效的影响。考虑到这种类型本质上属于不存在政策支持的产业，因此，较另两类不协同的情境其实际意义缺乏，本章在研究结果中不予呈现，供感兴趣的读者备索。

变量类型	变量名称	变量符号	变量定义
解释变量	中央产业政策	PlcyC	属于中央政府"五年规划"的所在行业—年度—企业，赋值为1，否则为0
	地方产业政策	Plcy	属于地方政府"五年规划"的所在行业—年度—企业，赋值为1，否则为0
	央-地产业政策协同	IMPgs	基于企业司所在行业年度是否处于中央与地方政府的"五年规划"的支持的产业范围，同属于中央与地方政府"五年规划"的所在行业—年度—企业，赋值为1，否则为0
	央-地产业政策不协同	IMPg	基于中央与地方政府的"五年规划"支持的产业范围，满足中央政府"五年规划"支持但不在地方政府"五年规划"支持的产业中，赋值为1，否则为0
		IMPs	基于中央与地方政府的"五年规划"支持的产业范围，满足地方政府"五年规划"支持但不在中央政府"五年规划"支持的产业中，赋值为1，否则为0
控制变量	公司规模	Size	公司总资产的自然对数
	财务杠杆	Lev	公司总负债/总资产
	固定资产比例	Tang	公司固定资产净额/总资产
	盈利能力	Roa	净利润/总资产
	企业年龄	Age	公司上市年限
	产权性质	State	如果实际控制人类型为国有控股取1，否则取0
	账面市值比	MB	企业市场价值/账面价值
	董事会规模	lnBoard	ln（1+董事会人数）
	独立董事比例	lndep	独立董事人数/董事会规模
	行业	Industry	基于原证监会"上市公司行业分类指引2001"定义的行业虚拟变量
	年度	Year	年度虚拟变量

（三）模型构建

模型（11-1）检验央-地产业政策对企业创新绩效的影响（研究假设 H1a 至 H1d），其中，lnnov 为企业技术创新绩效，PlcyC 为中央产业政策，Plcy 为地方产业政策。

$$lnnov_{i,t} = \alpha_0 + \alpha_1 PlcyC(Plcy)_{i,t} + \alpha \sum Control_{i,t} + \sum Year +$$
$$\sum Industry + \varepsilon_{i,t} \tag{11-1}$$

模型（11-2）检验央-地产业政策协同性对企业技术创新绩效的影响（研究

假设 H2a 至 H2c），其中，lnnov 为企业技术创新绩效，$\text{IMPgs}_{i,t}$ 为央-地产业政策协同性。若 $\beta_1 > 0$，意味着央-地产业政策协同性促进了企业创新绩效。

$$\text{lnnov}_{i,t} = \beta_0 + \beta_1 \text{IMPgs}_{i,t} + \beta \sum \text{Control}_{i,t} + \sum \text{Year} +$$
$$\sum \text{Industry} + \varepsilon_{i,t} \tag{11-2}$$

为了进一步检验央-地产业政策协同对企业创新绩效的内在机理，以企业创新补贴（Subsidy）、税收优惠（Taxp）与企业创新投入（RD）为被解释变量，构建模型（11-3）至模型（11-4）：

$$\text{RD}_{i,t} = \gamma_0 + \gamma_1 \text{IMPgs}_{i,t} + \gamma \sum \text{Control}_{i,t} + \sum \text{Year} + \sum \text{Industry} + \varepsilon_{i,t} \tag{11-3}$$

$$\text{Subsidy}(\text{Taxp})_{i,t} = \theta_0 + \theta_1 \text{IMPgs}_{i,t} + \theta \sum \text{Control}_{i,t} + \sum \text{Year} +$$
$$\sum \text{Industry} + \varepsilon_{i,t} \tag{11-4}$$

四、实证检验与结果分析

（一）变量的描述性统计分析

从本研究主要被解释变量的描述性统计分析结果来看（见表 11-2），无论是专利申请还是专利授权，样本具有较大的差异性（专利申请标准差为 1.770，专利授权为 1.634）；主要解释变量中央产业政策（PlcyC）、地方产业政策（Plcy）的均值分别为 0.300 和 0.518，说明无论是中央还是地方，产业政策覆盖的范围较广，是中央政府进行产业调整的重要手段。主要解释变量产业政策协同（IMPgs），均值为 0.242，说明样本企业中央-地产业政策协同性较高；标准差为 0.429，说明样本企业中央-地产业政策协同的异质性较大。

表 11-2 各变量的描述性统计结果

变量	样本量	均值	标准差	最小值	p25	中位数	p75	最大值
lnApply	21635	2.157	1.770	0	0	2.197	3.466	6.641
lnGrant	21635	1.882	1.634	0	0	1.792	3.091	6.203
RD	21635	0.025	0.036	0	0	0.011	0.036	0.206
Subsidy	21635	0.403	0.621	0	0.013	0.176	0.501	3.574
Taxp	21635	12.240	18.910	0	0	2.323	17.560	80.590

续表

变量	样本量	均值	标准差	最小值	p25	中位数	p75	最大值
PlcyC	21635	0.300	0.458	0	0	0	1	1
Plcy	21635	0.518	0.500	0	0	1	1	1
IMPgs	21635	0.242	0.429	0	0	0	0	1
IMPg	21635	0.058	0.234	0	0	0	0	1
IMPs	21635	0.275	0.447	0	0	0	1	1
Size	21635	22.030	1.253	19.700	21.120	21.860	22.740	25.930
Lev	21635	0.447	0.205	0.053	0.285	0.449	0.607	0.876
Tang	21635	0.238	0.173	0.002	0.103	0.203	0.341	0.735
Roa	21635	0.042	0.053	−0.147	0.014	0.037	0.068	0.210
Age	21635	9.577	6.177	1	4	9	15	23
State	21635	0.458	0.498	0	0	0	1	1
MB	21635	2.582	1.767	0.917	1.421	2.020	3.083	10.730
lnBoard	21635	2.163	0.201	1.609	2.079	2.197	2.197	2.708
Indep	21635	0.370	0.052	0.300	0.333	0.333	0.400	0.571

（二）变量的相关性分析

进一步地，对各变量进行相关性分析，本章采用皮尔森（Pearson）进行变量间的相关性检验，结果显示主要被解释变量、解释变量以及控制变量之间的相关系数较小，可以认为变量之间不存在严重的多重共线性问题。基于相关性分析结果[①]，中央产业政策（PlcyC）、地方产业政策（Plcy）与企业专利申请的相关系数分别为 0.130、0.132，均通过了 1% 水平下的显著性检验，与专利授权的相关系数分别为 0.124、0.128，均通过了 1% 水平下的显著性检验，说明无论是中央产业政策还是地方产业政策，两者与企业专利申请、专利授权之间存在显著的正相关关系。央-地产业政策协同性（IMPgs）与企业专利申请、专利授权存在显著的正相关关系，相关系数分别为 0.164、0.160，且在 1% 的置信水平下通过了显著性检验。这足以说明，无论是中央产业政策还是地方产业政策，均与企业创新存在显著的正相关关系，且央-地产业政策协同与企业创新的正相关关系比单一的中央产业政策或地方产业政策更强。但是，央-地产业政策、央-地产业政策协同性与企业创新绩效（专利申请量与专利授权量）之间的影响关系仍然

① 由于篇幅所限，本章的相关性分析结果供感兴趣的读者索取。

有待进一步通过回归分析予以检验。

（三）回归分析

1. 产业政策与企业创新绩效的回归分析

考虑到本章对企业专利申请、专利授权进行对数化处理后［ln（专利申请量/授权量)+1］，被解释变量已经不存在为零的情况。基于研究模型（11-1）设定，本章采用多元回归模型对研究假设 H1a 至 H1d 进行实证检验，即考察中央产业政策和地方产业政策对企业创新绩效的实际影响。由表 11-3 可知，从中央产业政策来看，无论是专利申请量还是专利授权量，中央产业政策对企业创新绩效均产生显著的正向影响，对专利申请量和专利授权量的影响系数分别为 0.158 和 0.115，且都通过了 1% 水平下的显著性检验；从地方产业政策来看，无论是专利申请量还是专利授权量，地方产业政策对企业创新绩效的影响系数均为正，但未通过 10% 水平下的显著性检验。因此，本章的研究假设 H1a 得到实证结果的支持，即中央产业政策显著促进了企业创新绩效，但地方产业政策对企业创新绩效并未产生显著性效应。其背后的原因可能在于，地方政府的产业政策未能有效地识别企业的创新资源禀赋，对于产业政策这一具有强选择性的政策激励工具而言，其实施的有效性依赖于对地区情境的有效识别，方能更好地促进企业创新绩效。同时，地方产业政策相较于中央产业政策而言，从目前的五年规划中重点支持与鼓励的产业来看，存在面大求全的激励特征，丧失了地方政府在地区比较优势基础之上的产业政策的强选择性功能，导致相较于中央产业政策而言，地方产业政策对微观企业创新绩效的影响并不明显。

表 11-3　央-地产业政策对企业创新绩效的回归结果

变量	lnApply		lnGrant	
	m1	m2	m3	m4
PlcyC	0.158 *** (0.027)		0.115 *** (0.025)	
Plcy		0.007 (0.027)		0.028 (0.025)
Controls	Yes	Yes	Yes	Yes
_cons	-12.424 *** (0.277)	-12.438 *** (0.278)	-11.183 *** (0.256)	-11.207 *** (0.257)
Year FE	Yes	Yes	Yes	Yes
Industry FE	Yes	Yes	Yes	Yes

变量	lnApply		lnGrant	
	m1	m2	m3	m4
N	21635	21635	21635	21635
Adjusted R^2	0.484	0.483	0.476	0.475

注：＊表示 p<0.1，＊＊表示 p<0.05，＊＊＊表示 p<0.01，括号内数字为稳健标准误，以下各表相同。

2. 产业政策协同性与企业创新绩效的回归分析

进一步地，在上述央-地产业政策给企业创新绩效带来截然不同的影响效应的情境下，本章认为有效识别产业政策对企业创新的有效性的边界条件，需要进一步考虑我国独特的央-地分权治理关系下特殊的行政治理体系。基于此，本章根据研究模型（11-2）的基本设定，使用 OLS 回归模型，考察产业政策协同性（IMPgs）对于企业创新绩效的具体影响，即验证假设 H2a 至 H2c 是否成立。基于表 11-4 的（m1）和（m4）列可以看出，产业政策协同性（IMPgs）对企业专利申请量和专利授权量均产生显著的正向促进作用，说明央-地产业政策协同能够有效地发挥中央与地方两个资源配置和政策治理主体的优势与积极性，更好地促进企业的创新绩效，本章的研究假设 H2a 得到实证结果的支持；基于表 11-4 的（m2）（m3）列与（m5）（m6）列可以看出，产业政策不协同对企业专利申请量和专利授权量均产生显著的抑制作用，因此，本章的研究假设 H2b 和 H2c 得到实证结果的支持。

表 11-4　央-地产业政策协同性对企业创新绩效的回归结果

变量	lnApply			lnGrant		
	m1	m2	m3	m4	m5	m6
IMPgs	0.213*** (0.028)			0.171*** (0.026)		
IMPg		−0.090** (0.041)			−0.101*** (0.037)	
IMPs			−0.151*** (0.024)			−0.104*** (0.023)
Controls	Yes	Yes	Yes	Yes	Yes	Yes
_cons	−12.444*** (0.277)	−12.443*** (0.277)	−12.345*** (0.277)	−11.198*** (0.256)	−11.201*** (0.256)	−11.129*** (0.257)
Year FE	Yes	Yes	Yes	Yes	Yes	Yes

续表

变量	lnApply			lnGrant		
	m1	m2	m3	m4	m5	m6
Industry FE	Yes	Yes	Yes	Yes	Yes	Yes
N	21635	21635	21635	21635	21635	21635
Adjusted R^2	0.485	0.483	0.484	0.476	0.475	0.476

　　上述结果足以说明，在我国央－地分权的制度背景下，一方面，中央与地方两个行政权力主体需要提高产业政策制定与执行过程中的协同程度，主要表现为中央政府结合各地区主导产业发展优势与新兴产业优势，基于顶层设计能力与资源优势，实现中央与地方两个政策制定主体的通力配合，兼顾地方产业发展的共性特征以及产业竞争与科技竞争的未来态势。另一方面，地方政府需要充分识别本地区的资源基础与要素禀赋优势，立足自身的比较优势，积极关注与落实中央产业政策。同时，要积极发挥地方政府的能动性与自主性，形成面向本地区产业发展战略的差异化产业指导目标与产业发展规划，避免各地区产业政策的完全同质化。最后，地方政府需要基于配套性的财政政策、税收政策与融资政策等多政策内容与实施手段协同，促进地区企业创新绩效，最终助力本土企业实现创新驱动发展战略。

（四）稳健性检验

1. 变更变量测度方式

　　考虑到企业专利的类型包括发明专利、实用新型专利与外观设计专利所代表的企业创新质量强度不一，企业发明专利一般最能代表高质量的创新绩效，因此，本章基于发明专利申请量和授权量替代创新绩效衡量指标，依次基于模型（11-2）考察央－地产业政策协同性对企业创新绩效的影响，以进一步分析上市公司在创新过程中的策略性创新行为。本章参照黎文靖和郑曼妮（2016）的做法，按照创新动机的不同将创新分为实质性创新和策略性创新①，进一步考察央－地产业政策的具体表现。回归结果如表 11-5 和表 11-6 所示。基于表 11-5 的列（1）和列（4），以及表 11-6 的列（1）和列（4）可以发现，央－地产业政

---

　　① 实质性创新与策略性创新是相对的概念，实质性创新强调企业真正意义上开展创新投入以及实施创新驱动发展战略，在创新绩效层面表现为企业高质量的创新成果，一般包括高质量的发明专利和新产品。策略性创新强调企业并非真正意义上开展创新投入，以工具性创新活动营造创新假象，获取外部利益相关方的创新资源，在创新绩效层面表现为企业低水平的创新成果，一般包括低水平的外观专利或者低质产品。本章从专利的视角测度两种不同的创新策略。

策协同不仅能够促进企业实质性创新，还能够促进企业策略性创新，但央-地产业政策协同对企业策略性创新的促进作用更加明显。

表 11-5　央-地产业政策协同与企业实质性创新的回归结果

变量	（1） 实质性创新 申请	（2） 实质性创新 申请	（3） 实质性创新 申请	（4） 实质性创新 授权	（5） 实质性创新 授权	（6） 实质性创新 授权
IMPgs	0.210*** （0.025）			0.116*** （0.020）		
IMPg		−0.088** （0.036）			−0.087*** （0.028）	
IMPs			−0.136*** （0.021）			−0.066*** （0.017）
Controls	Yes	Yes	Yes	Yes	Yes	Yes
_cons	−11.880*** （0.249）	−11.880*** （0.250）	−11.791*** （0.250）	−9.570*** （0.210）	−9.573*** （0.210）	−9.525*** （0.210）
Industry FE	Yes	Yes	Yes	Yes	Yes	Yes
Year FE	Yes	Yes	Yes	Yes	Yes	Yes
N	21635	21635	21635	21635	21635	21635
Adjusted R^2	0.439	0.437	0.438	0.392	0.391	0.391

表 11-6　央-地产业政策协同与企业策略性创新的回归结果

变量	（1） 策略性创新 申请	（2） 策略性创新 申请	（3） 策略性创新 申请	（4） 策略性创新 授权	（5） 策略性创新 授权	（6） 策略性创新 授权
IMPgs	0.259*** （0.079）			0.225*** （0.075）		
IMPg		−0.226** （0.114）			−0.227** （0.108）	
IMPs			−0.134** （0.061）			−0.113* （0.058）
Controls	Yes	Yes	Yes	Yes	Yes	Yes
_cons	−24.851*** （1.014）	−24.863*** （1.015）	−24.760*** （1.014）	−23.366*** （0.979）	−23.380*** （0.980）	−23.290*** （0.978）
Industry FE	Yes	Yes	Yes	Yes	Yes	Yes

续表

变量	（1）策略性创新申请	（2）策略性创新申请	（3）策略性创新申请	（4）策略性创新授权	（5）策略性创新授权	（6）策略性创新授权
Year FE	Yes	Yes	Yes	Yes	Yes	Yes
N	21635	21635	21635	21635	21635	21635
Adjusted R^2	0.249	0.248	0.248	0.239	0.239	0.239

2. 进一步控制固定效应与考虑测量偏误

由于本章固定效应仅仅考虑了行业固定效应和时间固定效应，可能存在其他的遗漏因素导致研究结果有偏，因此，在基准回归模型中，我们加入了更加严格的企业固定效应和年度固定效应。回归结果如表 11-7 所示，基于列（1）和列（4）可以发现，加入企业固定效应和年度固定效应后，央-地产业政策协同依然能够有效地发挥中央与地方两个资源配置与政策治理主体的优势与积极性，更好地促进企业的创新绩效（专利申请和专利授权）。同时，我们进一步控制地区固定效应和年度固定效应并未改变回归结果，即产业政策协同性促进企业创新[①]，足以说明本章研究结论的稳健性。

表 11-7　控制企业和年度固定效应以及考虑产业政策协同性测量偏误

变量	（1）专利申请	（2）专利申请	（3）专利申请	（4）专利授权	（5）专利授权	（6）专利授权	（7）获得功能性补贴	（8）获得选择性补贴
IMPgs	0.182*** (0.031)			0.138*** (0.032)			0.180*** (0.035)	0.162*** (0.032)
IMPg		−0.078 (0.059)			−0.104* (0.058)			
IMPs			−0.079*** (0.028)			−0.028 (0.028)		
Controls	Yes	Yes	Yes	Yes	Yes	Yes	Yes	Yes
_cons	−8.321*** (0.810)	−8.230*** (0.813)	−8.292*** (0.814)	−6.616*** (0.778)	−6.542*** (0.781)	−6.572*** (0.783)	−12.144*** (0.357)	−12.154*** (0.332)

① 受篇幅所限，分别控制地区和时间固定效应，地区、行业和时间效应的相关回归结果供感兴趣的读者备索。

续表

变量	(1) 专利申请	(2) 专利申请	(3) 专利申请	(4) 专利授权	(5) 专利授权	(6) 专利授权	(7) 获得功能性 补贴	(8) 获得选择性 补贴
Firm FE	Yes	Yes	Yes	Yes	Yes	Yes	Yes	Yes
Year FE	Yes	Yes	Yes	Yes	Yes	Yes	Yes	Yes
N	21635	21635	21635	21635	21635	21635	13586	16294
Adjusted R^2	0.275	0.272	0.273	0.278	0.277	0.277	0.441	0.453

注：列（7）与列（8）主要控制了年度固定效应与行业固定效应。

考虑到本章的核心解释变量——产业政策协同性的测量可能由于文本数据的偏差导致变量测量有偏，且本章定义的产业政策协同性的测量方式本身也存在一定的效度偏差，为了进一步解决实证过程中的变量测量偏误问题，本章将上市公司获得的政府补贴分为功能性和选择性两种类型，分别考察上市公司在获得政府补贴后，央-地产业政策协同性对企业创新绩效的具体表现。回归结果如表11-7列（7）和列（8）所示，可以发现上市公司在获得功能性补贴和选择性补贴后[1]，央-地产业政策协同对企业创新的影响依然显著为正。

（五）内生性检验

由于本章研究的央-地产业政策协同性本身是一个较为外生的变量，即央-地产业政策协同性在一定程度上很难被企业个体特征决定，央-地产业政策协同性与企业创新绩效两者之间基本不存在互为因果的逻辑关系。但是，考虑到在研究过程中可能存在遗漏变量带来的内生性问题，本章主要基于产业政策协同性这一虚拟变量分组，采用PSM邻近匹配法寻找同时被中央与地方产业政策支持的样本，以控制变量中的企业特征因素寻找相应的匹配组与控制组。在模型估计之前，首先需要检验匹配后各变量实验组和控制组是否变得平衡，也就是说实验组和控制组协变量的均值在匹配后是否具有显著差异。如果不存在显著差异，则支持使用

---

[1] 基于产业政策的主要目标与措施，学界一般将产业政策划分为选择性产业政策与功能性产业政策。选择性产业政策主要是在特定的发展阶段，政府利用财政税收与行政手段选择特定的产业予以扶持，相应地，在选择性产业政策下的主要政府补贴便是选择性补贴；功能性产业政策主要是为塑造普惠式的市场友好型的政策环境，政府面向整个产业发展的基础设施、基础性研究以及具有重大外部性的应用研究、教育与人才培养、知识产权保护制度等提供政策支持，相应地，在功能性产业政策下的政府补贴即功能性补贴。本章主要基于政府补贴项目明细中具体项目类型涉及选择性政府补贴与功能性政府补贴关键词归类整理功能性补贴与选择性补贴。

PSM 方法。匹配后所有变量均不存在显著性差异。具体估计中，本章使用邻近匹配法进行估计，以检验产业政策协同性对企业创新绩效的促进作用是否稳健。在估计之前本章还需要检验实验组和控制组匹配效果，根据倾向得分值概率密度函数图，在匹配后实验组和控制组倾向得分值的概率密度已经比较接近，说明本章的匹配效果较好。因此，在共同支撑假设基础上进一步证明了 PSM 方法的可行性和合理性。

由表 11-8 可知，基于 1∶1 匹配、邻近匹配、卡尺匹配、半径匹配、核匹配、局部线性回归匹配以及马氏匹配等不同匹配方法，产业政策协同性无论是对专利申请量还是对专利授权量，平均处理效应（ATT）的系数均显著为正，并通过了 1% 水平下的显著性检验，表明在进行倾向得分匹配后，产业政策协同性对企业创新绩效仍然有显著的促进作用，本章的主要结果比较稳健。

表 11-8 产业政策协同性对企业创新的倾向得分匹配回归估计结果

估计方法	lnApply						
	1∶1 匹配	邻近匹配	卡尺匹配	半径匹配	核匹配	局部线性回归匹配	马氏匹配
未匹配	0.523 *** (0.038)	0.523 *** (0.038)	0.523 *** (0.038)	0.523 *** (0.038)	0.523 *** (0.038)	0.523 *** (0.038)	0.523 *** (0.038)
ATT	0.523 *** (0.032)	0.544 *** (0.013)	0.544 *** (0.013)	0.543 *** (0.017)	0.547 *** (0.017)	0.562 *** (0.015)	0.391 *** (0.027)
ATU	0.737 *** (0.033)	0.685 *** (0.026)	0.685 *** (0.027)	0.686 *** (0.020)	0.697 *** (0.019)	0.623 *** (0.026)	0.641 *** (0.030)
ATE	0.685 *** (0.031)	0.651 *** (0.021)	0.650 *** (0.021)	0.651 *** (0.015)	0.660 *** (0.015)	0.608 *** (0.020)	0.581 *** (0.027)

估计方法	lnGrant						
	1∶1 匹配	邻近匹配	卡尺匹配	半径匹配	核匹配	局部线性回归匹配	马氏匹配
未匹配	0.467 *** (0.035)	0.467 *** (0.035)	0.467 *** (0.035)	0.467 *** (0.035)	0.467 *** (0.035)	0.467 *** (0.035)	0.467 *** (0.035)
ATT	0.467 *** (0.030)	0.468 *** (0.030)	0.468 *** (0.030)	0.465 *** (0.011)	0.469 *** (0.010)	0.482 *** (0.014)	0.325 *** (0.025)
ATU	0.659 *** (0.014)	0.611 *** (0.026)	0.611 *** (0.026)	0.605 *** (0.024)	0.610 *** (0.024)	0.544 *** (0.017)	0.568 *** (0.028)
ATE	0.612 *** (0.012)	0.576 *** (0.024)	0.576 *** (0.024)	0.571 *** (0.021)	0.576 *** (0.019)	0.529 *** (0.015)	0.509 *** (0.025)

资料来源：笔者整理。

进一步地，基于匹配后的样本考察产业政策协同性对企业创新绩效的影响，从表11-9的（m1）至（m4）回归结果可以看出，无论是专利申请还是专利授权，产业政策协同性依然对企业创新绩效产生显著的正向促进作用。说明本章的核心假设 H2a 的研究结论依然成立。

表 11-9　基于 PSM 匹配后样本下产业政策协同性对企业创新绩效的回归结果

变量	专利申请	发明申请	专利授权	发明授权
	m1	m2	m3	m4
IMPgs	0.162 *** （0.032）	0.136 *** （0.028）	0.120 *** （0.030）	0.046 ** （0.023）
Controls	Yes	Yes	Yes	Yes
_cons	−12.647 *** （0.337）	−12.265 *** （0.308）	−11.556 *** （0.314）	−10.062 *** （0.263）
Year FE	Yes	Yes	Yes	Yes
Industry FE	Yes	Yes	Yes	Yes
N	15369	15369	15369	15369
Adjusted R^2	0.469	0.419	0.464	0.372

五、产业政策协同性对企业创新绩效的内在机制检验

（一）机制检验

1. 机制检验 I ：产业政策协同性对企业研发投入的影响

为进一步验证产业政策协同性为何能够促进企业创新绩效，本章从研发激励的视角，认为相较于央-地产业政策不协同的情景，央-地产业政策协同能够激励企业研发参与积极性，进而促进企业的创新绩效。央-地产业政策能够通过产业政策手段承担起企业在技术研发和应用等过程中的部分市场不确定性风险，引导各方力量集中开展新技术研发，发挥技术研发的规模经济效应和集聚效应。立足于模型（11-3）的设定，从表 11-10 的回归结果可以看出，产业政策协同性对企业研发投入产生显著的正向促进效应，影响系数为 0.002，通过了 1% 水平下的显著性检验；进一步地，基于资源供给视角，创新投入在产业政策协同性与企业创新绩效之间产生部分中介效应。这一结果说明，产业政策协同性有助于激励企业开展新技术研发，进而提升企业创新能力，支持本章的研究假设 H3a。

2. 机制检验Ⅱ：产业政策协同性对企业创新补贴的影响

按照资源基础观，研发创新补贴是企业创新的重要资源基础。本章认为相较于央-地产业政策不协同的情景，央-地产业政策协同能够有助于企业获得研发补贴，进而促进企业的创新绩效（郭玥，2018）。立足于模型（11-4）的设定，从表 11-10 的回归结果可以看出，产业政策协同性对企业研发补贴（Subsidy）产生显著的正向促进效应，影响系数为 0.028，且通过了 5% 水平下的显著性检验，说明产业政策协同性能够有助于企业获得更多的创新资源供给。进一步地，基于资源供给视角，创新补贴在产业政策协同性与企业创新绩效之间产生部分中介效应。这一结果说明，产业政策协同性有助于企业获取创新补贴从而提升企业创新绩效，支持研究假设 H3b。

表 11-10　产业政策协同性与企业研发投入、研发补贴以及税收优惠的关系

变量	lnApply	R D	lnApply	Subsidy	lnApply	Taxp	lnApply
	m1	m2	m3	m4	m5	m6	m7
IMPgs	0.213***	0.002***	0.199***	0.028**	0.207***	1.609***	0.204***
	(0.028)	(0.001)	(0.027)	(0.013)	(0.028)	(0.370)	(0.028)
R D			8.334***				
			(0.372)				
Subsidy					0.213***		
					(0.016)		
Taxp							0.005***
							(0.001)
Controls	Yes	Yes	Yes	Yes	Yes	Yes	Yes
_cons	−12.444***	−0.013**	−12.334***	0.452***	−12.540***	14.930***	−12.526***
	(0.277)	(0.005)	(0.275)	(0.114)	(0.276)	(3.506)	(0.276)
Year FE	Yes	Yes	Yes	Yes	Yes	Yes	Yes
Industry FE	Yes	Yes	Yes	Yes	Yes	Yes	Yes
Sobel Z			2.923***		2.235**		3.996***
Sobel Z 的 P 值			0.003		0.025		0.000
N	21635	21635	21635	21635	21635	21635	21635
Adjusted R^2	0.485	0.479	0.500	0.174	0.489	0.186	0.488

3. 机制检验Ⅲ：产业政策协同性对企业税收优惠的影响

从资源基础观的视角，本章认为相较于央-地产业政策不协同的情景，央-地产业政策协同有助于企业获得税收优惠，即降低企业的实际税率，进而促进企

业的创新绩效。立足于模型（11-4）的设定，从表11-10的回归结果可以看出，产业政策协同性对企业税收优惠（Taxp）产生显著的正向影响，影响系数为1.609，且通过了1%水平下的显著性检验，说明产业政策协同有助于企业降低实际税率，获得更大的税收优惠。基于资源供给视角，税收优惠在产业政策协同性与企业创新绩效之间产生部分中介效应，说明产业政策协同性有助于企业降低实际税率，减少创新过程中的成本支出，为企业创新提供资源支持，提升企业创新绩效。研究假设H3c成立。

（二）进一步分析：谁更需要产业政策协同的力量

1. 产权制度的异质性

考虑到我国特殊的产权制度安排，即国有产权相对于非国有产权而言，国有企业具有天然的政治关联优势，更能够得到政府政策的支持与创新资源的供给。本章进一步区分国有产权与非国有产权，考察不同产权属性下央-地产业政策协同性对企业创新绩效的影响。基于表11-11的（m2）和（m4）列的回归结果可以看出，产业政策协同性对国有企业的专利申请与专利授权影响系数分别为0.276和0.248，通过了1%水平下的显著性检验，产业政策协同性对国有企业创新绩效的促进效应更大，说明在现实的产权制度安排下，国有企业基于独特的政治关联和资源效应，能够在央-地产业政策协同下做出更加长远导向的创新决策，促进国有企业的创新绩效。

进一步地，考虑到企业技术水平的异质性对企业创新绩效的影响，本章将研究样本区分为高新技术企业与非高新技术企业。基于表11-11的（m5）至（m8）列的回归结果可以看出，高新技术企业中产业政策协同性对企业专利申请和专利授权的影响系数分别为0.221和0.165，但在非高新技术企业中，产业政策协同性对企业专利申请和专利授权的影响系数没有通过显著性检验。因此，高新技术企业中产业政策协同性对企业创新绩效的显著性更强。

表11-11 基于企业产权与技术水平异质性的回归结果

变量	lnApply		lnGrant		lnApply		lnGrant	
	非国有企业	国有企业	非国有企业	国有企业	非高新技术企业	高新技术企业	非高新技术企业	高新技术企业
	m1	m2	m3	m4	m5	m6	m7	m8
IMPgs	0.159*** (0.038)	0.276*** (0.041)	0.110*** (0.036)	0.248*** (0.038)	0.068 (0.058)	0.221*** (0.032)	0.033 (0.053)	0.165*** (0.030)
Controls	Yes	Yes	Yes	Yes	Yes	Yes	Yes	Yes

续表

变量	lnApply		lnGrant		lnApply		lnGrant	
	非国有企业	国有企业	非国有企业	国有企业	非高新技术企业	高新技术企业	非高新技术企业	高新技术企业
	m1	m2	m3	m4	m5	m6	m7	m8
_cons	−11.101***	−13.454***	−9.779***	−12.317***	−10.125***	−14.178***	−8.882***	−13.011***
	(0.436)	(0.370)	(0.404)	(0.341)	(0.391)	(0.491)	(0.362)	(0.453)
Year FE	Yes	Yes	Yes	Yes	Yes	Yes	Yes	Yes
Industry FE	Yes	Yes	Yes	Yes	Yes	Yes	Yes	Yes
N	11716	9919	11716	9919	10034	11601	10034	11601
Adjusted R^2	0.429	0.563	0.421	0.556	0.378	0.441	0.366	0.454

综上，考虑产权异质性与企业技术水平异质性，非国有企业与非高新技术企业更需要产业政策协同以促进企业创新绩效。

2. 区域制度环境的异质性——区域市场化环境

考虑到我国地区经济发展程度不一，各地区市场化程度具有明显的差异性，即各省份的市场化正式制度健全程度方差较大，本章进一步按照市场化程度的中位数将研究样本划分为市场化程度高和市场化程度低两组分样本，检验市场化环境异质性下产业政策协同性对企业创新绩效的影响。基于表 11-12 的（m1）至（m4）列可以发现，产业政策协同性在市场化程度较低的地区中对企业创新绩效的影响系数较大，无论是专利申请还是专利授权，影响系数都通过了 1% 水平下的显著性检验。因此，考虑我国不同地区的经济发展程度与要素市场发育程度的差异性，经济欠发达、市场化制度环境相对滞后的地区更需要产业政策协同的力量，以更好地促进企业的创新绩效。

表 11-12 基于区域与市场化环境异质性的回归结果

变量	lnApply		lnGrant	
	高市场化	低市场化	高市场化	低市场化
	m1	m2	m3	m4
IMPgs	0.163***	0.211***	0.126***	0.182***
	(0.041)	(0.037)	(0.039)	(0.035)
Controls	Yes	Yes	Yes	Yes

续表

变量	lnApply		lnGrant	
	高市场化	低市场化	高市场化	低市场化
	m1	m2	m3	m4
_cons	-12.306 ***	-11.022 ***	-11.410 ***	-9.699 ***
	(0.525)	(0.401)	(0.574)	(0.367)
Year FE	Yes	Yes	Yes	Yes
Industry FE	Yes	Yes	Yes	Yes
N	11137	10 498	11137	10 498
Adjusted R²	0.515	0.464	0.497	0.463

六、研究结论与政策启示

（一）研究结论及局限性

自 20 世纪 70 年代以来，产业政策成为我国推动产业结构调整、引导企业行为的重要政策工具。产业政策在东亚国家得到广泛的运用，甚至一度被认为是东亚经济增长的重要解释变量，被誉为东亚国家经济增长奇迹的重要"钥匙"。但是，无论是在西方发达国家还是发展中国家，对于产业政策的有效性和相应的实施边界都存在巨大的争议。本章认为，在中国经济转型过程中，考察产业政策有效性问题需要结合特殊的央-地分权行政关系与治理关系的制度背景，才能更全方面地分析产业政策在企业创新过程中发挥的真实效应，以更好地回答产业政策对于企业创新绩效的有效性问题。本章以 2006~2017 年中国沪深 A 股上市公司为研究样本，研究央-地产业政策协同对微观企业创新绩效的影响。结果表明：①中央产业政策与地方产业政策对企业创新绩效的影响呈现出不一致的结论，即中央产业政策促进企业的创新绩效，但地方产业政策对企业创新绩效并没有显著的影响，说明中央政府能够凭借强大的顶层制度设计能力与前瞻性的战略性产业规划能力，出台比地方政府更有效的产业政策。②考虑央-地分权关系，发现央-地产业政策协同对企业创新绩效产生显著的正向促进效应，但在不协同的两种情境中，无论是中央支持但地方不支持，还是地方支持但中央不支持的产业政策，均对企业创新绩效产生负向抑制效应。③内在机制分析结果表明，产业政策协同对企业创新补贴、研发投入和实际税率产生显著的正向效应，说明产业政策协同能够给予企业更强的创新资源供给，激励企业开展研发活动。④进一步异质性分析结果表明，央-地产业政策协同对企业创新绩效产生异质性影响，体现为在国有企业、高新技术企业和市场化环境较为滞后的区域中产业政策协同对企业创新绩效的影响更为明显。

本研究尚有一定的局限性：①产业发展本身存在自身的创新周期性与实际的创新技术水平的异质性，这些因素可能会影响到中央产业政策与地方产业政策的制定。同时，由于地方产业政策的制定与落实也与地方主政官员息息相关，因此，地方产业政策有效性可能受到地方官员任期或官员更替等因素的影响。尽管本章基于 PSM 方法对可能存在的内生性问题进行了控制，但仍然难以完全排除上述因素可能导致的内生性问题，尤其是在国家宏观经济运行过程中，宏观经济政策不确定性也同样可能影响产业政策的制定过程与实施效果，未来识别产业政策的有效条件仍需考虑更多的宏观层面与区域层面的变量，进而丰富产业政策与企业创新活动之间的因果关系。②从企业创新的范式来看，企业创新的类型多样，包括利用式创新、探索性创新、渐进式创新与颠覆式创新等多种范式类型，不同创新范式下的产业政策对企业创新绩效的作用也不尽相同。本章仅仅从企业专利（发明专利和非发明专利）的视角衡量企业创新绩效，不可避免地忽视了企业创新绩效衡量维度的全面性。未来的研究可以进一步聚焦全面衡量企业创新水平的指标，如某一细分行业中的专利引用、企业无形资产比例等，以更全面地反映央-地产业政策协同对企业创新绩效的异质性影响，从而丰富政策驱动的企业异质性创新行为研究。

（二）研究启示

有效判断产业政策有效性的条件需要跳出单纯考察产业政策作用于微观企业绩效（财务绩效、创新绩效与投资绩效）的微观识别框架，破除纠结产业政策存在合法性与合理性的单一性研究，从产业政策的有效性逐步过渡到产业政策有效性的边界条件与情境机制。本章基于我国独特的央-地分权关系的视角，考察央-地产业政策对企业创新的异质性效果，并进一步从央-地产业政策协同的框架，探究两个政策制定主体的政策协同对微观企业创新绩效的具体效应。本章的研究启示包括三大层面：

首先，中央产业政策对企业创新绩效具有显著的正向促进效应，中央政府需要继续增强产业政策制定过程中的顶层设计能力优势与资源优势，发挥中央政府在基于产业政策有效治理产业生态、推动企业创新转型发展过程中的重要作用。同时，继续强化科技革命引领下未来产业的前瞻性识别与甄选机制建设，为我国作为后发国家的转型发展和经济追赶提供动力支撑。采用有为政府的"有形之手"与市场的"无形之手"协同共进的方式，助推产业转型升级和微观企业创新，推动我国迈向高质量发展与科技创新强国之路。

其次，地方产业政策需要进一步转型。当前地方产业政策存在面广摊大的现实问题，难以对微观企业创新带来显著效果。地方政府在制定产业政策的过程中，需要进一步提高当地产业比较优势和发展战略导向的耦合程度，因地制宜，避免地方政府之间产业政策同质化所导致的产业内分工的低效率和严重的产能过剩。同时，地方政府还需要摒弃盲目跟随中央产业政策而放弃本地比较优势的做法，积极发挥地方政府的"自由裁量权"与能动性，推动地区产业的转型升级与微观企业的创新发展。更为重要的是，产业政策的配套机制需要重视奖惩机制建设，不是盲目一味地通过财政公共创新资源为企业注入创新的血液，而是通过强化政策执行过程的筛选、甄别、考核与动态反馈等机制建设，提高地方产业政策的执行效果。

最后，中央政府与地方政府在产业政策的执行过程中，需加强央-地协同机制建设。具体而言，可以通过强化中央与地方的对话沟通机制和协调共商机制建设，发挥两者在治理地区产业和微观企业创新过程中的资源协同与能力协同优势。在避免地方政府完全背离中央产业政策导向所带来的负面影响的同时，也需要规避完全与中央产业政策同质化的倾向，积极依托中央与地方两个治理主体的分工优势，在促进地区产业转型发展与微观企业创新过程中保持目标的一致性，推动各地区之间产业链、创新链和价值链的有效协同与整合，共同驱动微观企业实现创新，最终推动企业走向高质量发展之路。

第十二章　提升企业数字创新能力：
价值链数字化的视角[*]

以大数据、互联网、人工智能及区块链等数字信息与智能技术为表征的技术革命，为宏观经济变革、中观产业升级与裂变及微观企业转型提供了基础性的技术支撑，工业经济时代逐步过渡到数字经济时代。从宏观经济形态来看，数字智能技术催生了包括平台经济、共享经济、新经济等数字经济在内的全新经济形态。依据中国信息通信研究院的测算结果，2020 年中国数字经济增加值规模已由 2005 年的 2.6 万亿元，扩张到 2020 年的 39.2 万亿元，占 GDP 比重已提升至 38.6%。中观产业层面，数字产业与传统产业数字化方兴未艾。特别是，数字化对传统产业的深度赋能效应，正在改变产业内的分工形态与产业集聚的空间结构形态，逐步释放数字经济与传统经济的互动融合效应，两者间边界日益模糊化。从微观企业视角看，数字技术的迅猛发展催生了一大批数字企业、平台企业及互联网企业。联合国贸发会议《2019 年数字经济报告》认为，全新的全球"数据价值链"已经形成，全球七大"超级数字平台"——微软、苹果、亚马逊、谷歌、脸书（Facebook）、腾讯和阿里巴巴占全球前 70 个数字平台总市值的 2/3，已成为配置全球资源、改变分工方式与分工机制的主导力量。面向数字经济时代，《中共中央关于制定国民经济和社会发展第十四个五年规划和二〇三五年远景目标的建议》提出"加快数字化发展。发展数字经济，推进数字产业化和产业数字化"^②。在开启全面建设社会主义现代化国家新征程的历史时期，数字中国战略还被赋予了创新新动能的角色。全国各地纷纷擘画数字经济蓝图，大力推进产业数字化，助力传统企业升级再造。

事实上，任一企业的价值创造均嵌入在某一或多个价值链中，企业数字化转型必然涉及价值链环节的数字技术应用，而价值链环节数字技术的应用为企业提

---

*　本章发表于《科学学与科学技术管理》2023 年第 2 期，有修改。

② 　新华社．中共中央关于制度国民经济和社会发展第十四个五年规划和二〇三五年远景目标的建议［Z］．2020-11-03．

升创新绩效创造了可能。理论上，价值创造过程中数字信息这一价值创造元素的进入，和数字技术这一生产工具和创新工具角色的参与，企业的创新过程（Matarazzo et al.，2021）、创新方式（Yoo et al.，2012）、创新主体间的关系和创新激励得以重塑，进而可能对创新绩效产生正向影响。那么，企业价值链数字化真能产生创新赋能效应吗？考虑到企业数字化转型存在成本，且能否为创新赋能直接影响企业竞争力，甚至关乎生存问题，因而，这个问题的答案会直接影响企业对数字化转型的意愿和我国实施产业数字化战略的推进进程，并会对创新战略的实施产生重要作用。紧随其后的一个问题是，若答案是肯定的，其内在动力机制是什么？在数字经济时代，上述现实问题成为亟须解答的重要命题。因企业价值链数字化强调的是企业价值链链接全系统的数字化，考虑到企业价值链的数字化存在阶段性，倾向于从局部价值链环节的数字化扩展至整个链条的数字化，不同企业局部价值链环节数字化的数量存在差异，即存在价值链数字化广度差异。因而，本章同时围绕价值链数字化广度开展研究，即考察价值链数字化广度增加是否及何以影响企业技术创新。

既有研究充分关注到了数字技术应用或者数字化转型的重要作用。有文献从企业自身单个细分环节的数字化切入，在忽视价值链之间存在协同关系的情境下，探讨数字化对企业商业模式、流程创新、产品创新乃至战略变革的影响。其结论大体认为，某细分场景中的数字化，能成为企业商业模式创新及流程创新的重要驱动力量，能改变原有企业产品供给与服务形态，进而改善企业动态能力和创新能力（Cockburn et al.，2018；王文娜等，2020b；胡青，2020；戚聿东等，2020；阳镇和陈劲，2021）。有的则从区域或城市层面的数字经济发展水平切入，在忽视企业个体数字化应用存在异质性的情境下，探讨城市层面数字化何以作用于某产业全要素生产率（黄群慧等，2019）或区域创新效率（韩先锋等，2019）。还有一支文献侧重探讨数字时代、数字创新与创业管理的新理论架构（Bharadwaj et al.，2013；Nambisan et al.，2017，2019）。最后一支文献则从全球价值链嵌入的视角切入，考察数字技术对推动企业全球价值链地位攀升的重要作用，认为数字智能技术应用有助于改变企业嵌入的全球价值链参与度、分工形态与分工地位，并主要通过提高企业生产率、出口产品质量与创新能力三个渠道，改善企业的全球价值链地位（张晴和于津平，2020；吕越等，2020；刘亮等，2021）。既有对企业层面的价值链数字化与创新之间的研究依然存在不足，主要体现为：一是尚未有文献专门从企业价值链视角探讨数字化赋能效应及其作用机理，且亟须将数字技术特性融入理论机制构建中。深刻把握数字经济时代企业价值链数字化的经济后果及破解数字化赋能价值链的"黑箱"，亟须更为丰富的定量实证研究。二是囿于企业层面的价值链数字化数据相对匮乏，尤其是一手的大样本数据极度匮乏，依然有待大样本的实证微观检验。三是针对投入数字化赋能效应局限于单一情境或者单一企业的价值链环节，缺乏一个全域视角下价值链的深度考察，忽视了价值链各环节间的协同与耦合效应下的数字技术赋能效应评估。

　　基于上述逻辑，在产业数字化背景下，本章基于数字技术固有的特性，从价值创造函数、创新方式、创新主体结构和创新激励四个维度构建了价值链数字化、价值链数字化广度与企业创新绩效的理论分析框架，并利用世界银行的中国制造业企业调查数据开展实证分析，探究了价值链数字化转型对企业创新绩效的影响和作用机制。本研究的边际贡献：①从企业价值链视角构建数字化影响企业创新绩效的完整理论框架，丰富了有关数字创新的研究，对深化产业数字化与技术创新关系的认识提供新的理论维度，同时也为当下加速企业数字化转型提供经验证据与实践启示。②从信息交互与信息交互广度、开放式创新与开放式创新广度及融资约束缓解多维角度，打开企业价值链环节的数字赋能创新过程"黑箱"，为深入研究数字化赋能创新的机理提供参考。③构建价值链数字化与价值链数字化广度衡量指标，并实证检验两者的创新影响效果及其作用机制，为检验产业数字化与创新的因果关系提供新思路。

一、研究假设

（一）价值链数字化、价值链数字化广度与企业创新绩效

　　数字技术是指以信息、计算、沟通及链接技术等为构件的系列组合（Bharadwaj et al.，2013），具体涵盖互联网、大数据、人工智能、云计算、区块链等数字与智能技术等（Vial，2019）。数字技术对价值活动这一价值链分析基本元的使能，产生价值链数字化概念。价值链是由涵盖企业设计、生产、营销、交付和其他相关的战略活动组成的一个相互依赖的系统（Porter，1980），是以企业为节点、以价值创造为目的的市场交易与互动关系的基本纽带，也是形成企业间链接与交易关系的载体支撑。价值链数字化主要聚焦于企业产业链上下游关系中的价值创造环节。从数字化角度看，价值链数字化是依托以移动互联网、大数据、云计算、人工智能等为代表的新一代数字智能技术，在涉及生产、管理运营、市场服务与销售等多价值创造环节，与价值链不同环节企业或者创新主体开展的系列应用，并以价值创造的数字化驱动为主要表现形式。也就是说，价值创造进程中数字技术的嵌入是前提，数字技术对价值创造活动的支撑（作为基础设

施）和价值生成角色（价值挖掘、价值识别、价值创造元素、价值生产与分配工具）的扮演是价值链数字化的核心。

企业价值链数字化强调的是企业价值链链接全系统的数字化。考虑到现实中很多企业价值链的数字化存在阶段性，倾向于从局部价值链环节的数字化扩展至整个链条的数字化，不同企业局部价值链环节数字化的数量存在差异，从而产生价值链数字化广度概念。价值链数字化广度是企业在价值创造中涉入、应用、融入数字技术的价值链环节的数量。本研究对价值链数字化与价值链数字化广度的界定基于以下三点：第一，企业价值链数字化是指企业在生产、管理运营、市场服务与销售等全价值链环节实现了数字技术的嵌入与应用；企业价值链数字化广度则旨在刻画企业在生产、管理运营、市场服务与销售等多个环节实现数字技术的嵌入与应用。第二，企业价值链数字化是企业价值链数字化广度增加的终点，后者更侧重刻画数字技术的应用范围。第三，企业价值链数字化与价值链数字化广度，均以价值创造中的制造业企业为聚焦点来刻画，边界限于某一产业内。换句话说，伴随数字技术革新，因数字技术的收敛性、开放性、渗透性而产生的跨产业、多中心的价值创造数字化网络，抑或是无边界、流动性（Nambisan et al.，2017）的价值创造数字化网络，不在本研究视域内。

价值链是一个相互关联且存在耦合效应的网联结构。企业价值链全域环节的数字化，也叫价值链数字化，或局部价值链数字化环节的增加，即价值链数字化广度增加，均以支持企业实现价值创造的数字技术与相关组织及相关数字技术服务和设施的数字基础设施（Tilson et al.，2010）的安装为前提。现有文献认为，数据同质性与可重新编程性是数字技术的本质特征（Yoo et al.，2012），前者是指数字技术可对采集的信息进行编码转化，实现数据的标准化；后者是指数字技术对信息的处理程序可作为新的数据元素存储、利用、再编码等（刘洋等，2020）。数据同质性和可重新编程性使得异构主体可利用同样的数字技术实现各自的价值创造，即衍生出数字技术的可供性（Majchrzak and Markus，2013）、开放性、可再生性、渗透性等特征。

基于数字技术特征，价值链数字化与价值链数字化广度增加，使数据高效流动、匹配、交互、整合应用（孙新波和苏钟海，2018），耦合效应得以释放，从而可产生显著的创新赋能效应。其逻辑在于：一是形成以数据为关键要素的新的价值创造函数。价值链数字化和价值链数字化广度增加，可实现同质性、可重新编程性、可供性数据在多维价值创造进程中的嵌入。这一具有高流动性、高积累性、高渗透性的数据要素，不仅单独进入价值创造生产函数，丰富生产要素，拓展生产函数边界（Lusch and Nambisan，2015；胡贝贝等，2019），还可通过与其他生产要素的破坏性重构，形成新的创新性组合，激发架构式创新和分布式创新。数据在广域范围内的流动中具有自迭代、自生长特质，这使得创新要素的积累与重构呈现出不同于以往的倍数效应，进一步推动价值生产函数动态向外拓展。二是数字技术作为新的生产工具和创新工具（Cockburn et al.，2018），以数字化、智能化改变价值创新方式，衍生、孵化新产品、新技术和新业务。依托数据要素的开放性、可供性、低边际成本、高流动性和网络性，价值链数字化和价值链数字化广度增加，可实现企业与多创新主体泛在链接、高效互动，丰富知识源，释放知识溢出效应，缩短知识传递进程，革新知识价值创造方式，产生新知识，强化知识形成与技术机会洞察能力，并在多品种知识跨部门、跨组织、跨区域碰撞中繁殖新知识、孵化新业态。同时，企业还可借助大数据分析和数字化智能模拟，在将部分员工从烦琐的程序化工作中解脱出来使其从事更富有创造力活动的同时（Cockburn et al.，2018），形成人、物及数字智能系统的协同创新。更为重要的是，数字技术本身不仅是创新的结果，还可扮演创新工具的角色，开启新的创新领域。例如，传统企业可借助数字化智能模拟，通过数据再编程，实现现有创新元素的重构或创新路径的颠覆，创造新的产品或服务。三是重塑创新主体的交互结构。创新主体是创新的创造主体。数字技术的可供性，使得企业可在线及时发布价值创造需求或通过数据挖掘发现新的潜在价值需求，将价值需求信息快速、低成本传递至潜在创造主体触发其参与，识别与确立创新伙伴关系网络，并通过赋予创新主体跟踪、追踪自身在创新活动进程中足迹的能力，激励异质创新主体实时、主动修正、重塑创新路径和开展持续价值共创。即，数字技术能使企业与供应商、服务商、员工、生产分包商、分销商及用户等以较低成本基于某一价值创造过程高效聚合，驱动供应商、合作伙伴和用户等内化为企业的创新主体，将原先纵向、单一的链式创新主体链接结构转变为横纵交互、多维交织的创新主体链接网络，便利多创新群体在多维资源与能力约束下做出合意的创新决策（肖静华等，2021），进而提升创新绩效。四是强化创新激励，分散创新风险。企业利用数字互联网手段（数字平台管理）可使多价值链环节主体主动嵌入产品研发与设计、测试与制造、销售以及服务等创新链（刘洋等，2020），便利企业精准高效对接创新资源、有效辨识与验证技术机会、开展研发协作，优化创新流程，缩短创新成果转化的时间周期与成本，降低创新失败风险，提升企业创新绩效。基于此，本章提出如下假设：

H1a：给定其他条件，价值链数字化对企业创新绩效存在正向影响。

H1b：给定其他条件，价值链数字化广度增加对企业创新绩效存在正向影响。

（二）价值链数字化、价值链数字化广度对企业创新绩效的影响机制分析

价值链数字化和价值链数字化广度对企业创新的赋能效应，即形成以数据为关键要素的新的价值创造函数、数字技术作为新的生产工具和创新工具、创新主体的交互链接结构网络化和创新激励中创新风险的分散，这四条影响逻辑不仅可直接作用于企业创新绩效，还可通过释放信息共享效应、知识溢出效应和资源效应进而对企业创新绩效产生影响（见图12-1）。

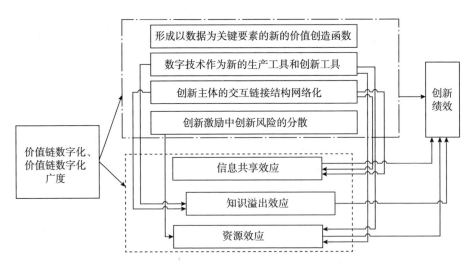

图12-1　价值链数字化和价值链数字化广度对企业创新绩效的影响机制

1. 信息共享效应：信息交互与信息交互广度的中介效应

价值链数字化和价值链数字化广度增加通过释放信息共享效应提升企业技术创新绩效。企业创新本质上是一项具有高不确定性的市场价值创造活动，是从灵感激发、创意构建、研发设计、测试投产、制造销售与产品商业化至产业化一系列传导性活动。在这一冗长的创新链环节中，企业捕获、编码、解释、积累和挖掘的数据要素越充分，数据信息共享越畅通，进入价值创造函数的数据要素越丰厚，就越能促成企业内外部创新链环节的紧密协同与分工，提高技术机会预测和实现能力，提升创新链协作效率，降低创新环节的不确定性，实现创新绩效优化。

价值链数字化和价值链数字化广度增加则为信息共享效应的释放和利用提供便利。本章从信息交互与信息交互广度两个维度来研究信息共享效应。信息交互是指企业基于价值创造目的，与价值链不同环节中其他企业构建信息交互网络，系统性管理跨组织边界的信息流动的过程。信息交互广度是指企业开展信息交互

的对象范围的数量。价值链数字化与价值链数字化广度增加促进信息交互与信息交互广度的逻辑在于：一是数字技术作为新的生产工具和创新工具为信息交互和信息交互广度增加提供可跨时空的信息基础设施。伴随价值链数字化和价值链数字化广度拓展，企业可在广域范围内借助数字技术手段，突破信息采集的时间与空间界限，即时与供应商等企业共享原材料等信息，并通过线上销售采集产品销售、用户足迹、用户反馈等数据，实现异构信息采集、汇聚、编码、追溯、复制、积累，进而通过数据分析、挖掘刻画平台用户画像（肖静华等，2021），使得价值链环节的信息交互由长时延、小范围、低质量转为低时延、广范围和高质量，形成广域范围内的高质量数据信息泛在动态共享平台。二是创新主体的交互链接结构网络化可强化信息交互和信息交互广度拓展的意愿。信息共享意愿依赖于信息能否在不同信息供给主体间实现高质低损流通、及时反馈及带来价值增值。价值链数字化和价值链数字化广度拓展，使企业可在网络化交互链接中及时洞察企业内部研发、生产、测试、管理、销售等各环节的信息，大幅降低研发人员或管理层的机会主义倾向，并通过信号机制反馈给其价值链上的合作厂商，增进双方开展信息交互和拓展信息交互广度的意愿。不同价值链环节企业间的信息交互，强化了研发设计、制造和销售与用户画像的匹配，优化了供需、技术机会与技术资源的对接效率，使得企业能敏捷响应市场需求偏好变动，优化产品或服务创新的市场匹配性，实现价值链不同环节厂商的价值共创，继而正向激励不同信息主体间的信息交互开展和信息交互广度增加。基于此，本章提出如下研究假设：

H2a：给定其他条件，价值链数字化和价值链数字化广度增加均可通过促进信息交互进而促进企业创新绩效。

H2b：给定其他条件，价值链数字化和价值链数字化广度增加均可通过延展信息交互广度进而促进企业创新绩效。

2. 知识溢出效应：开放式创新与开放式创新广度的中介效应

价值链数字化和价值链数字化广度增加通过释放知识溢出效应提升企业技术创新绩效。有研究表明，开放式创新和开放式创新广度增加，可促进异构创新主体间信息、知识的高频深度交互和碰撞，促成互补创新资源的精准对接与高效集成（Chesbrough and Crowther，2006），丰富创新路径和创新方式，进而加速新产品、新技术、新业态的繁殖（Enkel et al.，2017），提升企业创新绩效（Saggi and Jain，2018）。价值链数字化和价值链数字化广度增加则能激励企业开展开放创新和延展其广度。其逻辑在于：一是数字技术这一新的生产工具和创新工具为企业开展开放式创新和拓展其广度提供开放接口和虚拟平台（闫俊周等，2021）。数字信息技术天然的收敛性、开放性、共享性，为处于不同价值链环节的创新主体围绕某一价值创造活动建立并补充彼此的贡献，开展价值共创提供了标准或开放的链接接口。借助数字交互平台或互联网等技术构建的交易空间与互动界面，企业可突破部门、组织物理墙，与价值链环节的不同创新主体高频率、灵活、实时开展交易与互动，便利开放式创新的开展和其广度的延展。二是创新主体的交互链接结构网络化可畅通企业开展开放式创新和拓展其广度的关键机制——知识共享机制。创新主体网络化的交互链接结构为其开展开放式创新和拓展其广度营造了天然高度开放的创新生态系统（Santoro et al.，2018）。镶嵌在该系统内的各类创新主体与知识主体，借助数字技术平台与数字手段（数据库、知识门户、数据挖掘等），可高效进行创意知识的访问、经验学习、价值识别、交互、重构、创造、自生长和整合转化，使原先难以编译的隐性知识得以显化、复制、流动和共享，使原先知识库中的成功经验与新知识得以破坏性重构，使原先的显性知识得以加速流动，从而丰富创意源头，产生知识溢出乘数效应。三是数字技术作为新的生产工具和创新工具与创新主体的交互链接结构网络化的交织，可降低企业开展开放式创新和拓展其广度的成本，提升合作黏性。在缺乏数字化技术涉入的情境下，企业开展开放式创新需频繁在线下与各类异构创新主体开展互动，合作频率和范围受地域和时域约束较大，合作成本也较高（王金杰等，2018）。且因信息采集和监督成本较高，潜存机会主义倾向较高。伴随价值链数字化涉入的广度增加，数字化技术的开放性和社交属性赋予企业以较低成本进行线上线下频繁协同，最终降低企业价值互动中的交易成本与互动时间成本，且可通过充分的信息采集与共享实现高效监督，提高数字信任（Mubarak and Patraite，2020），降低机会主义，强化合作意愿。此外，数字化还可允许企业管理者借助数字化虚拟平台形成创新生态合作共识机制，进而协调多边独立但依赖的关系（Jacobides et al.，2018），实现互补技术资源广泛链接与集成和开发，提升企业间创新协同能力，强化协作黏性，提高企业开展开放式创新的预期收益，正反馈于企业开展开放式创新和拓展其广度。基于此，本章提出如下研究假设：

H3a：给定其他条件，价值链数字化和价值链数字化广度增加均可通过强化开放式创新进而提升企业创新绩效。

H3b：给定其他条件，价值链数字化和价值链数字化广度增加均可通过延展开放式创新广度进而提升企业创新绩效。

3. 资源效应：融资约束缓解的中介效应

价值链数字化和价值链数字化广度增加通过释放资源效应提升企业技术创新绩效。从创新周期与风险视角来看，由于企业的技术创新活动本身具有高不确定性的特质（Holmstrom，1989），因而需要更多的资源来支撑。其中，重要的资源是外部投资者及内部持股人的资金与资本。但正因企业开展技术创新的市场回报呈现高不确定性，技术创新面临知识转化为商业成果与市场收益的"死亡之谷"，加之，创造的新知识具有非竞争性和非完全专用性（Romer，1990），这些因素叠加加剧了企业融资过程中风险投资者的观望态度，致使企业难以以合理价格获得适度规模的外部融资（Akerlof，1970；Hall and Lerner，2010）。同时，委托代理问题的存在，进一步恶化了企业的融资约束（Hall，2002）。因委托代理问题，投资者无法直接观测、监控相应资金的具体流向与实际创新投入，难以实时和全程参与企业真实的创新决策，这延缓了投资者做出投资企业创新的决策时间，降低了企业获得合理融资规模的概率（王文娜等，2020a）。价值链数字化和价值链数字化广度的延展使上述情境得以改观。一是创新主体的交互链接结构网络化和创新风险分散可拓展融资渠道，降低融资成本。价值链数字化及其广度增加可使嵌入在创新链接网络中的企业以低廉成本实现与投资者、供应商、用户、社会以及其他主体的直接的、充分互动，高效实现创新资源对接，降低创新失败风险，缩减风险溢价，减少风险投资者对优质创意项目错判的概率，提高企业优质创意获得风险融资的概率。加之，与价值链环节不同主体的互动，强化了多边合作的信任机制，潜在地拓展了企业的融资渠道与范围。且双方交易和合作信息的数字化，可为企业偿债能力提供信用背书，使得企业可以合理成本获得融资。二是借助数字技术这一新的生产工具和创新工具，可实时进行信息采集、挖掘、共享，跟踪创新进程足迹，减少信息分享中的信号损失和扭曲，强化信任（王伟同和周佳音，2019）和信息共享机制，进而缓解投资者与企业之间的信息不对称问题，有效实现各环节的监控与治理，降低投资者与企业之间的交易成本，缩减融资成本和软化融资约束（刘刚等，2021）。基于此，本章提出如下研究假设：

H4：给定其他条件，价值链数字化和价值链数字化广度增加可通过缓解融资约束进而提升企业创新绩效。

二、研究设计

（一）数据来源

有关企业价值链数字化的数据稀缺。本研究基于 2011 年 12 月至 2013 年 2 月世界银行针对中国企业的营商环境开展的调查与现场访谈①来获取有关企业价值链数字化和价值链数字化广度的信息，是目前少有的高质量数据。该调查数

---

① 数据来源及相关文件请见：https：//microdata.worldbank.org/index.php/catalog/1559。

据的收集范围横跨中国三大（东部、中部、西部）区域的 25 个主要城市，涉及金属制品业、食品制造业、交通运输设备制造业、电子制造业、精密仪器制造业等 20 个行业，调查内容涵盖企业基本信息、财务数据、销售与供应、创新与技术、政企关系等多元维度。借鉴周开国等（2017）、夏后学等（2019）的方法，本章对数据做如下处理：①剔除缺失、未回答或回答不清楚的样本；②基于研究主题，聚焦于制造业企业，删除服务业样本。剩余样本约为 1568 个，其中国有企业（按照控股权大于等于 50%）69 家，中小企业 917 家，即本章的样本数据以中小民营企业为主。

（二）模型设定与变量定义

1. 模型设定

基于数据特质与计量模型的适配性，本章构建如下计量模型：

$$\text{newper}_{kji} = \alpha_0 + \alpha_1 \text{chainint}(\text{chainintwide})_{kji} + \alpha_2 X + \varepsilon_s + \varepsilon_k + \varepsilon_j \qquad (12\text{-}1)$$

$$\text{logit}(\text{newproduct}_{kji} - 1) = \alpha_0 + \alpha_1 \text{chainint}(\text{chainintwide})_{kji} + \alpha_2 X + \varepsilon_s + \varepsilon_k + \varepsilon_j \qquad (12\text{-}2)$$

计量模型（12-1）与模型（12-2）中的因变量技术创新分别为 newper_{kji} 与 newproduct_{kji}，核心解释变量 chainint_{kji} 与 $\text{chainintwide}_{kji}$ 分别表示 k 城市 j 行业 i 企业的价值链数字化和价值链数字化广度。X 为控制变量集，ε_s、ε_k 和 ε_j 分别表示模型误差项与城市与行业固定效应。

2. 变量定义

变量定义及描述性统计分析如表 12-1 所示。

表 12-1 变量定义及描述性统计

变量名称	变量名称	变量符号	变量定义	变量来源	观测值	均值	标准差
因变量	技术创新	newper	新产品销售收入所占比例	CNo2	1568	12.378	18.252
		newproduct	是否引入新产品或新服务，1 是，0 否	CNo1	1568	0.497	0.500
	代理指标	productivity	因技术创新提高的产量比例（%）	CNo16	1568	13.624	17.335
自变量	价值链数字化	chainint	是否在伙伴关系、产品和服务强化、生产运营、营销及客户关系的价值链所有环节均使用数字化技术，1 是（包括有时、常常和总是），0 否（包括绝不、很少）	CNo11a–CNo11e	1568	0.504	0.500
	价值链数字化广度	chainintwide	若企业在伙伴关系、产品和服务强化、生产运营环节、营销或客户关系的价值链环节使用数字技术，则编码为 1（包括有时、常常和总是），否则编码为 0（包括绝不、很少），加总上述五个虚拟变量得到产业链数字化广度	CNo11a–CNo11e	1568	3.447	1.915

续表

变量名称	变量名称	变量符号	变量定义	变量来源	观测值	均值	标准差
中介变量	信息交互	$share_1$	是否与原材料商分享市场需求预测信息	CNo13a	1568	0.384	0.486
		$share_2$	是否与客户分享生产和存量捕获信息	CNo13b	1568	0.321	0.467
	信息交互广度	$sharewide_1$	若企业与原材料商分享市场需求信息或与客户分享生产与存量补货信息均编码为1，反之为0，加总上述两个虚拟变量得到信息交互广度	CNo13a-CNo13b	1568	0.705	0.826
	开放式创新	$openinno_1$	是否开发来自外部的创意（包括咨询机构、大学和科研机构），1是，0否	CNo17f	1568	0.189	0.391
		$openinno_2$	是否与供应商合作开发新产品或新服务	CNo17b	1568	0.175	0.380
		$openinno_3$	是否与客户合作开发新产品或服务	CNo17c	1568	0.254	0.436
	开放式创新广度	$openwide$	若企业通过开发外部创意或与供应商或客户合作进而引入新产品或服务，均编码为1，反之为0，加总上述三个虚拟变量得到开放式创新广度	CNo17f、CNo17b、CNo17c	1568	0.618	0.945
控制变量	融资约束缓解	line	是否获得银行信贷，1是，0否	k8	1568	0.332	0.471
	研发投入	rd	若企业有研发投入编码为1，否则编码为0	CNo3	1568	0.345	0.476
	国有企业	state	国有股份占比≥50%编码为1，否则为0	b2c	1568	0.044	0.205
	信息化程度	infor	工作中使用电脑的员工占比（%）	CNo8	1568	33.881	26.507
	高管性别	female	高管是否为女性，1是，0否	b7a	1568	0.097	0.296
	企业年龄	age	ln（2012-企业注册年份）	b5	1568	2.417	0.515
	企业规模	lnemployee	ln（企业员工总数）	l1	1568	4.239	1.332

因变量：技术创新。借鉴现有文献对企业技术创新绩效的测度（胡国柳等，2019；陈林等，2019），分别采用新产品销售占比（newper）和是否开发新产品或新服务（newproduct）这一二元变量，从产出角度定义技术创新。基于稳健性，选取企业因技术创新而增加的产量占比（productivity）作为技术创新的替代测度。

核心解释变量：参考陈晓东和杨晓霞（2021）、李晓华和王怡帆（2020）对数字价值链的定义以及维度，价值链数字化（chainint）以企业在价值链所有环节均应用数字化技术测度，价值链数字化广度（chaintwide）以数字化技术在企业价值链多少环节应用来测度。具体衡量中，围绕价值链的不同环节，将价值链分为伙伴关系（包括供应商和合同商等）、产品和服务强化、生产运营、营销及客户关系5个维度，企业在上述环节使用数字化技术则编码为1，否则编码为0。然后，依据企业是否在上述5个价值链环节均使用数字化技术定义价值链数字化，1是，0否；依据上述5个维度虚拟变量的加总得到价值链数字化广度，其值越大，表征价值链数字化广度越广，分以0~5的6个等级。尽管2011年企业价值链数字化的应用深度与现在存在较大差距，但在缺乏企业层面价值链数字化信息的情境下，世界银行的调查数据不失为一个很好的替代选项。本章在编码企业在不同价值链环节是否使用数字技术时，将有时、常常和总是三种选项编码为1，其余为0，这在一定程度上可弱化2011年与现在的数字化应用测度差距。此外，考虑到企业价值链数字化与创新绩效之间的一些基本规律，具有持续性，即使在数字化情境发生改变时，基本规律依然成立。加之，因数字化革新带来的流动性价值创造网络不在本研究视域内，因而采用2011年的数据来验证，依然有效。

中介变量：①信息交互（$share_1$ 或 $share_2$）、信息交互广度（sharewide）、开放式创新（$openinno_1$、$openinno_2$ 或 $openinno_3$）、开放式创新广度（openwide）和融资约束缓解（line）。其中，信息交互是指企业与价值链不同环节中其他企业交换信息，信息交互广度是指企业开展信息交互的对象范围，其交互广度与交互对象的个数正相关。其中，信息交互采用两个指标刻画，$share_1$ 采用企业是否与原材料商分享市场需求预测信息刻画，1是，0否；$share_2$ 采用企业是否与客户分享生产和存量捕获信息刻画，1是，0否。加总上述两个虚拟变量得到信息交互广度，其取值范围为0~2。②开放式创新与开放式创新广度的测度主要借鉴杨震宁和赵红（2020）和高良谋和马文甲（2014）的做法来定义。其中开放式创新有三个测度指标，$openinno_1$ 采用企业是否开发来自外部的创意（包括咨询、大学和科研机构）刻画，1是，0否；$openinno_2$ 采用企业是否与供应商合作开发新产品或新服务刻画；$openinno_3$ 采用企业是否与客户合作开发新产品或服务刻画。开放式创新广度则通过加总上述三个虚拟变量来刻画。③融资约束缓解（line）。在资本市场不完备的情境下，中小民营企业很难通过发行债券和股票获得外部融资，此时，获得银行授信便成为其主要的资金来源通道。若该渠道畅通，则其遭受的融资约束相对较小（张璇等，2017）。基于研究样本对象，能否获得银行授信更能客观反映企业融资约束是否缓解，因此，融资约束缓解采用企业是否获得银行信贷来定义，1是，0否。

控制变量。基于现有文献，本章选取以下控制变量：研发投入（rd）、国有企业（state）、信息化程度（infor）、高管性别（female）、企业年龄（age）和企业规模（lnemployee）。

依据表12-2的相关性分析，可捕捉以下特征：一是少有两变量间的相关系数大于0.3，表征不存在严重的多重共线性问题；二是多数变量与技术创新在1%的统计水平相关，表征变量选取合理；三是价值链数字化与价值链数字化广度与技术创新的显著正相关。

表12-2 相关性分析

变量	1	2	3	4	5	6	7	8	9	10	11
newper	1										
newproduct	0.6760***	1									
productivity	0.2926***	0.2012***	1								
chainint	0.1949***	0.2693***	0.1398***	1							
chainintwide	0.2070***	0.3032***	0.1881***	0.8177***	1						
rd	0.2368***	0.3517***	0.4906***	0.1716***	0.2297***	1					
state	-0.0954***	-0.1257	-0.0929***	-0.0864***	-0.1707***	-0.0669***	1				
infor	0.0862***	0.0414	-0.1999***	0.0707***	0.0721***	-0.2289***	0.0767***	1			
female	0.0273	-0.0308	-0.0214	-0.0462	-0.0355	-0.0430	-0.0600***	0.0991***	1		
age	0.0133	0.0479	0.0144	0.0687***	0.0701***	0.0612***	0.0390	-0.0656***	-0.0536	1	
lnemployee	0.0815***	0.1507***	0.2296***	0.1694***	0.1732***	0.3010***	0.0613***	-0.2446***	-0.0907***	0.2305***	1

注：***表示在1%的统计水平上显著。

三、经验研究

（一）基本回归结果

价值链数字化与价值链数字化广度对企业技术创新的影响如表 12-3 所示。第（1）列~第（3）列报告了价值链数字化对企业技术创新的影响。其中，第（1）列以新产品销售收入占比测度技术创新，第（2）列以是否开发新产品为因变量。考虑到 Logit 模型的回归结果只有符号意义，因而第（3）列报告了与第（2）列对应的概率比结果。结果显示，价值链数字对企业技术创新的赋能效应在 1%统计水平显著，且该结论不会因因变量的测度差异而发生改变，印证假设 H1a 成立且具有一定的稳健性。从经济影响强度看，给定其他变量，企业若实现价值链数字化，则其新产品销售收入增加 5.1%，其开发新产品的概率增加 2 倍。对应地，第（4）列和第（5）列将核心解释变量由价值链数字化更替为价值链数字化广度，以考察其对企业技术创新的影响。结果显示，企业价值链数字化广度在 1%显著水平上对其技术创新产业正向赋能效应。且该结论在更换因变量后，依然成立，即假设 H1b 得到佐证。从经济影响看，给定其他变量，企业价值链数字化涉入每增加 1 单位，其新产品销售收入占比会增加 1.3%，其开发新产品的概率增加 38.4%。

表 12-3　基本回归结果

变量	OLS	Logit	Logit 概率比	OLS	Logit	Logit 概率比
	(1)	(2)	(3)	(4)	(5)	(6)
	newper	newproduct	newproduct	newper	newproduct	newproduct
chainint	5.1127***	1.1064***	3.0236***			
	(0.9352)	(0.1394)	(0.4216)			
chainintwide				1.3168***	0.3252***	1.3843***
				(0.2473)	(0.0408)	(0.0565)
rd	9.0382***	2.1471***	8.5600***	7.6907***	2.0838***	8.0346***
	(1.0657)	(0.1670)	(1.4297)	(1.0800)	(0.1691)	(1.3585)
state	-0.3532	-0.9613***	0.3824***	-0.8341	-0.7761**	0.4602**
	(1.6351)	(0.3410)	(0.1304)	(1.6021)	(0.3587)	(0.1651)
infor	0.0290	0.0001	1.0001	0.0533***	0.0006	1.0006
	(0.0200)	(0.0030)	(0.0030)	(0.0189)	(0.0030)	(0.0030)

续表

变量	OLS	Logit	Logit 概率比	OLS	Logit	Logit 概率比
	（1）	（2）	（3）	（4）	（5）	（6）
	ncwper	newproduct	newproduct	newper	newproduct	newproduct
female	−1.5477	−0.1960	0.8220	−0.9136	−0.1651	0.8478
	（1.6793）	（0.2518）	（0.2070）	（1.6476）	（0.2479）	（0.2102）
age	0.0441	0.0375	1.0382	0.1043	0.0486	1.0498
	（0.8391）	（0.1297）	（0.1347）	（0.8297）	（0.1301）	（0.1366）
lnemployee	0.5402	0.1468***	1.1581***	0.4964	0.1439***	1.1547***
	（0.3404）	（0.0523）	（0.0606）	（0.3273）	（0.0529）	（0.0611）
常数项	7.4754*	−1.6547***	0.1911***	6.8481*	−2.3927***	0.0914***
	（4.0402）	（0.5646）	（0.1079）	（3.7311）	（0.5764）	（0.0527）
城市/行业固定	是	是	是	是	是	是
P 值	0.0000	0.0000	0.0000	0.0000	0.0000	0.0000
R^2	0.2899			0.2628		
Pseudo R^2		0.3101	0.3101		0.3124	0.3124
准确预测比率		76.66%			77.11%	
N	1568	1564	1564	1568	1564	1564

注：表12-3内容使用Stata15软件估计得到。括号内数据为稳健标准误，*、**、***分别表示在10%、5%和1%的统计水平上显著，下同。

（二）稳健性检验

创新绩效的替代测量。变量差异可能导致估计结果不同，为此，本章采用因技术创新提高的产量比例（productivity）对技术创新进行替代测量。从表12-4第（1）列和第（2）列的结果看，企业价值链数字化与价值链数字化广度增加可显著赋能其技术创新。佐证了假设 H1a 与假设 H1b 的可靠性。

更换识别策略。识别策略差异也是导致估计结果不同的原因之一。作为 OLS/Logit 的对照，本章选用 Tobit/Probit 模型分别重新回归计量模型（12-1）与模型（12-2）。依据表12-4列（3）~列（6）的结果，更换识别策略后，基准结论并未改变。

表 12-4　更换因变量和更换识别策略

变量	更换因变量		更换识别策略			
	OLS		Tobit	Probit	Tobit	Probit
	（1）	（2）	（3）	（4）	（5）	（6）
	productivity	productivity	newper	newproduct	newper	newproduct
chainint	1. 8520 **		11. 8922 ***	0. 6419 ***		
	（0. 8340）		（1. 6813）	（0. 0812）		
chainintwide		0. 9882 ***			3. 7870 ***	0. 1892 ***
		（0. 2323）			（0. 5301）	（0. 0233）
常数项	13. 3359 ***	11. 4859 ***	−12. 8785 *	−0. 9422 ***	−21. 5511 ***	−1. 3819 ***
	（3. 3210）	（3. 3195）	（6. 9168）	（0. 3220）	（6. 9553）	（0. 3276）
控制变量	是	是	是	是	是	是
年份/行业固定	是	是	是	是	是	是
P 值	0. 0000	0. 0000				
R^2	0. 3767	0. 3826				
Pseudo R^2			0. 0734	0. 3101	0. 0745	0. 3131
N	1568	1568	1568	1564	1568	1564

（三）内生性检验

函数之间的相互依赖关系是产生内生性的主因之一。理论上，企业价值链数字化及其广度大小与企业的技术创新存在反向因果关系，其逻辑在于：越是倾向于开展技术创新的企业，越有可能超前布局价值链数字化或延展其广度，以释放其创新赋能效应。鉴于此，本章采用同行业同城市价值链数字化的均值和同行业同城市价值链数字化广度的均值，分别作为企业价值链数字化与价值链数字化广度的工具变量。选取同城市同行业均值，因其既与单个企业的产业链数字化相关，但又不会直接影响单个企业的创新行为，因而，兼具外生性和相关性。采用工具变量的回归结果如表 12-5 所示。在满足工具变量非弱相关（依据 Cragg-Donald Wald F statistic）与可识别（依据 Kleibergen-Paap rk LM-P 值）的前提下，回归结果依然支持假设 H1a 与假设 H1b。进一步佐证基准回归结果有效。

表 12-5　工具变量回归结果

Panel A-价值链数字化

变量	Ivreg2		Ivprobit	
	第一阶段	第二阶段	第一阶段	第二阶段
	（1）	（2）	（3）	（4）
	chianint	newper	chaintint	newproduct
mean_ chainint	0.9584***	6.4144***	0.9587***	0.8368***
	(0.0301)	(1.7962)	(0.0392)	(0.1581)
常数项	−0.3474***	7.6673*	−0.3476***	−0.9078***
	(0.0751)	(3.9762)	(0.0823)	(0.3182)
控制变量	是	是	是	是
城市/行业固定	是	是	是	是
Kleibergen−Paap rk LM−P 值		0.0000		0.0000
Cragg−Donald Wald F statistic	604.283		604.283	
Stock−Yogo weak ID test critical values （10%maximal IV size）	16.38		16.38	
N	1568	1568	1564	1564

Panel B-价值链数字化广度

变量	Ivreg2		Ivprobit	
	第一阶段	第二阶段	第一阶段	第二阶段
	（1）	（2）	（3）	（4）
	chianintwide	newper	chaintintwide	newproduct
mean_ chainintwide	0.9305***	1.2325**	0.9313***	0.1942***
	(0.0357)	(0.4846)	(0.0391)	(0.0447)
常数项	−1.1952***	4.7546	−1.1986***	−1.3892***
	(0.3100)	(4.0407)	(0.3223)	(0.3258)
控制变量	是	是	是	是
城市/行业固定	是	是	是	是
Kleibergen−Paap rk LM−P 值		0.0000		0.0000
Cragg−Donald Wald F statistic	570.362		570.362	
Stock−Yogo weak ID test critical values （10%maximal IV size）	16.38		16.38	
N	1568	1568	1564	1564

注：鉴于理论上，价值链数字化与企业创新绩效存在函数依赖关系，在内生性检验不通过的情况下，本章依然采用工具变量法。

（四）机制检验

前文研究发现，企业价值链数字化和价值链数字化的广度增加会对自身产生创新赋能效应，且可通过释放信息共享效应、知识溢出效应和资源效应进一步影响企业创新绩效。本部分通过构建中介效应模型以揭示这一作用机制"黑箱"。具体计量模型[①]如下所示：

$$medi_{kji} = \beta_0 + \beta_1 chainint（chainintwide）_{kji} + \beta_2 X + \varepsilon_s + \varepsilon_k + \varepsilon_j \qquad （12-3）$$

$$newper_{kji} = \delta_0 + \delta_1 chainint_{lgi}/chainintwide_{kji} + \delta_3 X + \varepsilon_s + \varepsilon_k + \varepsilon_j \qquad （12-4）$$

$$newproduct_{kji} = \gamma_0 + \gamma_1 chainint_{kji}/chainintwide_{kji} + \gamma_2 medi_{kji} + \gamma_3 X + \varepsilon_s + \varepsilon_k + \varepsilon_j \qquad （12-5）$$

计量模型（12-3）以中介变量（medi）为因变量，分别表示上文提到的信息交互（$share_1$ 或 $share_2$）、信息交互广度（sharewide）、开放式创新（$openinno_1$、$openinno_2$ 或 $openinno_3$）、开放式创新广度·（openwide）和融资约束缓解（line）；计量模型（12-4）在计量模型（12-1）的基础上加入中介变量；计量模型（12-5）在计量模型（12-2）的基础上加入中介变量。

信息交互及信息交互广度影响机制的检验结果如表12-6所示。模型（12-3）回归结果显示，企业价值链数字化和价值链数字化广度增加均可显著利于其开展信息交互，延展信息交互广度；模型（12-4）和模型（12-5）的回归结果显示，企业信息交互与信息交互广度增加可促进其技术创新，且价值链数字化或价值链数字化广度对企业技术创新的影响虽显著但回归系数下降，与表12-3列（1）、列（2）、列（4）与列（5）相比。依据依次检验法（温忠麟和叶宝娟，2014），中介效应显著，且为部分中介。这意味着，企业价值链数字化与价值链数字化广度均可通过促进信息交互和信息交互广度增加而赋能其技术创新。假设 H2a 与假设 H2b 成立。

表12-6　信息交互及信息交互广度中介效应

Panel A									
变量	信息交互						信息交互广度		
	模型3	模型4/5		模型3	模型4/5		模型3	模型4/5	
	(1)	(2)	(3)	(4)	(5)	(6)	(7)	(8)	(9)
	$share_1$	newper	newproduct	$share_2$	newper	newproduct	$sharewide_1$	newper	newproduct
chainint	0.9026 *** (0.1518)	4.5343 *** (0.9286)	1.0241 *** (0.1416)	0.8408 *** (0.1505)	4.6246 *** (0.9233)	1.0173 *** (0.1417)	1.0778 *** (0.1603)	4.3441 *** (0.9235)	0.9837 *** (0.1425)

① 中介效应模型中未加入中介变量的计量方程见本章计量模型（12-1）与模型（12-2），此处未列示。

续表

Panel A

变量	信息交互						信息交互广度		
	模型3	模型4/5		模型3	模型4/5		模型3	模型4/5	
	(1)	(2)	(3)	(4)	(5)	(6)	(7)	(8)	(9)
	$share_1$	newper	newproduct	$share_2$	newper	newproduct	$sharewide_1$	newper	newproduct
$share_1$		3.8960***	0.5766***						
		(0.9428)	(0.1610)						
$share_2$					4.0525***	0.7584***			
					(0.9989)	(0.1643)			
$sharewide_1$								2.8581***	0.4728***
								(0.6072)	(0.0973)
常数项	−0.9549*	6.2040	−1.8618***	−0.9605*	6.2388	−1.9369***	−0.6879	5.6706	−2.0005***
	(0.5444)	(4.0861)	(0.5452)	(0.5204)	(4.0031)	(0.5664)	(0.5675)	(4.0459)	(0.5493)
P 值	0.0000	0.0000	0.0000	0.0000	0.0000	0.0000	0.0000	0.0000	0.0000
R^2		0.2975			0.2980			0.3012	
Pseudo R^2	0.1347		0.3160	0.1166		0.3203	0.1876		0.3212
N	1209	1568	1564	1209	1568	1564	1209	1568	1564

Panel B

变量	信息交互						信息交互广度		
	模型3	模型4/5		模型3	模型4/5		模型3	模型4/5	
	(1)	(2)	(3)	(4)	(5)	(6)	(7)	(8)	(9)
	$share_1$	newper	newproduct	$share_2$	newper	newproduct	$sharewide_1$	newper	newproduct
chainintwide	0.2361***	1.0509***	0.3060***	0.2650***	1.0700***	0.3046***	0.3163***	0.9960***	0.2970***
	(0.0438)	(0.2493)	(0.0416)	(0.0447)	(0.2469)	(0.0415)	(0.0456)	(0.2493)	(0.0418)
$share_1$		4.0477***	0.6001***						
		(0.9689)	(0.1618)						
$share_2$					4.1537***	0.7721***			
					(1.0213)	(0.1656)			
$sharewide_1$								2.9477***	0.4859***
								(0.6260)	(0.0984)
常数项	−1.4979***	3.8121	−2.5697***	−1.5936***	3.8203	−2.6339***	−1.4047**	3.3875	−2.6895***
	(0.5514)	(4.0553)	(0.5558)	(0.5359)	(3.9820)	(0.5753)	(0.5712)	(4.0213)	(0.5592)
P 值	0.0000	0.0000	0.0000	0.0000	0.0000	0.0000	0.0000	0.0000	0.0000
R^2		0.2942			0.2946			0.2980	
Pseudo R^2	0.1316		0.3188	0.1202		0.3230	0.1910		0.3242
N	1209	1568	1564	1209	1568	1564	1209	1568	1564

注：控制变量、行业与城市固定效应均控制，下同。

表 12-7 列示了开放式创新与开放式创新广度中介效应回归结果。与理论预期吻合，采用依次检验法可知，开放式创新和开放式创新广度是价值链数字化和价值链数字化广度赋能企业创新的中介机制，且依然为部分中介。假设 H3a 与假设 H3b 得到检验。

表 12-7　开放式创新及开放式创新广度中介效应

	Panel A-开放式创新								
变量	模型 3	模型 4/5		模型 3	模型 4/5		模型 3	模型 4/5	
	(1)	(2)	(3)	(4)	(5)	(6)	(7)	(8)	(9)
	$openinno_1$	newper	newproduct	$openinno_2$	newper	newproduct	$openinno_3$	newper	newproduct
chainint	1.2621***	4.2982***	1.0087***	0.3716**	4.7922***	1.0544***	0.7533***	4.6492***	1.0474***
	(0.1994)	(0.9553)	(0.1422)	(0.1820)	(0.9254)	(0.1395)	(0.1729)	(0.9365)	(0.1403)
$openinno_1$		5.5381***	0.8149***						
		(1.4222)	(0.2114)						
$openinno_2$					6.2638***	0.7383***			
					(1.4025)	(0.2052)			
$openinno_3$								4.7225***	0.5549***
								(1.3105)	(0.1810)
常数项	-5.2084***	8.3000**	-1.6095***	-1.8705***	6.3468	-1.7932***	-2.4425***	7.0190*	-1.7387***
	(0.6907)	(4.0810)	(0.5659)	(0.6052)	(4.0230)	(0.5880)	(0.6545)	(3.9987)	(0.5787)
P 值	0.0000	0.0000	0.0000	0.0000	0.0000	0.0000	0.0000	0.0000	0.0000
R^2		0.3001			0.3033			0.2982	
Pseudo R^2	0.2613		0.3177	0.1760		0.3166	0.2821		0.3144
N	1205	1568	1564	1142	1568	1564	1209	1568	1564

	Panel B-开放式创新								
变量	模型 3	模型 4/5		模型 3	模型 4/5		模型 3	模型 4/5	
	(1)	(2)	(3)	(4)	(5)	(6)	(7)	(8)	(9)
	$openinno_1$	newper	newproduct	$openinno_2$	newper	newproduct	$openinno_3$	newper	newproduct
chainintwide	0.3340***	1.0231***	0.3039***	0.1516***	1.1048***	0.3105***	0.2646***	1.0752***	0.3100***
	(0.0672)	(0.2508)	(0.0410)	(0.0564)	(0.2449)	(0.0407)	(0.0578)	(0.2493)	(0.0410)
$openinno_1$		5.8828***	0.8506***						
		(1.4266)	(0.2067)						
$openinno_2$					6.2751***	0.7254***			
					(1.4235)	(0.2051)			
$openinno_3$								4.8231***	0.5583***
								(1.3309)	(0.1808)

续表

Panel B-开放式创新

变量	模型3	模型4/5		模型3	模型4/5		模型3	模型4/5	
	(1)	(2)	(3)	(4)	(5)	(6)	(7)	(8)	(9)
	$openinno_1$	newper	newproduct	$openinno_2$	newper	newproduct	$openinno_3$	newper	newproduct
常数项	-6.0157*** (0.6983)	6.0922 (4.0688)	-2.3075*** (0.5748)	-2.2208*** (0.6103)	3.8753 (3.9950)	-2.4950*** (0.5975)	-3.0919*** (0.6787)	4.6094 (3.9786)	-2.4384*** (0.5886)
P值	0.0000	0.0000	0.0000	0.0000	0.0000	0.0000	0.0000	0.0000	0.0000
R^2		0.2977			0.2995			0.2947	
Pseudo R^2	0.2507		0.3210	0.1783		0.3188	0.2858		0.3169
N	1205	1568	1564	1142	1568	1564	1209	1568	1564

Panel C-开放式创新广度

变量	模型3	模型4/5		模型3	模型4/5	
	(1)	(2)	(3)	(4)	(5)	(6)
	openwide	newper	newproduct	openwide	newper	newproduct
chainint	0.5296*** (0.0828)	4.1199*** (0.9403)	0.9884*** (0.1414)			
chainintwide				0.1710*** (0.0282)	0.9493*** (0.2502)	0.2959*** (0.0410)
openwide		3.3498*** (0.6596)	0.3924*** (0.0890)		3.4398*** (0.6710)	0.3954*** (0.0881)
常数项		7.0469* (4.0130)	-1.7628*** (0.5853)		4.9169 (3.9964)	-2.4360*** (0.5934)
cut1	1.2668*** (0.2896)			1.6895*** (0.2947)		
cut2	2.1672*** (0.2920)			2.5915*** (0.2985)		
cut3	2.8273*** (0.2938)			3.2483*** (0.3001)		
P值	0.0000	0.0000	0.0000	0.0000	0.0000	0.0000
R^2		0.3092			0.3064	
Pseudo R^2	0.2778		0.3203	0.2792		0.3230
N	1568	1568	1564	1568	1568	1564

融资约束缓解中介效应的回归结果列示于表12-8。相同地，采用依次检验

法可知，融资约束中介效应显著，且为部分中介，与前文的理论相呼应。假设 H4 成立。

表 12-8　融资约束缓解中介效应

变量	模型 3	模型 4/5		模型 3	模型 4/5	
	（1）	（2）	（3）	（4）	（5）	（6）
	line	newper	newproduct	line	newper	newproduct
chainint	0.3236**	4.9559***	1.0880***			
	(0.1452)	(0.9298)	(0.1396)			
chainintwide				0.1388***	1.1501***	0.3181***
				(0.0430)	(0.2462)	(0.0408)
line		2.7095**	0.4159**		2.6642**	0.3774**
		(1.1211)	(0.1626)		(1.1306)	(0.1646)
常数项	−5.1173***	8.4674**	−1.5025***	−5.4136***	5.8843	−2.2325***
	(0.5903)	(4.0748)	(0.5754)	(0.5982)	(4.0508)	(0.5873)
P 值	0.0000	0.0000	0.0000	0.0000	0.0000	0.0000
R^2		0.2935			0.2894	
Pseudo R^2	0.2337		0.3133	0.2368		0.3151
N	1564	1568	1564	1564	1568	1564

四、异质性研究

（一）规模异质性

考虑到不同规模企业在同一产业价值链网络中的地位存在差别，资源储备和组织灵活性亦具有异质性，因而本章进一步将样本分为小、中等和大企业三类，以考察价值链数字化与其广度的创新赋能效应差异。表 12-9 汇报了规模异质性的回归结果。结果显示，价值链数字化与价值链数字化广度增加对企业创新赋能均有显著影响，但在影响系数层面，两者对小企业创新绩效的影响更大[1]。可能的解释是，相比中等规模和大企业，小企业知识存量相对稀薄，也更易受到创新

---

[1]　考虑到 Logit 的回归系数无经济意义，在比较边际影响时，本章比较其概率比，表 12-10 相同，结果备索。

资源限制，因而其更能获益于价值链数字化和价值链数字化广度增加所释放的知识溢出效应和资源效应。同时，小企业不易受到路径依赖和组织刚性的制约，能更敏捷适应数字化转型所需的组织柔性。

表 12-9　规模异质性

				Panel A			
变量		小企业		中等规模		大企业	
		（1）	（2）	（3）	（4）	（5）	（6）
		newper	newproduct	newper	newproduct	newper	newproduct
chainint		6.3327***	1.8746***	4.5027***	0.8865***	3.5274**	0.9222***
		(2.2171)	(0.4583)	(1.5587)	(0.2297)	(1.5701)	(0.2454)
常数项		4.2794	−3.9528**	4.5061	−1.8901	6.1987	−1.9209*
		(7.5098)	(1.9653)	(8.7469)	(1.1828)	(7.0982)	(1.0510)
P 值		0.0000	0.0000	0.0000	0.0000	0.0000	0.0000
R^2		0.3469		0.3620		0.2906	
Pseudo R^2			0.3882		0.352		0.3376
N		297	267	620	615	651	642

				Panel B			
变量		小企业		中等规模		大企业	
		（1）	（2）	（3）	（4）	（5）	（6）
		newper	newproduct	newper	newproduct	newper	newproduct
chainintwide		1.0557**	0.3994***	1.0589***	0.2936***	0.8726*	0.2795***
		(0.4481)	(0.1075)	(0.4083)	(0.0697)	(0.4942)	(0.0748)
常数项		3.3037	−4.3601**	2.2864	−2.4776**	4.3402	−2.5823**
		(7.4631)	(1.9563)	(8.7166)	(1.1888)	(7.2339)	(1.0704)
P 值		0.0000	0.0000	0.0000	0.0000	0.0000	0.0000
R^2		0.3334		0.3583		0.2893	
Pseudo R^2			0.3749		0.3548		0.3403
N		297	267	620	615	651	642

（二）创新类型异质性

为考察价值链数字化和价值链数字化广度增加的创新赋能效应，是否对不同创新类别的活动影响不同，本章依据世界银行提供的创新类别的调查问卷，进一步考察该影响。回归结果如表 12-10 所示。从结果看，价值链数字化和价值链数字化广度增加均可显著促进企业引入新技术或新设备、新的质量控制程序、产品特色增加和降低生产成本。

表 12-10　创新类型异质性

	Panel A			
	引入新技术或新设备	新的质量控制程序	增加新特色	降低生产成本
变量	（1）	（2）	（3）	（4）
	inno1	inno2	inno3	inno4
chainint	1.4639***	1.2213***	1.4256***	1.3461***
	（0.1903）	（0.1595）	（0.1720）	（0.2140）
常数项	−2.0471***	−3.5145***	−1.5084**	0.8254
	（0.6654）	（0.6150）	（0.6012）	（0.9278）
P 值	0.0000	0.0000	0.0000	0.0000
Pseudo R^2	0.3779	0.2780	0.3270	0.3059
N	1203	1207	1207	1138
	Panel B			
	引入新技术或新设备	新的质量控制程序	增加新特色	降低生产成本
变量	（1）	（2）	（3）	（4）
	inno1	inno2	inno3	inno4
chainintwide	0.4052***	0.3791***	0.4149***	0.3567***
	（0.0492）	（0.0484）	（0.0526）	（0.0544）
常数项	−3.0164***	−4.4270***	−2.5780***	0.1533
	（0.6882）	（0.6237）	（0.6341）	（0.9412）
P 值	0.0000	0.0000	0.0000	0.0000
Pseudo R^2	0.3839	0.2827	0.3268	0.3060
N	1203	1207	1207	1138

五、结论与政策启示

（一）研究结论

当前，新一轮工业革命与技术革命进一步加速了人类社会从传统的工业社会向数字智能社会转型，数字化、智能化、网络化、信息化与绿色化成为数字与智能社会的基本特征。相应地，微观企业的数字化技术应用及产业链与价值链的数字化转型成为未来较长一段时期的重要突破口。本章认为，数字智能技术对企业价值链的赋能不仅是企业单一的某一生产与交易环节，还包括企业的上下游关系、客户与用户管理、营销服务以及研发设计等价值创造过程中的价值链全流程的深度数字化。本章基于世界银行中国制造企业微观数据调查，考察了企业价值链数字化和价值链数字化广度增加对企业创新绩效的影响及其内在机理。研究结果表明：①价值链数字化和价值链数字化广度增加均有助于改善企业创新绩效，无论其因变量是新产品开发抑或是新产品销售收入，且考虑内生性问题后研究结论依然成立。②价值链数字化和价值链数字化广度增加均能通过三类机制促进企业创新绩效：第一类是通过改善企业与上下游企业、客户的信息共享意愿、能力、激励，促进信息交互及其广度进而正向影响企业创新绩效，即产生信息共享效应驱动企业创新绩效；第二类是通过改善企业开放式创新及其广度，促进企业更好地捕获外部创新主体的知识开展和知识互动学习，进而促进企业创新绩效，即存在知识赋能效应；第三类是通过缓解企业的融资约束促进企业创新绩效，即存在融资约束缓解效应。③异质性分析结果表明，价值链数字化和价值链数字化广度增加对小企业的创新绩效改善的边际影响最大，而对不同类别创新活动的赋能效应不存在显著差异。

但本章的研究依然存在诸多的局限性。第一，数据局限，目前对企业价值链的测度缺乏标准化的测度体系，且严重依赖于碎片化的一手企业调查资料，难以形成一个大样本下的微观证据。本章基于二手大样本数据测度的价值链数字化，仅仅是其中的一种测度衡量方式，未来有待进一步丰富企业价值链测度研究。同时，最新反映企业价值链数字化只是企业数字化或者数字化转型的一个方面，新情境下企业数字化转型的相关数据依然需要进一步的文本数据挖掘。第二，机理局限，企业价值链数字化及其广度驱动企业创新赋能效应的内在机理有待深入挖掘，包括上下游风险共担机制、利益互惠与价值共享机制等，且边界效应与产业所处的政策激励环境以及上下游之间的企业间关系息息相关，有待进一步探寻其他的边界条件。第三，情境局限，企业价值链数字化和价值链数字化广度增加可能面向不同竞争环境或者不同行业样本存在赋能效应与赋能机制的差异性，本章主要考察制造企业的价值链数字和价值链数字化广度赋能企业创新的微观机理，其情境的转换以及结论的推广依然存在一定的质疑空间。未来，有待进一步基于更丰富的大样本数据，考察两者对企业经济绩效与社会绩效等的具体影响。

（二） 政策与管理启示

当前，数字化正深度席卷各类产业，基于产业数字化与数字产业化推动产业内的价值创造方式与价值创造主体的颠覆性创新，为产业发展以及微观企业的充分触网加速数字化转型提供了基本的技术支撑。本章聚焦于数字技术对微观企业价值创造过程中价值链的赋能，考察价值链数字化和价值链数字化广度增加产生的创新赋能效应，为企业攀升全球价值链高端、提升企业的创新能力提供基本参考。本章蕴含的政策与管理启示主要集中在两个层面。

第一，对于政府而言，创新有关推进产业数字化及微观企业数字化转型的政策供给体系，为企业加速价值链数字化转型提供稳定的政策预期与营商环境。具体而言，首先在产业政策层面，构筑选择性与功能性相结合的产业政策体系，具体包括完善产业内的数字基础设施、优化数字人才供给的公共财政投入体系、强化数字产业共性技术供给、完善小企业数字化转型政策支持体系等。因此，为产业内的微观企业，尤其是中小企业，提供一个激励与引导结合的数字化转型环境，深度推动微观企业充分注重数字技术的连通性，助力处于不同价值链环节的企业深度嵌入数字化。其次，加速数字标准与数字规制政策体系建设。目前，政府主体对数字技术的赋能效应及赋能范围存在认知不到位或认知盲区，导致构建适应面向数字技术赋能微观企业主体新价值创造场景的技术标准体系与数字技术应用的规制体系建设滞后，数字技术赋能的标准依然存在标准模糊或者标准不一，制约了数字技术赋能微观企业价值链的效率的提升。最后，破解数字技术创新过程中的关键核心"卡脖子"问题，数字技术的涌现本质上是前沿数字技术的深度开发，且数字技术具备通用技术与共性技术特征，需要强化对数字技术标准体系和通用型关键核心数字技术的公共研发体系建设，在源头层面为企业价值链的数字化赋能提供坚实的技术底座。

第二，对于企业而言，企业需要重新反思数字技术在企业价值链中的赋能效应，明确数字化战略嵌入下，数字技术如何嵌入以及赋能深度与层次等操作性问题，捕获数字技术真正的赋能效应，规避数字战略泛滥、价值创造效果不明显等弊病。具体而言，首先在企业战略决策层面，要将数字化战略以及数字化转型战略，作为未来数字中国建设背景下的重要战略导向与突破口，以数字技术推动企业价值链的价值创造与价值传递过程重构，在战略层面形成长期可持续的战略推进态势。且须遵循渐进式的战略变革路径，从互联网、数字化与数字化转型深层次推进入手，为企业深度嵌入数字化及最终实现数字化转型提供战略基础。其次，企业需要精准评估企业价值链分布特征，明确哪些环节以及哪些方向需要深度嵌入数字化以及数字化转型，审视现有价值链中哪些环节的价值创造与价值传递存在痛点，进而明确哪些数字技术能够帮助企业结合相应的环节真正带来赋能效应与数字孪生效应。最后，企业需要加快数字人才的培训体系建设。数字技术嵌入以及推进企业数字化转型必定不仅是机器与物理交互空间的数字与智能化，本质上还是人的充分数字化，即对数字技术的功能、效应以及数字技术的潜在结合空间具备充分的认知。因此，企业需要结合行业数字技术应用的规范与标准，逐步推进企业的数字化人才体系建设，构筑面向企业各价值链流程的数字人才培养体系，为企业价值链的深度数字化及最终实现数字化转型提供数字人才基石支撑。

参考文献

[1] Aghion P, Cai J, Dewatripont M, et al. Industrial Policy and Competition [J]. American Economic Journal: Macroeconomics, 2005, 7 (4): 1-32.

[2] Aghion P, Reenen V J, Zingales L. Innovation and Institutional Ownership [J]. American Economic Review, 2013, 103 (1): 277-304.

[3] Akerlof G. The Market for "Lemons": Quality Uncertainty and the Market Mechanism [J]. Quarterly Journal of Economics, 1970, 84 (3): 488-500.

[4] Allen F, Qian J, Qian M J. Law, Finance, and Economic Growth in China [J]. Journal of Financial Economics, 2005, 77 (1): 57-116.

[5] Alsuwaidi M, Eid R, Agag G. Understanding the Link between CSR and Employee Green Behaviour [J]. Journal of Hospitality and Tourism Management, 2021 (46): 50-61.

[6] Ang J, Cheng Y, Wu C. Social Capital, Cultural Biases, and Foreign Investment in High Tech Firms: Evidence from China [R]. Florida State University Working Paper, 2009.

[7] Ang J, Wu C, Cheng Y. Does Enforcement of Intellectual Property Rights Matter in China? Evidence from Financing and Investment Choices in the High Tech Industry [J]. The Review of Economics and Statistics, 2014, 96 (2): 332-348.

[8] Ansoff H I. Corporate Strategy: An Analytic Approach to Business Policy for Growth [M]. New York: McGraw-Hill, 1965.

[9] Arena R, Dangel-Hagnauer C. The Contribution of Joseph Schumpeter to Economics [M]. London: Routledge, 2002.

[10] Austin D H. An Event-Study Approach to Measuring Innovative Output: The Case of Biotechnology [J]. The American Economic Review, 1993, 83 (2): 253-258.

[11] Bena J, Li K. Corporate Innovations and Mergers and Acquisitions [J]. The Journal of Finance, 2014, 69 (5): 1923-1960.

［12］ Benner M J, Tushman M L. Exploitation and Process Management: The Productivity Dilemma Revisited ［J］. The Academy of Management Review, 2003, 28 (2): 238-256.

［13］ Bernstein S. Does Going Public Affect Innovation? ［J］. The Journal of Finance, 2015, 4 (70): 1364-1403.

［14］ Bérubé C, Mohnen P. Are Firms that Receive R&D Subsidies more Innovative? ［J］. Canadian Journal of Economics, 2009, 42 (1): 206-225.

［15］ Bharadwaj A, El Sawy O A, Pavlou P A, et al. Digital Business Strategy: Toward a Next Generation of Insights ［J］. MIS Quarterly, 2013, 37 (2): 471-482.

［16］ Brollo F, Nannicini T, Perotti R, et al. The Political Resource Curse ［J］. American Economic Review, 2013, 103 (5): 1759-1796.

［17］ Chang H-J. Industrial Policy: Can We Go Beyond an Unproductive Confrontation? ［C］. Cambridge: Institute for Manufacturing, 2012.

［18］ Chen C J, Li Z Q, Su X J, et al. Rent-Seeking Incentives, Corporate Political Connections, and the Control Structure of Private Firms: Chinese Evidence ［J］. Journal of Corporate Finance, 2011, 17 (2): 229-243.

［19］ Chesbrough H W, Crowther A K. Beyond High Tech: Early Adopters of Open Innovation in other Industries ［J］. R&D Management, 2006, 36 (3): 229-236.

［20］ Chesbrough H W, Appleyard M M. Open Innovation and Strategy ［J］. California Management Review, 2007, 50 (1): 57-76.

［21］ Chesbrough H W. Open Innovation: The New Imperative for Creating and Profiting from Technology ［M］. Boston: Harvard Business School Press, 2003.

［22］ Cockburn I M, Henderson R, Stern S. The Impact of Artificial Intelligence on Innovation ［R］. NBER Working Paper, 2018.

［23］ Dimaggio P J, Powell W W. The Iron Cage Revisited: Institutional Isomorphism and Collective Rationality in Organizational Fields ［J］. American Sociological Review, 1983, 48 (2): 147-160.

［24］ Droege S, Johnson N. Broken Rules and Constrained Confusion: Toward a Theory of Meso-Institutions ［J］. Management and Organization Review, 2007, 3 (1): 81-104.

［25］ Edquist C. Systems of Innovation: Technologies, Institutions and Organizations ［M］. London: Routledge, 1997.

［26］Enkel E, Heil S, Hengstler M, et al. Exploratory and Exploitative Innovation: To What Extent Do the Dimensions of Individual Level Absorptive Capacity Contribute? ［J］. Technovation, 2017（60-61）: 29-38.

［27］Fang L, Lerner J, Wu C P, et al. Corruption, Government Subsidies, and Innovation: Evidence from China ［R］. NBER Working Paper, 2018.

［28］Freeman C. Continental, National and Sub-national Innovation Systems-complementarity and Economic Growth ［J］. Research Policy, 2002, 21（2）: 191-211.

［29］Freeman R E. Velamuri S R. A New Approach to CSR: Company Stakeholder Responsibility ［M］. London: Palgrave Macmillan, 2006.

［30］Gawer A. Bridging Differing Perspectives on Technological Platforms: Toward an Integrative Framework ［J］. Research Policy, 2014, 43（7）: 1239-1249.

［31］Gibson C B, Birkinshaw J. The Antecedents, Consequences, and Mediating Role of Organizational Ambidexterity ［J］. Academy of Management Journal, 2004, 47（2）: 209-226.

［32］Guiso L, Sapienza P, Zingales L. Cultural Biases in Economic Exchange? ［J］. Quarterly Journal of Economics, 2009, 3（124）: 1095-1131.

［33］Hall B H. The Financing of Research and Development ［J］. Oxford Review of Economic Policy, 2002, 18（1）: 35-51.

［34］Hall B H, Lerner J. The Financing of R&D and Innovation ［J］. Handbook of the Economics of Innovation, 2010（1）: 609-639.

［35］Hatta T. Competition Policy vs. Industrial Policy as a Growth Strategy ［J］. China Economic Journal, 2017, 10（2）: 162-174.

［36］Helmke G, Levitsky S. Informal Institutions and Comparative Politics: A Research Agenda ［J］. Perspectives on Politics, 2004, 2（4）: 725-740.

［37］Holmstrom B. Agency Costs and Innovation ［J］. Journal of Economic Behavior and Organization, 1989, 12（3）: 305-327.

［38］Huang J W, Li Y H. Green Innovation and Performance: The View of Organizational Capability and Social Reciprocity ［J］. Journal of Business Ethics, 2017, 145（2）: 309-324.

［39］Jacobides M G, Cennamo C, Gawer A. Towards a Theory of Ecosystems ［J］. Strategic Management Journal, 2018, 39（8）: 2255-2276.

［40］Jha A, Chen Y. Audit Fees and Social Capital ［J］. The Accounting Review, 2015（90）: 611-639.

［41］ Ketels C H M. Industrial Policy in the United States ［J］. Journal of Industry, Competition and Trade, 2007, 7 (3): 147-167.

［42］ Kiyota K, Okazaki T. Industrial Policy Cuts Two Ways: Evidence from Cotton-Spinning Firms in Japan, 1956-1964 ［J］. Journal of Law and Economics, 2010, 53 (3): 587-609.

［43］ Kleer R. Government R&D Subsidies as a Signal for Private Investors ［J］. Research Policy, 2010, 39 (10): 1361-1374.

［44］ Kristensson P, Gustafsson A, Archer T. Harnessing the Creative Potential among Users ［J］. Journal of Product Innovation Management, 2004, 21 (1): 4-14.

［45］ Krueger A O. The Political Economy of the Rent-Seeking Society ［J］. The American Economic Review, 1974, 64 (3): 291-303.

［46］ Küçükoğlu M T, Pinar R I. Positive Influences of Green Innovation on Company Performance ［J］. Procedia - Social and Behavioral Science, 2015, 19 (5): 1232-1237.

［47］ Lall K B. Regional Cooperation in South Asia: Some Reflections ［J］. South Asian Survey, 1999, 6 (1): 7-8.

［48］ Lall S. Comparing National Competitive Performance: An Economic Analysis of World Economic Forum's Competitiveness Index ［R］. Working Paper, 2001.

［49］ Lee D H, Kim H B, Lee J. The Impact of Research Sponsorship upon Research Effectiveness ［J］. Technovation, 1991, 11 (1): 39-57.

［50］ Lee J D, Park C. Research and Development Linkages in a National Innovation System: Factors Affecting Success and Failure in Korea ［J］. Technovation, 2006, 26 (9): 1045-1054.

［51］ Lin H, Zeng S X, Ma H Y, et al. Can Political Capital Drive Corporate Green Innovation? Lessons from China ［J］. Journal of Cleaner Production, 2014 (64): 63-72.

［52］ Lusch R, Nambisan S. Service Innovation: A Service-Dominant Logic Perspective ［J］. MIS Quarterly, 2015, 39 (1): 155-175.

［53］ Majchrzak A, Markus M L. Technology Affordances and Constraints in Management Information Systems (MIS) ［C］ //Kessler E. Encyclopedia of Management Theory. Thouasand Oaks: Sage Publications, 2014.

［54］ Mamuneas T P, Nadiri M I. Public R&D Policies and Cost Behavior of the US Manufacturing Industries ［J］. Journal of Public Economics, 1996, 63 (1):

57-81.

[55] Manso G. Motivating Innovation [J]. The Journal of Finance, 2010 (66): 1823-1869.

[56] March J. G. Exploration and Exploitation in Organizational Learning [J]. Organization Science, 1991, 2 (1): 71-87.

[57] Matarazzo M, Penco L, Profumo G, et al. Digital Transformation and Customer Value Creation in Made in Italy SMEs: A Dynamic Capabilities Perspective [J]. Journal of Business Research, 2021 (123): 642-656.

[58] Mazzucato M. From Market Fixing to Market-Creating: A New Framework for Innovation Policy [J]. Industry and Innovation, 2016, 23 (2): 140-156.

[59] Moore J. Predators and Prey: A New Ecology of Competition [J]. Harvard Business Review, 1993, 71 (5-6): 75-86.

[60] Mubarak M F, Petraite M. Industry 4. 0 Technologies, Digital Trust and Technological Orientation: What Matters in Open Innovation? [J]. Technological Forecasting and Social Change, 2020 (161): 1-11.

[61] Mukherjee A, Singh M, Žaldokas A. Do Corporate Taxes Hinder Innovation? [J]. Journal of Financial Economics, 2017, 124 (1): 195-221.

[62] Murat Y. On the Middle Income Trap, The Industrialization Process and Appropriate Industrial Policy [J]. Journal of Industry, Competition and Trade, 2017, 17 (3): 325-348.

[63] Nambisan S, Lyytinen K, Majchrzak A, et al. Digital Innovation Management: Reinventing Innovation Management Research in a Digital World [J]. MIS Quarterly, 2017, 41 (1): 223-238.

[64] Nambisan S, Wright M, Feldman M. The Digital Transformation of Innovation and Entrepreneurship: Progress, Challenges and Key Themes [J]. Research Policy, 2019, 48 (8): 1-9.

[65] Nelson R R, Nelson K. Technology, Institutions, and Innovation Systems [J]. Research Policy, 2002, 31 (2): 265-272.

[66] Ngniatedema T, Li S H, Illta A. Understanding the Impact of Green Operations on Organizational Financial Performance: An Industry Perspective [J]. Environmental Quality Management, 2014, 24 (1): 45-59.

[67] Nonaka I. A Dynamic Theory of Organizational Knowledge Creation [J]. Organizational Science, 1994, 5 (1): 14-37.

[68] OECD. Science Policy [M]. Paris: OECD Publishing, 1988.

［69］ Porter M E. Competitive Strategy：Techniques for Analyzing Industries and Competitors ［M］. New York：The Free Press, 1980.

［70］ Porter M E. Competitive Strategy ［M］. New York：The Free Press,1980.

［71］ Porter M E, Kramer M R. Strategy and Society the Link between Competitive Advantage and Corporate Social Responsibility ［J］. Harvard Business Review, 2006, 84（12）：78-92.

［72］ Porter M E, Kramer M R. The Big Idea：Creating Shared Value ［J］. Harvard Business Review, 2011, 89（1）：2-17.

［73］ Potts J. Governing the Innovation Commons ［J］. Journal of Institutional Economics ［J］.2018, 14（6）：1025-1047.

［74］ Robinson J A. Industrial Policy and Development：A Political Economy Perspective ［J］. Revue D'economie Du Developpment, 2010, 18（4）：21-45.

［75］ Rodrik D. Industrial Policy：Don't Ask Why, Ask How ［J］. Middle East Development Journal, 2009, 1（1）：1-29.

［76］ Romer P M. Endogenous Technological Change ［J］. Journal of Political Economy, 1990, 98（5）：S71-S102.

［77］ Rosenberg N. Science, Invention and Economic Growth ［J］. Economic Journal, 1974（3）：51-77.

［78］ Saggi M K, Jain S. A Survey towards An Integration of Big Data Analytics to Big Insights for Value-Creation ［J］. Information Processing and Management, 2018, 54（5）：758-790.

［79］ Santoro G, Vrontis D, Thrassou A, et al. The Internet of Things：Building a Knowledge Management System for Open Innovation and Knowledge Management Capacity ［J］. Technological Forecasting and Social Change, 2018（136）：347-354.

［80］ Schmookler J. Invention and Economic Growth ［M］. Cambridge：Harvard University Press, 1966.

［81］ Scott W R. Institutions and Organizations ［M］. Thousand Oaks：Sage, 2001.

［82］ Stiglitz J E, Greenwald B, Aghion P. Creating a Learning Society：A New Approach to Growth, Development, and Social Progress ［M］. New York：Columbia University Press, 2014.

［83］ Suchman M C. Managing Legitimacy：Strategic and Institutional Approaches ［J］. Academy of Management Review, 1995, 20（3）：571-610.

［84］ Szalavetz A. Post-Crisis Approaches to State Intervention：New Developmentalism or Industrial Policy as Usual [J]. Competition and Change, 2015, 19 (1): 70-83.

[85] Tan Y X, Tian X, Zhang X D, et al. Privatization and Innovation: Evidence from a Quasinatural Experiment in China [R]. Working Paper, 2014.

[86] Tilson D, Lyytinen K, Sørensen C. Digital Infrastructures: The Missing is Research Agenda [J]. Information Systems Research, 2010, 21 (4): 748-759.

[87] Vial G. Understanding Digital Transformation: A Review and a Research Agenda [J]. The Journal of Strategic Information Systems, 2019, 28 (2): 118-144.

[88] Von Hippel E. Economics of Product Development by Users: The Impact of "Sticky" Local Information [J]. Management Science, 1998, 44 (5): 629-644.

[89] Von Hippel E. Free Innovation [M]. Cambridge: MIT Press, 2016.

[90] Vrande V V D, Jong J P J D, Vanhaverbeke W, et al. Open Innovation in SMEs: Trends, Motives and Management Challenges [J]. Technovation, 2009, 29 (6): 423-437

[91] Wang C, Nie P Y, Peng D H, et al. Green Insurance Subsidy for Promoting Clean Production Innovation [J]. Journal of Cleaner Production, 2017, 148 (1): 111-117.

[92] Wang M Y, Li Y M, Li M M, et al. Will Carbon Tax Affect the Strategy and Performance of Low-Carbon Technology Sharing between Enterprises [J]. Journal of Cleaner Production, 2019 (210): 724-737.

[93] Wang N, Hagedoorn J. The Lag Structure of the Relationship between Patenting and Internal R&D Revisited [J]. Research Policy, 2004, 43 (8): 1275-1285.

[94] Wang X Z, Zou H H. Study on the Effect of Wind Power Industry Policy Types on the Innovation Performance of Different Ownership Enterprises: Evidence from China [J]. Energy Policy, 2018, 122: 241-252.

[95] Wu W F, Firth M, Rui O M. Trust and the Provision of Trade Credit [J]. Journal of Banking and Finance, 2014, 39 (1): 146-159.

[96] Ybarra J A, Doménech-Sánchez R. Innovative Business Groups: Territory-Based Industrial Policy in Spain [J]. European Urban and Regional Studies, 2012, 19 (2): 212-218.

[97] Yoo Y, Boland R J, Lyytinen K, et al. Organizing for Innovation in the Digitized World [J]. Organization Science, 2012, 23 (5): 1398-1408.

[98] Zylidopoulos S C, Georgiadis A P, Carroll C E, et al. Does Media Attention Drive Corporate Social Responsibility [J]. Journal of Business Research, 2012, 65 (11): 1622-1627.

[99] 白雪洁, 孟辉. 新兴产业、政策支持与激励约束缺失: 以新能源汽车产业为例 [J]. 经济学家, 2018 (1): 50-60.

[100] 包海波, 林纯静. 长三角城市群创新能力的空间特征及影响因素分析 [J]. 治理研究, 2019, 35 (5): 51-58.

[101] 鲍明晓, 李元伟. 转变我国竞技体育发展方式的对策研究 [J]. 北京体育大学学报, 2014, 37 (1): 9-23+70.

[102] 毕晓方, 翟淑萍, 姜宝强. 政府补贴、财务冗余对高新技术企业双元创新的影响 [J]. 会计研究, 2017 (1): 46-52+95.

[103] 陈冬华, 胡晓莉, 梁上坤, 等. 宗教传统与公司治理 [J]. 经济研究, 2013, 48 (9): 71-84.

[104] 陈凤, 戴博研, 余江. 从追赶到后追赶: 中国领军企业关键核心技术突破的目标迁移与组织惯性应对研究 [J]. 科学学与科学技术管理, 2023, 44 (1): 163-182.

[105] 陈劲. 科技创新: 中国未来30年强国之路 [M]. 北京: 中国大百科全书出版社, 2020.

[106] 陈劲, 陈钰芬. 开放创新体系与企业技术创新资源配置 [J]. 科研管理, 2006 (3): 1-8.

[107] 陈劲, 韩令晖, 曲冠楠. 公民创新: 探索万众创新的后熊彼特范式 [J]. 创新与创业管理, 2019 (2): 1-14.

[108] 陈劲, 李佳雪. 公共创新: 财富创造与创新治理 [J]. 创新科技, 2020, 20 (1): 1-9.

[109] 陈劲, 吴欣桐. 面向2035年的中国科技创新范式探索: 整合式创新 [J]. 中国科技论坛, 2020 (10): 1-3.

[110] 陈劲, 阳银娟. 协同创新的理论基础与内涵 [J]. 科学学研究, 2012, 30 (2): 161-164.

[111] 陈劲, 阳银娟, 刘畅. 面向2035年的中国科技创新范式探索: 融通创新 [J]. 中国科技论坛, 2020a (10): 7-10.

[112] 陈劲, 阳银娟, 刘畅. 融通创新的理论内涵与实践探索 [J]. 创新科技, 2020b, 20 (2): 1-9.

[113] 陈劲, 阳镇. 融通创新视角下关键核心技术的突破: 理论框架与实现路径 [J]. 社会科学, 2021a (5): 58-69.

［114］陈劲，阳镇.新发展格局下的产业技术政策：理论逻辑、突出问题与优化［J］.经济学家，2021b（2）：33-42.

［115］陈劲，阳镇，尹西明.共益型企业家精神视角下可持续共享价值创造的逻辑与实现［J］.社会科学辑刊，2021（5）：145-157+209.

［116］陈劲，阳镇，尹西明.双循环新发展格局下的中国科技创新战略［J］.当代经济科学，2020，43（1）：1-12.

［117］陈劲，阳镇，朱子钦."十四五"时期"卡脖子"技术的破解：识别框架、战略转向与突破路径［J］.改革，2020（12）：5-15.

［118］陈劲，阳镇，朱子钦.新型举国体制的理论逻辑、落地模式与应用场景［J］.改革，2021（5）：1-17.

［119］陈劲，阳镇，朱子钦.政府采购、腐败治理与企业双元创新［J］.吉林大学社会科学学报，2022，62（1）：114-126.

［120］陈劲，尹西明，梅亮.整合式创新：基于东方智慧的新兴创新范式［J］.技术经济，2017，36（12）：1-10+29.

［121］陈劲，尹西明，阳镇.新时代科技创新强国建设的战略思考［J］.科学与管理，2020，40（6）：1-6.

［122］陈劲，朱子钦.关键核心技术"卡脖子"问题突破路径研究［J］.创新科技，2020，20（7）：1-8.

［123］陈劲，朱子钦.揭榜挂帅：从理论阐释到实践方案的探索［J］.创新科技，2020，20（4）：1-7.

［124］陈林，万攀兵，许莹盈.混合所有制企业的股权结构与创新行为：基于自然实验与断点回归的实证检验［J］.管理世界，2019，35（10）：186-205.

［125］陈晓东，杨晓霞.数字经济可以实现产业链的最优强度吗？基于1987-2017年中国投入产出表面板数据［J］.南京社会科学，2021（2）：17-26.

［126］陈燕.中国共产党的共同富裕：理论演进与实现路径［J］.科学社会主义，2021（3）：115-120.

［127］陈钊，熊瑞祥.比较优势与产业政策效果：来自出口加工区准实验的证据［J］.管理世界，2015（8）：67-80.

［128］程俊杰.中国转型时期产业政策与产能过剩：基于制造业面板数据的实证研究［J］.财经研究，2015，41（8）：131-144.

［129］程磊.新中国70年科技创新发展：从技术模仿到自主创新［J］.宏观质量研究，2019，7（3）：17-37.

［130］崔维军，傅宇，王文婧.探索式创新、利用式创新与中国制造业企业创新绩效：基于世界银行调查数据的实证分析［J］.产经评论，2017，8（1）：

45-54.

[131] 戴显红，侯强.新中国70年科技发展战略的政策跃迁 [J].邓小平研究，2019（4）：70-79.

[132] 戴亦一，潘越，刘思超.媒体监督、政府干预与公司治理：来自中国上市公司财务重述视角的证据 [J].世界经济，2011（11）：121-144.

[133] 邓小平.邓小平文选（第三卷）[M].北京：人民出版社，1993.

[134] 董祺.中国企业信息化创新之路有多远？基于电子信息企业面板数据的实证研究 [J].管理世界，2013（7）：123-129.

[135] 樊春良.全球化时代的科技政策 [M].北京：北京理工大学出版社，2005.

[136] 樊春良.中国70年来科技追赶战略的演变 [J].科学学研究，2019，37（10）：1735-1743.

[137] 方炜，王莉丽.协同创新网络的研究现状与展望 [J].科研管理，2018，39（9）：30-41.

[138] 方维慰.中国高水平科技自立自强的目标内涵与实现路径 [J].南京社会科学，2022（7）：41-49+102.

[139] 高鸿钧.加强国家战略科技力量协同 加快实现高水平科技自立自强 [J].中国党政干部论坛，2022（2）：6-11.

[140] 高良谋，马文甲.开放式创新：内涵、框架与中国情境 [J].管理世界，2014（6）：157-169.

[141] 葛爽，柳卸林.我国关键核心技术组织方式与研发模式分析：基于创新生态系统的思考 [J].科学学研究，2022，40（1）：2093-2101.

[142] 郭玥.政府创新补助的信号传递机制与企业创新 [J].中国工业经济，2018（9）：98-116.

[143] 韩美妮，王福胜.法治环境、财务信息与创新绩效 [J].南开管理评论，2016，19（5）：28-40.

[144] 韩先锋，宋文飞，李勃昕.互联网能成为中国区域创新效率提升的新动能吗 [J].中国工业经济，2019（7）：119-136.

[145] 何郁冰.产学研协同创新的理论模式 [J].科学学研究，2012，30（2）：165-174.

[146] 贺京同，范若滢.社会信任水平与企业现金持有：基于权衡理论的解读 [J].上海财经大学学报，2015，17（4）：30-41.

[147] 贺俊.产业政策批判之再批判与"设计得当"的产业政策 [J].学习与探索，2017（1）：89-96+175.

[148] 洪银兴.围绕产业链部署创新链：论科技创新与产业创新的深度融合[J].经济理论与经济管理，2019（8）：4-10.

[149] 侯方宇，杨瑞龙.产业政策有效性研究评述[J].经济学动态，2019（10）：101-116.

[150] 胡贝贝，王胜光，段玉厂.互联网引发的新技术——经济范式解析[J].科学学研究，2019，37（4）：582-589.

[151] 胡国柳，赵阳，胡珺.D&O保险、风险容忍与企业自主创新[J].管理世界，2019，35（8）：121-135.

[152] 胡青.企业数字化转型的机制与绩效[J].浙江学刊，2020（2）：146-154.

[153] 胡旭博，原长弘.关键核心技术：概念、特征与突破因素[J].科学学研究，2022，40（1）：4-11.

[154] 黄海霞，陈劲.创新生态系统的协同创新网络模式[J].技术经济，2016，35（8）：31-37+117.

[155] 黄群慧.改革开放40年中国的产业发展与工业化进程[J].中国工业经济，2018（9）：5-23.

[156] 黄群慧.“新常态”、工业化后期与工业增长新动力[J].中国工业经济，2014（10）：5-19.

[157] 黄群慧.中国产业政策的根本特征与未来走向[J].探索与争鸣，2017（1）：38-41.

[158] 黄群慧，余菁，王涛.培育世界一流企业：国际经验与中国情境[J].中国工业经济，2017（11）：5-25.

[159] 黄群慧，余泳泽，张松林.互联网发展与制造业生产率提升：内在机制与中国经验[J].中国工业经济，2019（8）：5-23.

[160] 黄速建，肖红军，王欣.论国有企业高质量发展[J].中国工业经济，2018（10）：19-41.

[161] 黄速建，余菁.国有企业的性质、目标与社会责任[J].中国工业经济，2006（2）：68-76.

[162] 贾宝余，陈套，刘立.科技自立自强视域下科技政策的转变：从追赶型到引领型[J].中国科技论坛，2022（6）：11-18.

[163] 贾凡胜，张一林，李广众.非正式制度的有限激励作用：基于地区信任环境对高管薪酬激励影响的实证研究[J].南开管理评论，2017，20（6）：116-128.

[164] 江飞涛，李晓萍.改革开放四十年中国产业政策演进与发展：兼论中

国产业政策体系的转型［J］.管理世界，2018，34（10）：73-85.

［165］江鸿，贺俊."十四五"时期中国企业主体创新发展的问题及对策［J］.宏观经济研究，2021（12）：105-115.

［166］江鸿，石云鸣.共性技术创新的关键障碍及其应对：基于创新链的分析框架［J］.经济与管理研究，2019，40（5）：74-84.

［167］蒋永穆，谢强.扎实推动共同富裕：逻辑理路与实现路径［J］.经济纵横，2021（4）：15-24+2.

［168］金碚.安全畅通：中国经济的战略取向［J］.南京社会科学，2020（6）：1-8+22.

［169］金碚.关于"高质量发展"的经济学研究［J］.中国工业经济，2018（4）：5-18.

［170］金碚.论国有企业改革再定位［J］.中国工业经济，2010（4）：5-13.

［171］剧锦文.改革开放40年国有企业所有权改革探索及其成效［J］.改革，2018（6）：38-48.

［172］黎文靖，李耀淘.产业政策激励了公司投资吗［J］.中国工业经济，2014（5）：122-134.

［173］黎文靖，郑曼妮.实质性创新还是策略性创新？宏观产业政策对微观企业创新的影响［J］.经济研究，2016，51（4）：60-73.

［174］李彬，郭菊娥，苏坤.企业风险承担：女儿不如男吗？基于CEO性别的分析［J］.预测，2017，36（3）：21-27.

［175］李广培，李艳歌，全佳敏.环境规制、R&D投入与企业绿色技术创新能力［J］.科学学与科学技术管理，2018，39（11）：61-73.

［176］李广乾，陶涛.电子商务平台生态化与平台治理政策［J］.管理世界，2018，34（6）：104-109.

［177］李红建.创新：瞄准"卡脖子"技术［N］.学习时报，2020-03-04（04）.

［178］李纪珍，吴贵生.新形势下产业技术政策研究［J］.科研管理，2001（4）：1-8.

［179］李建花.科技政策与产业政策的协同整合［J］.科技进步与对策，2010，27（15）：25-27.

［180］李井林，阳镇.董事会性别多元化、企业社会责任与企业技术创新：基于中国上市公司的实证研究［J］.科学学与科学技术管理，2019，40（5）：34-51.

［181］李军鹏.共同富裕：概念辨析、百年探索与现代化目标［J］.改革，

2021 (10) ：12-21.

[182] 李莉，于嘉懿，顾春霞.政治晋升、管理者权力与国有企业创新投资 [J].研究与发展管理，2018，30 (4) ：65-73.

[183] 李培功，沈艺峰.媒体的公司治理作用：中国的经验证据 [J].经济研究，2010，45 (4) ：14-27.

[184] 李婉红.中国省域工业绿色技术创新产出的时空演化及影响因素：基于 30 个省域数据的实证研究 [J].管理工程学报，2017，31 (2) ：9-19.

[185] 李伟阳，肖红军.企业社会责任的逻辑 [J].中国工业经济，2011 (10) ：87-97.

[186] 李晓华，王怡帆.数据价值链与价值创造机制研究 [J].经济纵横，2020 (11) ：54-62.

[187] 李晓轩，肖小溪，娄智勇，等.战略性基础研究：认识与对策 [J].中国科学院院刊，2022，37 (3) ：269-277.

[188] 李旭.绿色创新相关研究的梳理与展望 [J].研究与发展管理，2015，27 (2) ：1-11.

[189] 李侬，高达，卫平.中央环保督察能否诱发企业绿色创新？ [J].科学学研究，2021，39 (8) ：1504-1516.

[190] 李哲，韩军徽.中国技术开发类公共科研机构的建立、转制意义及模式 [J].科学学研究，2019，37 (10) ：1744-1751.

[191] 梁正，李代天.科技创新政策与中国产业发展 40 年：基于演化创新系统分析框架的若干典型产业研究 [J].科学学与科学技术管理，2018，39 (9) ：21-35.

[192] 林泉，邓朝晖，朱彩荣.国有与民营企业使命陈述的对比研究 [J].管理世界，2010 (9) ：116-122.

[193] 林毅夫.新结构经济学：反思经济发展与政策的理论框架 [M].北京：北京大学出版社，2012.

[194] 林志帆，刘诗源.税收负担与企业研发创新：来自世界银行中国企业调查数据的经验证据 [J].财政研究，2017 (2) ：98-112.

[195] 凌鸿程，孙怡龙.社会信任提高了企业创新能力吗？ [J].科学学研究，2019，37 (10) ：1912-1920.

[196] 凌志.试析毛泽东科技思想的科学内涵 [J].毛泽东思想研究，2006 (3) ：23-26.

[197] 刘畅，王蒲生."十四五"时期新兴产业发展：问题、趋势及政策建议 [J].经济纵横，2020 (7) ：77-83.

［198］刘刚，张泠然，梁晗，等.互联网创业的信息分享机制研究：一个整合网络众筹与社交数据的双阶段模型［J］.管理世界，2021，37（2）：107-125.

［199］刘亮，刘军，李廉水，等.智能化发展能促进中国全球价值链攀升吗？［J］.科学学研究，2021，39（4）：604-613.

［200］刘培林，钱滔，黄先海，等.共同富裕的内涵、实现路径与测度方法［J］.管理世界，2021，37（8）：117-129.

［201］刘洋，董久钰，魏江.数字创新管理：理论框架与未来研究［J］.管理世界，2020，36（7）：198-217+219.

［202］刘志彪.产业链现代化的产业经济学分析［J］.经济学家，2019（12）：5-13.

［203］刘志彪，孔令池.双循环格局下的链长制：地方主导型产业政策的新形态和功能探索［J］.山东大学学报（哲学社会科学版），2021（1）：110-118.

［204］刘志阳，李斌，陈和午.社会创业与乡村振兴［J］.学术月刊，2018，50（11）：77-88.

［205］柳学信，曹晓芳.混合所有制改革态势及其取向观察［J］.改革，2019（1）：141-149.

［206］吕朝凤，陈汉鹏，López-Leyva S.社会信任、不完全契约与长期经济增长［J］.经济研究，2019，54（3）：4-20.

［207］吕越，谷玮，包群.人工智能与中国企业参与全球价值链分工［J］.中国工业经济，2020（5）：80-98.

［208］马忠新，陶一桃.企业家精神对经济增长的影响［J］.经济学动态，2019（8）：86-98.

［209］梅亮，陈劲.责任式创新：源起、归因解析与理论框架［J］.管理世界，2015（8）：39-57.

［210］牛志伟，邹昭晞，卫平东.全球价值链的发展变化与中国产业国内国际双循环战略选择［J］.改革，2020（12）：28-47

［211］潘越，戴亦一，吴超鹏，等.社会资本、政治关系与公司投资决策［J］.经济研究，2009，44（11）：82-94.

［212］潘昕昕，焦艳玲，伊彤.面向科技自立自强的科技经费监管机制［J］.科技创新发展战略研究，2022，6（3）：31-36.

［213］彭绪庶.高水平科技自立自强的发展逻辑、现实困境和政策路径［J］.经济纵横，2022（7）：50-59+2.

［214］戚聿东，肖旭.数字经济时代的企业管理变革［J］.管理世界，2020，36（6）：135-152.

[215] 齐绍洲，林屾，崔静波.环境权益交易市场能否诱发绿色创新？基于我国上市公司绿色专利数据的证据 [J].经济研究，2018，53（12）：129-143.

[216] 钱先航，曹春方.信用环境影响银行贷款组合吗？基于城市商业银行的实证研究 [J].金融研究，2013（4）：57-70.

[217] 瞿宛文.超赶共识监督下的中国产业政策模式：以汽车产业为例 [J].经济学（季刊），2009，8（2）：501-532.

[218] 权小锋，吴世农，尹洪英.企业社会责任与股价崩盘风险："价值利器"或"自利工具" [J].经济研究，2015，50（11）：49-64.

[219] 任志宽.新型研发机构产学研合作模式及机制研究 [J].中国科技论坛，2019（10）：16-23.

[220] 申丹琳.社会信任与企业风险承担 [J].经济管理，2019，41（8）：147-161.

[221] 沈洪涛，周艳坤.环境执法监督与企业环境绩效：来自环保约谈的准自然实验证据 [J].南开管理评论，2017，20（6）：73-80.

[222] 沈坤荣，赵倩.以双循环新发展格局推动"十四五"时期经济高质量发展 [J].经济纵横，2020（10）：18-25.

[223] 沈旺，张旭，李贺.科技政策与产业政策比较分析及配套对策研究 [J].工业技术经济，2013，32（1）：127-133.

[224] 盛明泉，张敏，马黎珺，等.国有产权、预算软约束与资本结构动态调整 [J].管理世界，2012（3）：151-157.

[225] 盛毅.新一轮国有企业混合所有制改革的内涵与特定任务 [J].改革，2020（2）：125-137.

[226] 宋凌云，王贤彬.重点产业政策、资源重置与产业生产率 [J].管理世界，2013（12）：63-77.

[227] 苏媛，李广培.绿色技术创新能力、产品差异化与企业竞争力：基于节能环保产业上市公司的分析 [J].中国管理科学，2021，29（4）：46-56.

[228] 孙新波，苏钟海.数据赋能驱动制造业企业实现敏捷制造案例研究 [J].管理科学，2018，31（5）：117-130.

[229] 孙早，席建成.中国式产业政策的实施效果：产业升级还是短期经济增长 [J].中国工业经济，2015（7）：52-67.

[230] 孙泽宇，齐保垒.社会信任、法律环境与企业社会责任绩效 [J].北京工商大学学报（社会科学版），2022，37（1）：77-87.

[231] 谭劲松，冯飞鹏，徐伟航.产业政策与企业研发投资 [J].会计研究，2017（10）：58-64+97.

［232］汤志伟，李昱璇，张龙鹏.中美贸易摩擦背景下"卡脖子"技术识别方法与突破路径：以电子信息产业为例［J］.科技进步与对策，2021，38（1）：1-9.

［233］陶锋，赵锦瑜，周浩.环境规制实现了绿色技术创新的"增量提质"吗？来自环保目标责任制的证据［J］.中国工业经济，2021（2）：136-154.

［234］田克勤，张林.中国共产党为实现全体人民共同富裕的百年奋斗［J］.思想理论教育导刊，2021（6）：35-43.

［235］田利辉，王可第.腐败惩治的正外部性和企业创新行为［J］.南开管理评论，2020，23（2）：121-131+154.

［236］万君康.创新经济学［M］.北京：知识产权出版社，2013.

［237］王锋正，陈方圆.董事会治理、环境规制与绿色技术创新：基于我国重污染行业上市公司的实证检验［J］.科学学研究，2018，36（2）：361-369.

［238］王锋正，姜涛，郭晓川.政府质量、环境规制与企业绿色技术创新［J］.科研管理，2018，39（1）：26-33.

［239］王金杰，郭树龙，张龙鹏.互联网对企业创新绩效的影响及其机制研究：基于开放式创新的解释［J］.南开经济研究，2018（6）：170-190.

［240］王雎.开放式创新下的知识治理：基于认知视角的跨案例研究［J］.南开管理评论，2009，12（3）：45-53.

［241］王克敏，刘静，李晓溪.产业政策、政府支持与公司投资效率研究［J］.管理世界，2017（3）：113-124+145+188.

［242］王若磊.完整准确全面理解共同富裕内涵与要求［J］.人民论坛·学术前沿，2021（6）：88-93.

［243］王伟同，周佳音.互联网与社会信任：微观证据与影响机制［J］.财贸经济，2019，40（10）：1-15.

［244］王文娜，胡贝贝，刘戒骄.外部审计能促进企业技术创新吗？来自中国企业的经验证据［J］.审计与经济研究，2020，35（3）：34-44.

［245］王文娜，刘戒骄，张祝恺.研发互联网化、融资约束与制造业企业技术创新［J］.经济管理，2020，42（9）：1-17.

［246］王小鲁，樊纲，余静文.中国分省份市场化指数报告（2018）［M］.北京：社会科学文献出版社，2019.

［247］王一鸣.百年大变局、高质量发展与构建新发展格局［J］.管理世界，2020，36（12）：1-13.

［248］王新，李彦霖，李方舒.企业社会责任与经理人薪酬激励有效性研究：战略性动机还是卸责借口？［J］.会计研究，2015（10）：51-58+97.

［249］王旭，褚旭.制造业企业绿色技术创新的同群效应研究：基于多层次情境的参照作用［J］.南开管理评论，2022，25（2）：68-81.

［250］王云，李延喜，马壮，等.媒体关注、环境规制与企业环保投资［J］.南开管理评论，2017，20（6）：83-94.

［251］王云平.我国产业政策实践回顾：差异化表现与阶段性特征［J］.改革，2017（2）：46-56.

［252］温忠麟，叶宝娟.中介效应分析：方法和模型发展［J］.心理科学进展，2014，22（5）：731-745.

［253］吴意云，朱希伟.中国为何过早进入再分散：产业政策与经济地理［J］.世界经济，2015，38（2）：140-166.

［254］伍山林."双循环"新发展格局的战略涵义［J］.求索，2020（6）：90-99.

［255］习近平.习近平谈治国理政（第二卷）［M］.北京：外文出版社，2017.

［256］夏后学，谭清美，白俊红.营商环境、企业寻租与市场创新：来自中国企业营商环境调查的经验证据［J］.经济研究，2019，54（4）：84-98.

［257］夏清华，乐毅."卡脖子"技术究竟属于基础研究还是应用研究？［J］.科技中国，2020（10）：15-19.

［258］肖红军.共享价值、商业生态圈与企业竞争范式转变［J］.改革，2015（7）：129-141.

［259］肖红军，黄速建，王欣.竞争中性的逻辑建构［J］.经济学动态，2020（5）：65-84.

［260］肖红军，李井林.责任铁律的动态检验：来自中国上市公司并购样本的经验证据［J］.管理世界，2018，34（7）：114-135.

［261］肖红军，李平.平台型企业社会责任的生态化治理［J］.管理世界，2019，35（4）：120-144+196.

［262］肖红军，阳镇.多重制度逻辑下共益企业的成长：制度融合与响应战略［J］.当代经济科学，2019a，41（3）：1-12.

［263］肖红军，阳镇.共益企业：社会责任实践的合意性组织范式［J］.中国工业经济，2018（7）：174-192.

［264］肖红军，阳镇.可持续性商业模式创新：研究回顾与展望［J］.外国经济与管理，2020a，42（9）：3-18.

［265］肖红军，阳镇.平台企业社会责任：逻辑起点与实践范式［J］.经济管理，2020b，42（4）：37-53.

［266］肖红军，阳镇.平台型企业社会责任治理：理论分野与研究展望［J］.西安交通大学学报（社会科学版），2020c，40（1）：57-68.

［267］肖红军，阳镇.新中国成立70年来人与组织关系的演变：基于制度变迁的视角［J］.当代经济科学，2019b，41（5）：24-37.

［268］肖红军，阳镇.中国企业社会责任40年：历史演进、逻辑演化与未来展望［J］.经济学家，2018（11）：22-31.

［269］肖红军，阳镇，焦豪.共益企业：研究述评与未来展望［J］.外国经济与管理，2019，41（4）：3-17+30.

［270］肖红军，阳镇，刘美玉.企业数字化的社会责任促进效应：内外双重路径的检验［J］.经济管理，2021，43（11）：52-69.

［271］肖静华，吴小龙，谢康，等.信息技术驱动中国制造转型升级：美的智能制造跨越式战略变革纵向案例研究［J］.管理世界，2021，37（3）：161-179.

［272］肖小虹，潘也，王站杰.企业履行社会责任促进了企业绿色创新吗［J］.经济经纬，2021，38（3）：114-123.

［273］肖旭，戚聿东.产业数字化转型的价值维度与理论逻辑［J］.改革，2019（8）：61-70.

［274］谢东明.地方监管、垂直监管与企业环保投资：基于上市A股重污染企业的实证研究［J］.会计研究，2020（11）：170-186.

［275］谢守红，甘晨，于海影.长三角城市群创新能力评价及其空间差异分析［J］.城市问题，2017（8）：92-95+103.

［276］徐佳，崔静波.低碳城市和企业绿色技术创新［J］.中国工业经济，2020（12）：178-196.

［277］徐细雄，李万利.儒家传统与企业创新：文化的力量［J］.金融研究，2019（9）：112-130.

［278］薛宝贵.共同富裕的理论依据、溢出效应及实现机制研究［J］.科学社会主义，2020（6）：105-112.

［279］薛镭，杨艳，朱恒源.战略导向对我国企业产品创新绩效的影响：一个高科技行业—非高科技行业企业的比较［J］.科研管理，2011，32（12）：1-8.

［280］徐翔，厉克奥博，田晓轩.数据生产要素研究进展［J］.经济学动态，2021（4）：142-158.

［281］闫俊周，姬婉莹，熊壮.数字创新研究综述与展望［J］.科研管理，2021，42（4）：11-20.

［282］于立，王建林.生产要素理论新论——兼论数据要素的共性和特性

[J].经济与管理研究，2020，41（4）：62-73.

[283] 阳镇.平台型企业社会责任：边界、治理与评价 [J].经济学家，2018（5）：79-88.

[284] 阳镇，陈劲.平台情境下的可持续性商业模式：逻辑与实现 [J].科学学与科学技术管理，2021，42（2）：59-76.

[285] 阳镇，陈劲.数智化时代下企业社会责任的创新与治理 [J].上海财经大学学报，2020，22（6）：33-51.

[286] 阳镇，陈劲，李纪珍.数字经济时代下的全球价值链：趋势、风险与应对 [J].经济学家，2022（2）：64-73.

[287] 阳镇，陈劲，凌鸿程.相信协同的力量：央-地产业政策协同性与企业创新 [J].经济评论，2021（2）：3-22.

[288] 阳镇，李井林.创新工具还是粉饰工具？业绩下滑与企业社会责任的再检验 [J].科学学研究，2020，38（4）：734-746.

[289] 阳镇，李井林，吴海军，等.产业政策视角下企业多维业绩下滑与创新抉择 [J].上海对外经贸大学学报，2022，29（4）：87-106.

[290] 阳镇，凌鸿程，陈劲.社会信任有助于企业履行社会责任吗？[J].科研管理，2021a，42（5）：143-152.

[291] 阳镇，凌鸿程，陈劲.数智化时代非正式制度对创新的激励效应：基于人工智能企业的微观检验 [J].上海对外经贸大学学报，2021b，28（5）：35-55.

[292] 阳镇，马光源，陈劲.企业家综合地位、家族涉入与企业社会责任：来自中国私营企业调查的微观证据 [J].经济学动态，2021（8）：101-115.

[293] 阳镇，许英杰.平台经济背景下企业社会责任的治理 [J].企业经济，2018，37（5）：78-86.

[294] 阳镇，尹西明，陈劲.国家治理现代化背景下企业社会责任实践创新：兼论突发性重大公共危机治理的企业社会责任实践范式 [J].科技进步与对策，2020，37（9）：1-10.

[295] 杨国超，盘宇章.信任被定价了吗？来自债券市场的证据 [J].金融研究，2019（1）：35-53.

[296] 杨静，刘秋华，施建军.企业绿色创新战略的价值研究 [J].科研管理，2015，36（1）：18-25.

[297] 杨明伟.共同富裕：中国共产党的坚定谋划和不懈追求 [J].马克思主义与现实，2021（3）：36-42+204.

[298] 杨瑞龙，侯方宇.产业政策的有效性边界：基于不完全契约的视角

［J］.管理世界，2019，35（10）：82-94+219-220.

［299］杨思莹.政府推动关键核心技术创新：理论基础与实践方案［J］.经济学家，2020（9）：85-94.

［300］杨震宁，赵红.中国企业的开放式创新：制度环境、"竞合"关系与创新绩效［J］.管理世界，2020，36（2）：139-160.

［301］叶伟巍，梅亮，李文，等.协同创新的动态机制与激励政策：基于复杂系统理论视角［J］.管理世界，2014（6）：79-91.

［302］于良.进一步完善产学研深度融合组织机制［J］.中国科技论坛，2020（7）：8-9.

［303］于良春，王雨佳.产业政策、资源再配置与全要素生产率增长：以中国汽车产业为例［J］.广东社会科学，2016（5）：5-16.

［304］于芝麦.环保约谈、政府环保补助与企业绿色创新［J］.外国经济与管理，2021，43（7）：22-37.

［305］余东华."十四五"期间我国未来产业的培育与发展研究［J］.天津社会科学，2020（3）：12-22.

［306］余江，陈凤，张越，等.铸造强国重器：关键核心技术突破的规律探索与体系构建［J］.中国科学院院刊，2019，34（3）：339-343.

［307］余明桂，范蕊，钟慧洁.中国产业政策与企业技术创新［J］.中国工业经济，2016（12）：5-22.

［308］余维新，熊文明.关键核心技术军民融合协同创新机理及协同机制研究：基于创新链视角［J］.技术经济与管理研究，2020（12）：34-39.

［309］余伟，陈强."波特假说"20年——环境规制与创新、竞争力研究述评［J］.科研管理，2015，36（5）：65-71.

［310］约瑟夫·熊彼特.经济发展理论［M］.何畏，易家详，张军扩，等译.北京：商务印书馆，1990.

［311］约瑟夫·熊彼特.经济分析史（第一卷）［M］.朱泱，孙鸿敞，李宏等译.北京：商务印书馆，1991.

［312］曾宪奎.公平竞争环境的构建与我国产业技术政策转型问题研究：兼论"竞争中性"与公平竞争原则的差异［J］.湖北社会科学，2019（4）：67-73.

［313］曾宪奎.我国构建关键核心技术攻关新型举国体制研究［J］.湖北社会科学，2020（3）：26-33.

［314］曾宪奎.自立自强：我国技术创新战略思路的转变［J］.广西社会科学，2021（8）：18-24.

［315］张敦力，李四海.社会信任、政治关系与民营企业银行贷款［J］.会

计研究，2012（8）：17-24.

　　［316］张海丰，王琳.第四次工业革命与政策范式转型：从产业政策到创新政策［J］.经济体制改革，2020（3）：109-115.

　　［317］张杰.中国关键核心技术创新的机制体制障碍与改革突破方向［J］.南通大学学报（社会科学版），2020，36（4）：108-116.

　　［318］张杰，陈容.产业链视角下中国关键核心技术创新的突破路径与对策［J］.南通大学学报（社会科学版），2022，38（2）：116-126.

　　［319］张杰，吉振霖，高德步.中国创新链"国进民进"新格局的形成、障碍与突破路径［J］.经济理论与经济管理，2017（6）：5-18.

　　［320］张杰，李荣.政府主导与市场决定的有机融合：基于对中国产业政策和创新政策的反思［J］.江苏行政学院学报，2018（3）：45-53.

　　［321］张杰，宣璐.中国的产业政策：站在何处？走向何方？［J］.探索与争鸣，2016（11）：97-103.

　　［322］张其仔.第四次工业革命与产业政策的转型［J］.天津社会科学，2018（1）：96-104.

　　［323］张其仔，许明.中国参与全球价值链与创新链、产业链的协同升级［J］.改革，2020（6）：58-70.

　　［324］张新宁，裴哲.把科技自立自强作为国家发展的战略支撑［J］.上海经济研究，2022（5）：5-14+23.

　　［325］张琦，郑瑶，孔东民.地区环境治理压力、高管经历与企业环保投资：一项基于《环境空气质量标准（2012）》的准自然实验［J］.经济研究，2019，54（6）：183-198.

　　［326］张晴，于津平.投入数字化与全球价值链高端攀升：来自中国制造业企业的微观证据［J］.经济评论，2020（6）：72-89.

　　［327］张维迎，柯荣住.信任及其解释：来自中国的跨省调查分析［J］.经济研究，2002（10）：59-70.

　　［328］张晓晶，李成，李育.扭曲、赶超与可持续增长：对政府与市场关系的重新审视［J］.经济研究，2018，53（1）：4-20.

　　［329］张璇，刘贝贝，汪婷，等.信贷寻租、融资约束与企业创新［J］.经济研究，2017，52（5）：161-174.

　　［330］张学文，陈劲.科技自立自强的理论、战略与实践逻辑［J］.科学学研究，2021，39（5）：769-770.

　　［331］张义芳.美国阿波罗计划组织管理经验及对我国的启示［J］.世界科技研究与发展，2012，34（6）：1046-1050.

［332］张月友，董启昌，倪敏.服务业发展与"结构性减速"辨析——兼论建设高质量发展的现代化经济体系［J］.经济学动态，2018（2）：23-35.

［333］张振刚，李云健，陈志明.双向开放式创新与企业竞争优势的关系［J］.管理学报，2014，11（8）：1184-1190.

［334］赵莉，张玲.媒体关注对企业绿色技术创新的影响：市场化水平的调节作用［J］.管理评论，2020，32（9）：132-141.

［335］赵婷，陈钊.比较优势与中央、地方的产业政策［J］.世界经济，2019，42（10）：98-119.

［336］郑世林.项目体制与产业政策的泛滥［J］.财政经济评论，2016（2）：166-169.

［337］中共中央马克思恩格斯列宁斯大林著作编译局.马克思恩格斯全集［M］.北京：人民出版社，2006.

［338］中国社会科学院工业经济研究所课题组，张其仔."十四五"时期我国区域创新体系建设的重点任务和政策思路［J］.经济管理，2020，42（8）：5-16.

［339］中国社会科学院经济研究所课题组，黄群慧."十四五"时期深化工业化进程的产业政策和竞争政策研究［J］.经济研究参考，2020（11）：5-12.

［340］中国社会科学院经济研究所课题组，黄群慧."十四五"时期我国所有制结构的变化趋势及优化政策研究［J］.经济学动态，2020（3）：3-21.

［341］中国社会科学院工业经济研究所课题组，曲永义.产业链链长的理论内涵及其功能实现［J］.中国工业经济，2022（7）：5-24.

［342］周开国，卢允之，杨海生.融资约束、创新能力与企业协同创新［J］.经济研究，2017，52（7）：94-108.

［343］庄芹芹，于潇宇.创新管理研究：引进、本土化及再创新［J］.改革，2019（12）：44-55.